CAE分析大系

ABAQUS Python
二次开发攻略

◎ 苏景鹤 江丙云 编著

人民邮电出版社

北京

图书在版编目（CIP）数据

ABAQUS Python二次开发攻略 / 苏景鹤，江丙云编著. -- 北京：人民邮电出版社，2016.4
（CAE分析大系）
ISBN 978-7-115-41453-3

Ⅰ. ①A… Ⅱ. ①苏… ②江… Ⅲ. ①有限元分析—应用软件 Ⅳ. ①O241.82-39

中国版本图书馆CIP数据核字（2016）第033801号

内 容 提 要

本书是作者结合自己多年Abaqus使用经验，在汲取国内外大量资料的基础上编写的一本Python二次开发知识点笔记。内容涉及开发环境的搭建、Python基础语法知识、Abaqus Python API讲解，并在最后以实例展示的方式详细阐明了二次开发的流程和方法。本书可以帮助正在使用Abaqus进行仿真分析工作的工程师或者科研人员学习Abaqus Python二次开发方法，同时对熟悉Abaqus二次开发流程的读者也有一定的借鉴价值。

◆ 编　著　苏景鹤　江丙云
责任编辑　杨　璐
责任印制　陈　犇

◆ 人民邮电出版社出版发行　北京市丰台区成寿寺路11号
邮编　100164　电子邮件　315@ptpress.com.cn
网址　https://www.ptpress.com.cn
廊坊市印艺阁数字科技有限公司印刷

◆ 开本：787×1092　1/16
印张：19.75　　　　　　　　2016年4月第1版
字数：557千字　　　　　　　2024年10月河北第33次印刷

定价：59.80元

读者服务热线：(010)81055410　印装质量热线：(010)81055316
反盗版热线：(010)81055315
广告经营许可证：京东市监广登字20170147号

Preface 前言

随着计算机性能的飞速发展，有限元作为工程应用领域的重要方法，在许多行业尤其是制造业中得到了广泛的应用。每一个成功的设计都离不开有限元分析的数据支持，它能确保轻便、稳定、高效和安全的设计。

计算机技术和商业有限元软件的迅速发展，直接推动了有限元分析在设计中的使用。当前工业界常用的 Abaqus、ANSYS 等软件无论在界面易用性还是求解器效率方面都愈趋成熟，工程师可以迅速地借助软件实现分析任务。随着设计活动对有限元分析的需求越来越大，有限元分析也变得越来越常规，分析任务也越来越繁重。对企业来说，与其增加资源（人力财力）来满足日益增长的分析需求，不如想办法定制自动化分析流程，帮助使用者提高分析的效率。

达索的 Abaqus 软件为使用者提供了这样的可能——使用 Python 脚本语言实现分析的自动化。利用它使用者可以简化某些重复性操作，定制特定的分析流程以提高工作效率，甚至于进一步和其他软件结合使用拓展 Abaqus 的使用场景。本书中作者结合自己几年的 Abaqus 使用经验，采用语言 API 讲解 + 实例说明的方法来介绍 Abaqus/Python 使用过程中比较有意思的一些知识点，希望能帮助读者进入 Abaqus/Python 的领域。

本书正文中提到的附件内容已作为资源提供下载，点击进入 http://read.zhiliaobang.com/book/39 即可下载。

▶ 统一技术支持

读者在学习过程中如遇到困难，可以通过我们的立体化服务平台（微信公众服务号：iCAX）与我们联系，我们会尽量为读者解答问题。此外，在这个平台上我们还会分享更多的相关资源。使用微信扫描下面的二维码就可以查看相关内容。

微信公众服务号：iCAX

如果读者无法通过微信访问，也可以给我们发邮件，邮箱是 iCAX@dozan.cn。

感谢西澳大学田英辉老师和 SIMULIA 中国区总监白锐先生于百忙中为本书作序。此外本书的撰写过程得到了许多朋友和前辈的支持，如石亦平博士、沈新普教授、梁琳站长、隋洪涛总经理、高绍武博士、姚新军先生、陈玮先生等，在此一并谢过。

由于作者水平有限，本书难免有错误和不足之处，恳请读者批评指正，以供今后修订时借鉴。

作 者
2016 年 2 月 10 日于南京

Preface 序一

Abaqus 是大型通用有限元程序包，拥有强大的非线性分析能力。Abaqus 的雏形始于 1978 年成立的 HKS 公司（三位创造人 Hibbitt、Karlsson 和 Sorensen 名字的首字母），当时的版本只有约 15000 行的 Fortran 代码，可以使用 4 种单元进行分析。Abaqus 最早期的产品只有隐式求解器 Abaqus/Standard，显式求解器 Abaqus/Explicit 于 1991 年推出，实现了与 Abaqus/Standard 的无缝集成和相互传递数据。2002 年年底 HKS 公司改名为 Abaqus 公司，于 2005 年为 Dassault Systèmes 公司所并购，现为公司力推的 Simulia 产品。

Abaqus 求解器是采用 input file（扩展名为 inp）驱动的，输入文件基于 keywords。早期的 Abaqus 没有前后处理器，需要手写输入 input file，也可借助于第三方软件进行，这对复杂几何模型具有很大的局限性。Abaqus 于 1999 年推出了 Abaqus/CAE 这一集成分析环境，使得这一局面得到了极大改善。Abaqus/CAE 基于现代 CAD 理念和 feature 建模概念，采用 Part 生成 Assembly，可以高效实现几何模型构建并生成有限元网格。Abaqus/CAE 可将生成的模型在后台生成 input file，并提交给 Abaqus/Standard 或 Abaqus/Explicit 求解器。Abaqus/CAE 可以实时监测求解器运行情况，并提供了多种灵活方便的方式对分析结果进行后处理。需要说明的一点是 Abaqus/CAE 并不是支持 Abaqus 求解器的所有的 keywords，目前仍有少数功能需要手动修改 input file 来实现，这也说明 Abaqus/CAE 仍在持续发展中，对求解器 keywords 的支持在不断的增强。

Python 是一个独立的程序语言，其语法简洁而清晰。Abaqus/CAE 采用 Python 作为脚本语言，和微软的 Excel 等 Office 软件采用 VBA 作为后台脚本是很类似的。当用户打开 Abaqus/CAE 时，会自动实时产生一个 replay 文件（扩展名为 rpy），里面几乎记录每一步的操作。事实上，当用户保存 Abaqus/CAE 模型时，都会有个 journal file（扩展名为 jnl）产生，里面是生成 CAE 模型所需的 Python 脚本代码。Journal file 清晰明了，可作为蓝本进行 Python 脚本程序开发。Abaqus/Python 有着巨大的潜力，使用 Python 脚本不但可以减少很多 Abaqus/CAE 前后处理的重复性工作，大大提高效益，更重要的是还可以程序化实现原本手动不太可能做的事情。

我和作者苏景鹤素未谋面，于 2012 年相识于虚拟的网络空间，当时我正开发大变形有限元分析方法，基于 Map solution 采用网格重划技术遇到了一些问题，景鹤丰富的 Abaqus/Python 知识给我提供了不少技术支持，更令我难忘的是他的侠骨热肠。承蒙景鹤不嫌我知识浅陋，邀我为本书作序，在读完初稿后我欣然同意。在目前并不多的系统地介绍 Abaqus/Python 的教程中，本书以笔记的形式娓娓道来，不尚八股教条，可以看出本书是作者大量使用 Python 脚本开发程序的经验总结。我相信本书将十分有助于初学者进入 Abaqus/Python 程序开发的殿堂，对有一定基础的用户也很有参考价值。

田英辉
2016 年 2 月 22 日
西澳大学 天鹅河畔

Preface 序二

非常高兴看到这本《CAE 分析大系——Abaqus Python 二次开发攻略》的出版，并有幸受邀作序。

众所周知，有限元技术早已成为工程和科学技术领域最为重要的数值分析方法之一。Abaqus 以其分析复杂工程力学、驾驭庞大求解规模和强大的非线性分析功能，在众多有限元软件中得以突出，成为国际上公认的优秀大型通用有限元软件。

目前，已经有很多优秀的通用软件分析平台，比如 Abaqus，基于这些平台进行二次开发比开发全新的专用软件更加快速高效。Python 语言作为脚本语言具有可扩充性、可移植性、解释性、面向对象、可扩展性和可嵌入性等优点，再加上其丰富和强大的类库，无论是网络编程，或是大数据处理，甚至是科学计算等领域都可以看到 Python 语言的应用足迹。因此在众多的二次开发脚本语言中，Abaqus 挑选 Python 作为其官方的脚本语言。基于 Python 实现 Abaqus 二次开发功能，毋庸置疑是一种完美的组合。

令人感到欣喜的是，最近几年市面上关于 Abaqus 的书籍层出不穷，水平越来越高，这与早几年大家只能参考庄茁老师、石亦平博士撰写的寥寥几本水平较高书籍的情况相比已经大为改观。作者此前参编的 Abaqus 教程在广大读者中的口碑非常不错，实用性很高，此次得知作者再接再厉编撰完成此书时，惊于其毅力坚韧，写一般专业书就需要很大的毅力和长久的坚持，更何况编程的枯燥与琐碎；同时也欣慰于有这么一本帮助用户学习使用 Python 进行 Abaqus 二次开发的书终于出版。目前关于 Abaqus 二次开发的书少之又少，此书的出版正好填补了这方面的空缺。

作者苏景鹤先生与江丙云先生均是 SimWe 论坛资深版主。苏先生自硕士毕业后一直从事结构分析与优化相关工作，有丰富的有限元分析经验，业余爱好程序设计，尤其是 CAE 软件二次开发；而江先生具有超过 6 年的世界 500 强企业有限元分析经验，精通 Abaqus 结构分析。该书是两位作者宝贵经验的总结，相信读者一定能从该书受益。

本书作者充分发挥各自专业特长，结合自己的 Abaqus 使用经验和论坛交流心得，采用"API 讲解 + 实例说明"的方法，将原本枯燥的 Abaqus 二次开发知识点娓娓道来。书中涵盖内容丰富、讲解清晰、结构严谨、理论结合实践，相信这本书对从事 Abaqus 二次开发的科学研究或者工程应用人员一定大有裨益。

白　锐

SIMULIA 中国区总监

2016 年 3 月于上海

评语

  Abaqus 提供了全面的二次开发接口，掌握 Abaqus 二次开发技术将会大大提升使用者的应用水平，国内很多使用者迫切期待学好此技术。本书作者结合其多年 Abaqus 使用和二次开发经验，详细介绍了二次开发的技术。本书难易结合、由浅入深、重点突出、案例典型，且作者把自己多年二次开发经验融入到了书中，是一本值得期待的学习 Abaqus 二次开发的好书。

达索 SIMULIA 南方区 高级经理 高绍武 博士

  Abaqus 在各个仿真领域都日益得到越来越广泛的应用，特别是其开放的二次开发功能。本书系统详尽、深入浅出，在有限篇幅内，全面清晰地介绍了 Python 的编程方法和二次开发的关键要点，读者借助此优秀的 Abaqus/Python 教程，能够快速学习并掌握其强大功能。相信无论是 Abaqus 初学者，还是其资深用户，都会从本书有所收获，在仿真领域取得更大的成就。

北京金风科创风电设备有限公司 总工程师助理 石亦平 博士

  作为 Abaqus 二次开发的工具语言，Python 具有强大的功能，用户使用 Python 编制的子程序不仅能够实现若干批处理自动化操作，还能够通过这些子程序实现许多超出 Abaqus 基本功能的行为模拟。本书很好地阐述并总结了应用 Python 进行 Abaqus 模型分析的二次开发技术，并给出了相关实例，对相关工程技术人员具有很好的参考价值。

北方工业大学 特聘教授 沈新普 博士

  总版主苏景鹤和版主江丙云是 SimWe 仿真论坛里最让人敬佩的专业技术大咖，对工程数值模拟技术和工具应用有独特见解，他们的实战经历足以表明此书值得我们期待。毋容置疑，这是一本在实践中总结的精华教程，如果你想深入玩转 Abaqus，此书是必读之作。

SimWe 仿真论坛 创始人 梁琳 站长

  二次开发是中国 CAE 技术发展的重要方向之一，它既满足了不同用户的特色需求，又对原有软件技术进行了深入和拓展。本书作者将 Abaqus 二次开发方面的优秀应用经验与读者分享，必将帮助后来者少走弯路、提高学习效率。非常感谢作者的分享精神，也期待更多同行分享自己的优秀经验，共同推动中国 CAE 技术的发展速度。

海基科技 副总裁 隋洪涛 博士

  基于 Python 的前后处理及 GUI 开发是 Abaqus 非常有特色的一项高级应用技术。本书从 Python 的编程基础起步，全面介绍了与数值计算和结果可视化相关的 NumPy、SciPy 及 Matplotlib 等扩展模块，并基于众多实例对面向 Abaqus 的 Python 脚本和 GUI 开发进行了介绍。本书可作为 Abaqus/Python 二次开发的入门和进阶教程，读者能由此掌握 Python 这一强有力的工具，发挥出 Abauqs 更大的效能。

美敦力上海创新中心 首席科学家 黄霖 博士

  在达索任职时，时常有用户要求推荐 Abaqus 书籍，我一般建议"参考 Abaqus 手册，既系统又全面"，但是英文阅读并不适合大多数工程师。随着 Abaqus 越来越广泛的应用，相关的中文书籍也逐渐多了。看了初稿后，觉得《ABAQUS Python 二次开发攻略》一书超出了我的预期，非常期待这本新书早日上市，给广大的仿真同仁带来帮助。这本内容丰富、充实的二次开发书，不只对初学者实用，对于很多资深工程师也是非常好的参考书。

德尔福（上海）动力推进系统有限公司 王飞 博士

  不同于市面上一些翻译帮助文件的软件教材，本书从编程思路、操作技巧和结果讨论出发，采用"API 讲解 + 实例说明"的方法将 Abaqus 二次开发知识点由浅入深地娓娓道来，令人眼前一亮，对提升仿真工程师的专业能力和二次开发水平大有裨益。

上海澎睿信息技术有限公司　技术总监　李礼

目前市面上鲜有关于 Abaqus 二次开发的书籍，本书正好弥补了这一空缺，是学习 Abaqus 二次开发的好帮手。全书内容丰富，讲解条理清晰，并考虑到读者 Python 功底的不同，有针对性地编排了章节内容，既有编程的基础知识，也有丰富的与工程实际相关的各种实例，将枯燥的二次开发写得通俗易懂。

上海捷能汽车技术有限公司　刘敏

Abaqus 在中国已有广泛的用户基础，能为广大的 Abaqus 用户提供一本高质量的参考书是作者多年来一直追求的目标。本书详细介绍了 Python 语言及其在 Abaqus 二次开发中的应用，读者在学习 Python 和 Abaqus 的同时，可以掌握二次开发的技能，提高工作效率。作为 Abaqus 的老用户，本人从本书中获取了很多新知识，希望广大读者也能从中获益。

上海冠一航空工业技术有限公司　高级结构强度工程师　孔祥宏　博士

本书作者长期从事专职 CAE 工作，并作为 SimWe 仿真论坛版主多年，在 Abaqus 的应用和二次开发方面具有丰富的经验。本书结合 Python 语言和工程实例，详细讲解了 Abaqus/Python 的二次开发，对于我们公司来说，能够帮助开发易于客户操作的前后处理界面及其相关材料模型。对于广大读者而言，也将是一本难得的二次开发教程。

巴斯夫（中国）有限公司　CAE 助理经理　曾乐

"工欲善其事，必先利其器"，Abaqus 二次开发高效实用，但掌握起来难度很大，作者将多年的学习和实践心得整理成册以飨广大的 CAE 工作者，其深厚的理论功底结合实际工程的经验，以专题的形式为我们呈现了解决问题的思路、方法，尤其针对工程中常见的棘手问题，如参数优化、扭力弹簧和数据传递等，提供了行之有效的解决方案。

潍柴动力上海研发中心计算分析所　聂文武

Abaqus/Python 语法简洁、功能强大，对于数据的预处理和提取有"独门绝技"：第一，"化繁为简"，直接通过 Python 脚本来生成 INP 文件，简便灵活；第二，"去粗取精"，对分析结果进行自动过滤和提取，高效准确。本书作者将多年的实战经验无私地总结出来，为广大 CAE 爱好者尤其 Abaqus 使用者提供了非常宝贵的参考资料，甚是难得。

上海普利特复合材料股份有限公司　CAE 技术经理　祁宙

本书将 Python 语言在 Abaqus 二次开发中的高效与便捷完美体现，全书章节编排环环相扣，语言生动形象，理论概念清晰易懂，实例讲解细致入微，充分表明了作者具有多年的 CAE 实践经验，以及对二次开发详尽深入的理解。

SimWe 仿真论坛资深版主　清华大学　航天航空学院　杜显赫

Python 作为 Abaqus 的接口语言是完美的选择，熟练掌握 Abaqus/Python 二次开发就可以定制自动化分析流程，尤其体现在运用 Abaqus 的前后处理模块，可以提高分析效率、降低分析成本。该书贴近读者，由浅入深地分三大部分详实介绍 Python 基础、Abaqus/Python 基础和工程实例。作者结合多年经验有的放矢地指引读者更好地提高二次开发能力。

研发埠仿真论坛讲师　上海交通大学　余燕　博士

本书通俗易懂，与具体实例紧密结合，把仿真工程师从枯燥的程序语句中解放出来，是一本真正适合读者使用的二次开发书籍。当读者"进入"本书，会不断被 Abaqus/Python 的强大魅力所吸引，迸发出强烈的学习欲望。

上海卓宇信息技术有限公司　技术经理　李保罗

当进行二次开发工作时，难以找到合适的书籍帮助寻找解决问题的灵感。有幸能够研读此书，此书中的一些例子，完全可以直接拿来用到自己的项目中。作者花费了很多的时间和精力，挑选了最接近实际工程的案例，深入浅出地讲述了 Abaqus 二次开发的过程和方法。从我个人参考使用的情况来看，此书是一本非常有用的工具书，值得推荐。

泰科电子家电事业部　全球技术分析工程师　李伟国

Contents 目录

第一部分　引言

第 1 章　Abaqus 二次开发简介 12
- 1.1　为什么是 Python 12
- 1.2　Python、FORTRAN 与 Abaqus 13
- 1.3　基于 Python 二次开发 14

第 2 章　Python 能力确认 17
- 2.1　测试程序 17
- 2.2　程序运行结果 22

第 3 章　脚本的运行与开发环境 23
- 3.1　Abaqus 中脚本的运行 23
  - 3.1.1　命令区 KCLI（Kernel Command Line Interface） 23
  - 3.1.2　CAE-Run Script 24
  - 3.1.3　Abaqus Command 24
  - 3.1.4　Abaqus PDE 25
- 3.2　选择自己的 Python 开发环境 26
  - 3.2.1　Abaqus PDE 26
  - 3.2.2　IDLE 27
  - 3.2.3　Notepad++ 28
  - 3.2.4　EditPlus 29
  - 3.2.5　选择合适的编程环境 32

第二部分　Python 基础

第 4 章　Python 数据类型与操作符 34
- 4.1　基本数据类型 34
- 4.2　列表、元组和字符串 36
  - 4.2.1　列表（list） 36
  - 4.2.2　元组（tuple） 38
  - 4.2.3　字符串（str） 40
  - 4.2.4　列表、元组和字符串的关系 42
- 4.3　字典 43
- 4.4　集合 45
- 4.5　操作符 46
  - 4.5.1　赋值操作符 46
  - 4.5.2　数字类型的操作符 46
  - 4.5.3　序列类型的操作符 48
  - 4.5.4　字典和集合的操作符 50

第 5 章　表达式和流程控制 51
- 5.1　表达式和程序执行流程 51
- 5.2　分支语句 if-else 52
- 5.3　循环语句 54
  - 5.3.1　while 循环语句 54
  - 5.3.2　for 循环语句 55
- 5.4　中断和退出 58
  - 5.4.1　break 语句 58
  - 5.4.2　continue 语句 59
- 5.5　特殊语句 pass 60

第 6 章　函数 61
- 6.1　定义函数 61
- 6.2　函数中的参数传递与调用方法 63
- 6.3　几个特殊的函数关键字 64
  - 6.3.1　Lambda 关键字与匿名函数 64
  - 6.3.2　Map 关键字与批量化函数操作 66
  - 6.3.3　Reduce 关键字和求和 67
  - 6.3.4　Filter 关键字和条件选择 67

第 7 章　对象和类 69
- 7.1　对象 69
- 7.2　类 70
  - 7.2.1　如何定义类 70
  - 7.2.2　如何使用类 71
  - 7.2.3　子类、父类和继承 72
  - 7.2.4　几个特殊的实例属性和类方法 74
- 7.3　模块和包 75
  - 7.3.1　模块 75
  - 7.3.2　模块的路径搜索 76
  - 7.3.3　名称空间 77
  - 7.3.4　包 78

第 8 章　文件和目录 79
- 8.1　文件读写操作 79

8.2	目录操作 82		
8.3	文件的压缩和备份 85		
8.4	综合实例 87		

第三部分　Abaqus/Python 基础

第 12 章　Abaqus Script 入门 124
- 12.1　GUI 操作 Vs rpy 脚本日志 124
- 12.2　对脚本进行简单的二次开发 133

第 9 章　异常处理 89
- 9.1　Python 中常见的异常 90
- 9.2　自定义异常 92
- 9.3　使用异常 93
- 9.4　再看异常处理的作用 95

第 13 章　Abaqus/Python 基础 135
- 13.1　Abaqus/Python 中的数据类型 135
  - 13.1.1　符号常值（SymbolicConstants） 135
  - 13.1.2　布尔值（Booleans） 135
  - 13.1.3　特有的模型对象 136
  - 13.1.4　序列（Sequences） 136
  - 13.1.5　仓库（Repositories） 137
- 13.2　Abaqus/Python 的对象的访问和创建 138
  - 13.2.1　对象的访问 139
  - 13.2.2　对象数据的修改 140
  - 13.2.3　对象的创建 140
- 13.3　Abaqus/Python 中的主要对象概况 141
  - 13.3.1　Abaqus 中的 Session 对象 142
  - 13.3.2　Abaqus 中的 Mdb 对象 143
  - 13.3.3　Abaqus 中的 Odb 对象 145

第 10 章　常用 Python 扩展模块介绍 96
- 10.1　NumPy 和高效数据处理 97
  - 10.1.1　创建数组 98
  - 10.1.2　数组操作 99
  - 10.1.3　数组运算 100
  - 10.1.4　线性代数 100
- 10.2　SciPy 与数值计算 101
  - 10.2.1　插值 101
  - 10.2.2　拟合 101
  - 10.2.3　极值问题 102
- 10.3　Matplotlib 和图表绘制 103
  - 10.3.1　二维点线数据绘制 104
  - 10.3.2　辅助散点和线图绘制 105
  - 10.3.3　简单三维数据可视化 107
- 10.4　Xlrd/xlwt 与读写 Excel 109
  - 10.4.1　读取 Excel 文件 109
  - 10.4.2　写入 Excel 数据 109
- 10.5　Reportlab 和 PDF 110
- 10.6　联合使用类库 111

第 14 章　Session 对象的使用 146
- 14.1　Viewport 及其相关对象 147
- 14.2　Path 对象 152
- 14.3　XYData 对象 153
- 14.4　XYCurve 和 XYPlot 对象 154
- 14.5　writeXYReport 和 writeFieldReport 函数 ... 157

第 15 章　Mdb 对象的使用 160
- 15.1　Model 类与有限元模型的建立 161
  - 15.1.1　Sketch 和 Part 对象 162
  - 15.1.2　Material 和 Section 对象 166
  - 15.1.3　Assembly 对象 167
  - 15.1.4　Step 对象 169
  - 15.1.5　Region 对象 170
  - 15.1.6　Constraint 和 Interaction 对象 171
  - 15.1.7　Mesh 函数 172
  - 15.1.8　BoundaryCondition 和 Load 对象 173
- 15.2　Job 命令 176

第 11 章　Python 编程中的效率问题 114
- 11.1　时间成本优化 114
  - 11.1.1　使用内建函数（built-in Function） 114
  - 11.1.2　循环内部的变量创建 115
  - 11.1.3　循环内部避免不必要的函数调用 117
  - 11.1.4　使用列表解析 118
  - 11.1.5　尽量减少 IO 读写 118
  - 11.1.6　使用优秀的第三方库 119
  - 11.1.7　其他 120
- 11.2　空间成本优化 120
  - 11.2.1　使用 xrange 处理长序列 120
  - 11.2.2　注意数据类型的使用 121
  - 11.2.3　使用 iterator 122

第 16 章　Odb 对象的使用 177
- 16.1　Odb 对象中模型数据 178
  - 16.1.1　Material 对象 178
  - 16.1.2　孤立网格数据信息 178

16.1.3　集合对象 182
16.2　Odb 对象中结果数据的读取 184
　　　16.2.1　场变量数据的处理 186
　　　16.2.2　历史变量数据的处理 189
16.3　Odb 数据文件的写入 190
　　　16.3.1　已有模型添加特定数据 190
　　　16.3.2　生成完整的 Odb 对象 192

第 17 章　几个常见问题 195

17.1　几何和网格元素的选择 195
　　　17.1.1　内置的选择函数 195
　　　17.1.2　基于特征的筛选方法 197
17.2　几何元素的特征操作 199
17.3　具有集合性质的对象 201
17.4　监测任务运行过程和结果 204
17.5　交互式输入与 GUI 插件 206
　　　17.5.1　交互输入 207
　　　17.5.2　GUI 插件制作 208

第四部分　应用实例

第 18 章　悬链线问题 218

18.1　悬链线的方程 218
18.2　利用 Abaqus 分析悬链线曲线特征 221
　　　18.2.1　建立分析脚本 221
　　　18.2.2　确定合适的初始拉伸量 223
　　　18.2.3　拉伸刚度的影响 224

第 19 章　扭力弹簧的刚度 227

19.1　扭力弹簧的理论分析公式 227
19.2　利用 Abaqus 分析扭力弹簧 229
　　　19.2.1　梁单元模拟扭力弹簧 229
　　　19.2.2　实体单元模拟扭力弹簧 234
19.3　结果对比 236

第 20 章　圆角处网格研究 238

20.1　带孔薄板 238
　　　20.1.1　理论分析 238
　　　20.1.2　模型计算 239
20.2　台阶板倒角处的应力 244

　　　20.2.1　理论分析 244
　　　20.2.2　有限元模拟 245

第 21 章　优化问题 249

21.1　水下圆筒的抗屈曲设计 249
　　　21.1.1　问题的描述 249
　　　21.1.2　参数化模型 250
　　　21.1.3　优化策略 251
　　　21.1.4　求解与结果 254
21.2　过盈配合设计 258
　　　21.2.1　问题描述 258
　　　21.2.2　参数化模型建模 258
　　　21.2.3　优化策略与结果 263
21.3　笔盖的插入力的确定 268
　　　21.3.1　问题描述 268
　　　21.3.2　参数化模型建模 268
　　　21.3.3　优化策略与结果 273

第 22 章　分析之间的数据传递 277

22.1　数据传递方法之 InitialState 277
　　　22.1.1　数据传递前的准备 277
　　　22.1.2　Standard 数据导入 Explicit 的步骤 ... 278
　　　22.1.3　数据导入实例：冲压成型分析 279
22.2　数据传递方法之 Map solution 284
　　　22.2.1　Map solution 使用格式 284
　　　22.2.2　数据映射实例：拉拔成型 287

第 23 章　Python 和子程序 295

23.1　Fortran 基本用法 295
　　　23.1.1　Fortran 基本语法 295
　　　23.1.2　Fortran 程序实例 296
23.2　Python 处理子程序的一般方法 297
23.3　实例：Dload 动态轴承载荷 299
　　　23.3.1　滚子间力的分布 299
　　　23.3.2　Hertz 接触理论 300
　　　23.3.3　Dload 子程序模板 301
　　　23.3.4　Python 建模程序 303
23.4　实例：基于 Dflux 的焊接热分析 305
　　　23.4.1　焊接分析热源类型 306
　　　23.4.2　Dflux 子程序模板 307
　　　23.4.3　焊接自动化分析脚本 309

参考文献 316

第一部分

引言

在引言部分我们将 Abaqus 二次开发引荐给读者,内容主要包括:
- Abaqus 二次开发体系的简介;
- 不同的读者应该如何对待本书;
- 常用的几种开发环境的搭建。

第1章 Abaqus二次开发简介

对于 CAE 软件提供商,打造大平台,集成 CAD/CAE/CAM 已经成为一种趋势,而对于特定的 CAE 用户或者企业,制定适合自己的流程化 CAE 软件包越来越重要。对 CAE 提供商来说,要想直接定制适合企业使用的程序包,工业背景的缺乏是横在 CAE 开发者面前的一道坎,另外开发针对特定行业的软件无疑会缩小自己的市场,这一点也会减缓 CAE 提供商开发特定行业软件的步伐。对于 CAE 企业用户虽然掌握了工业应用背景和知识,但是花费不菲的人力、物力、财力去开发一款自己使用的 CAE 分析软件包也是得不偿失的。CAE 软件包本身为用户提供全面易用的二次开发的接口,就是一种折中的解决方案。基于上面这些考虑,当前主流的 CAE 软件包都会为用户提供相应的二次开发的接口程序,方便用户定制适合自己的工业应用程序,比如 Abaqus 中使用的 Python/FORTRAN 子程序,ANSYS 中使用的 APDL,HYPERWORKS 中提供的 Tcl/Tk 接口,以及 PATRAN/NASTRAN 使用的 PCL 等。作者主要使用 Abaqus/Python,因此本书的展开都是基于对 Abaqus 二次开发认识的基础上。

1.1 为什么是Python

初识 Python 的时候,一位朋友说过:Abaqus 软件是一群绝顶高手开发并维护的,他们选择了 Python 作为 Abaqus 的接口语言,聪明人的选择也是聪明的。我对这个观点深信不疑,虽然当时对 Python 一无所知。现在有了几年的 Python 开发经验以后,回头想想这个的确是聪明的选择。

Python 是简洁的、免费的、跨平台的、大众的,这些特色直接决定,对 CAE 工程师这样的"业余"程序使用者,Python 是完美的选择。

Python 是目前最为火热的脚本语言之一,而且现在的 Python 已经远远超出脚本语言的范畴,向着大语言发展。表 1-1 是来自权威的 TIOBE 编程语言排行榜[①](2015 年 3 月)的数据,可以看出,除了主流的编程语言 C / C++ / C# / VB / Java 外,脚本语言中 Python 跻身前十,热度相当于 Perl 和 Ruby 的总和,这些数据足以表明当前 Python 的火热。

Python 的流行确保了 Python 讨论和学习的环境比较平坦,易于掌握,加上 Python 本身所提倡的简洁特性,使得 Python 语言成为 Abaqus 的"官方"接口语言。

Python 是跨平台的,这意味着使用 Python 编写的二次开发程序可以直接从 Windows 平台移植到 Linux 环境下使用。这一点对于 CAE 工程师非常重要:由于 Linux 系统对硬件资源更好地调用,大部分 CAE 分析用的系统都是 Linux,而日常交流又常常在 Windows 平台上完成,这个时候语言的跨平台特性就十分重要。

---

① TIOBE 排行榜基于互联网上有经验的程序员、课程和第三方厂商的数据,并使用搜索引擎(如 google、bing、yahoo!、百度)以及 wikipedia、amazon、youtube 统计出的排名数据,主要反映某个编程语言的热门程度,并不说明语言的优劣。

Python 的流行也得益于许多优秀的第三方 Python 类库，比如 xlrd/xlwt（用于 Python 操作 MS Excel 文件），matplotlib（绘制仿 Matlab 风格的二维数据图片绘制），pyQt（Qt 类库的 Python 封装，可以生成漂亮的软件界面）、NumPy 和 SciPy（处理大规模数据和进行科学计算的 Python 类库，实现类似 Matlab 的基本功能）以及 Reportlab（编辑生成 pdf 文件的 Python 类库）等。这些优秀的类库大部分都是免费的，而 Abaqus/CAE 界面就是基于一种免费易用的跨平台的 GUI 类库的 Python 封装实现的。

表　TIOBE排行TOP 20（2015年3月数据）

Mar 2015	Mar 2014	Change	Programming Language	Ratings	Change
1	1		C	16.642%	-0.89%
2	2		Java	15.580%	-0.83%
3	3		Objective-C	6.688%	-5.45%
4	4		C++	6.636%	+0.32%
5	5		C#	4.923%	-0.65%
6	6		PHP	3.997%	+0.30%
7	9	∧	JavaScript	3.629%	+1.73%
8	8		Python	2.614%	+0.59%
9	10	∧	Visual Basic .NET	2.326%	+0.46%
10	-	∧	Visual Basic	1.949%	+1.95%
11	12	∧	F#	1.510%	+0.29%
12	13	∧	Perl	1.332%	+0.18%
13	15	∧	Delphi/Object Pascal	1.154%	+0.27%
14	11	∨	Transact-SQL	1.149%	-0.33%
15	21	∧	Pascal	1.092%	+0.41%
16	31	∧	ABAP	1.080%	+0.70%
17	19	∧	PL/SQL	1.032%	+0.32%
18	14	∨	Ruby	1.030%	+0.06%
19	20	∧	MATLAB	0.998%	+0.31%
20	45	∧	R	0.951%	+0.72%

1.2　Python、FORTRAN与Abaqus

目前 Abaqus 的二次开发有两种，求解器层次的 FORTRAN 和前后处理层次的 Python。在说明 Abaqus/Python 能做什么之前，我们必须先弄清楚 Abaqus 中两种二次开发的区别。我们需要先了解一下 Abaqus 软件包的架构。

Abaqus 软件包包括两大部分：用来进行前后处理的 Abaqus/CAE（包括 Abaqus/GUI 和 Abaqus/Kernel）以及用来对有限元模型进行求解计算的求解器（包括 Abaqus/standard、Abaqus/Explicit、Abaqus/CFD 或者 Abaqus/Aqua），如图 1-1 所示。Abaqus/CAE 运行后会产生 3 个进程：abq6141.exe、ABQcaeG.exe（Abaqus/CAE GUI）和 ABQcaeK.exe（Abaqus/CAE Kernel）。

GUI 或者负责收集建模参数交给 Kernel 建模并最终形成 INP 文件，或者打开现有的 ODB 文件，提取数据并显示云图，这一过程基本上都是 Python 语言完成的。达索公司为 Abaqus/CAE 提供了丰富的接口，如对模型操作的 MDB 相关接口，对结果数据 ODB 操作的接口，以及常用的 CAE 相关的 session 操作的接口。

Abaqus/Python 二次开发主要就是基于这一部分进行的，目的或者是快速自动建模并形成 INP，或者是处理现有的 ODB 结果并提取所需数据。

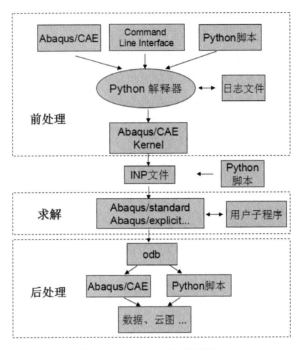

图1-1 Abaqus软件环境结构

无论通过 CAE 或者手动编辑最终都要形成 INP 文件，它记录建立的网格模型、载荷以及边界条件和分析类型等，它是 Abaqus standard/ Abaqus explicit…等求解模块唯一可识别的输入类型。这些计算模块就可以利用 INP 文件所描述的网格模型和边界条件求解问题的解并记录到结果文件中。像 Abaqus/Standard 等求解器都是使用 FORTRAN 语言（或者 C/C++）实现的，这些程序可以满足大部分求解分析需求。但对一些比较复杂的问题，Abaqus 为用户提供了对基本模块功能进行扩展的接口，如我们熟知的用于描述复杂材料本构的材料模型子程序（如 UMAT/VUMAT）等；用于描述复杂加载方式的 DFLUX 或者 DLOAD 等；用于描述变化边界条件的 UMOTIONS/UMESHMOTION 等；以及用于描述用户定义特性单元的 UEL。这个层次的二次开发都必须使用 FORTRAN 语言来完成。

当然因为 INP 文件有自己固有的格式，这个也就方便使用者绕过 Abaqus/CAE 直接利用 Python 程序生成 INP 文件，然后利用对应的 Solver 来求解。这个方法对于一些特定的问题十分有效，也可以认为是二次开发的范畴。

本书所介绍的就是基于 Python 实现的前后处理层次上的二次开发；或者是编写程序段完成某一特定的分析优化计算；或者是利用 Python 对大量计算结果进行后处理提取想要的结果；或者是编写更契合用户使用习惯的 GUI 界面，简化使用者的操作流程。

1.3 基于Python二次开发

从上面的介绍可以看出 Abaqus/Python 二次开发就是要代替 Abaqus/CAE 实现前后处理工作，因此基本上能在 Abaqus/CAE 中实现的前后处理操作都可以通过 Python 程序来实现。只不过有些问题使用 Abaqus/CAE 更为高效，比如从第三方 CAD 软件中导入的几何模型常常需要几何清理，这个工作就不适合使用

Abaqus/Python 来实现。下面从作者自己的认识列出几个判断问题是否适合进行二次开发的标准。

（1）当前所面对的分析问题在日常工作中是否经常遇到。这个实际上是做应用开发首要考虑的问题，确保问题值得花费额外的时间去做二次开发。一般二次开发都是在了解了分析过程的基础上进行，如果仅仅是偶发问题，使用 Abaqus/CAE 建立模型分析一次解决问题即可，花时间做二次开发就显得有些多此一举。对那些日常工作中常常要碰到的问题，二次开发就可以帮我们节省大量的时间，避免重复劳动。举一个简单的情况，如果模型中存在非常多的 part 部件，要赋予相同的截面属性，如果在 Abaqus/CAE 中操作，会非常繁琐，我们可以考虑编写一个对模型中所有 part 赋予相同截面属性的功能插件，后面面对类似的情况，只需要单击一下按钮就可以。

（2）一些涉及参数优化或者参数灵敏性分析的问题，常常需要对同一模型进行多次分析，这类问题就非常适合做二次开发。

（3）有时候借助程序进行二次开发是必须的，如在建立一些随机模型的时候，利用程序可以得到一些伪随机数来完成建模的过程。

（4）面对没有特定规律的问题，通常不适合二次开发。编写程序实际上是对有特定规律问题的统一化解决方案，如果问题本身就是不确定的，比如几何清理[①]的问题，那么二次开发也就无从谈起。

举个例子，对于焊接温度分布的模拟，Abaqus 中可以使用 DFLUX 子程序来完成。这一系列模拟流程非常适合二次开发：分析流程比较固定，不同的计算只需要使用对应的几何参数即可完成。因此可以编写一个完成焊接分析流程的小插件。该插件使用如图 1-2 所示的 GUI 界面收集输入参数，单击"OK"按钮后程序自动建立如图 1-3 所示的模型以及模拟的过程中需要的 DFLUX 子程序，等程序计算完成后可以得到如图 1-4 所示的温度分布云图。

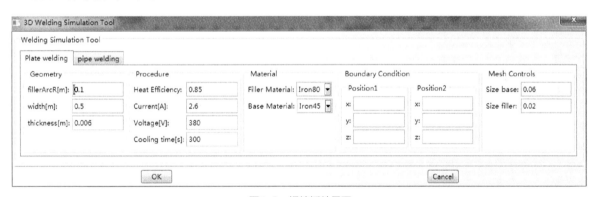

图1-2　焊接插件界面

图1-3　两种工况：平板焊和圆管焊

---

① 实际上几何清理在一定程度上也可以利用二次开发来解决，比如可以通过判断面的大小来删除一些小面，通过判断四边形面中两对边长度的比值大小来判断细长面的存在，但是由于工程问题对应的模型都比较复杂，因此这种二次开发往往不能彻底解决问题。

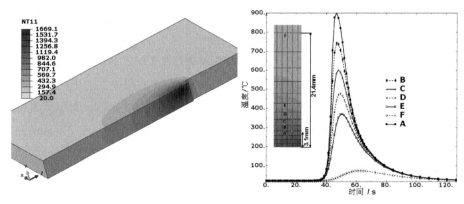

图1-4 温度分布云图与时间历程

  Abaqus/Python 的二次开发可以在工程应用以及科学研究中发挥重要作用，作者尝试记录自己在使用 Abaqus/Python 中的心得，希望能帮助大家更快地学习和使用 Abaqus/Python 来高效完成自己手头的工作。

第 2 章 Python能力确认

为了能让读者有针对性地阅读本书，这里给出三个例子，让大家可以通过读程序来确认自己的Python功底，从而确认从那一章节阅读此书比较合适。

pyTest1.py 设计了一个包含基本运算和流程控制的函数，对 C 语言比较熟悉的读者应该可以准确地推断出程序的输出。这个就是本书 4～6 章所要讲的内容，如果这个程序可以看懂，那么就可以跳过 4～6 章直接从第 7 章开始看起。

pyTest2.py 设计了一个文件读写和类创建的程序段，对 C++ 和 Java 这类面向对象语言比较熟悉的同学应该可以推断出程序的输出。这个就是本书 7～9 章节所要讲的内容，如果这个程序可以看懂，那么就可以跳过 7～9 章直接从第 10 章开始看起。

pyTest3.py 给出的是一个简单的工程实例二次开发代码。这个就是本书 12～16 章所要讲的内容，如果这个程序可以看懂，那么就可以跳过 12～16 章直接从第 17 章开始看。

2.1 测试程序

测试程序 1（pyTest1.py）

```
#================================================================
1    # -*- coding: utf-8 -*-
2
3    def is_prime(num):
4        # Initial to presume it's a prime
5        rt = True
6        # To test the numbers if it can be divided exactly by a smaller number.
7        for i in range(2, num):
8            if num % i == 0:
9                rt = False
10               break
11       return rt
12
13   a = []
14   b = {}
15   for i in range(1,10):
16       if not(is_prime(i)):
17           a.append(i)
18       else:
19           b["Prime Number"+str(i)*2] = i
20   for key,value in b.iteritems():
```

```
21      print "%s = %s" % (key, value)
22  print "the composite numbers is %s" % a
#================================================================
```

测试程序2（pyTest2.py）

```
#================================================================
1   # -*- coding: utf-8 -*-
2   import sys
3   import math
4   import re
5   import os
6   import csv
7
8   class myMaterial:
9       """this is a class to define the optimization material"""
10
11      infor='Author JingheSu, Email:: su.jinghe@outlook.com'
12      cluster='optimization'
13
14      def __init__ (self,density,elastic,plastic,expansion,specificheat,
15                    conductivity):
16          self.elastic=elastic
17          self.plastic=plastic
18          self.expansion=expansion
19          self.specificheat=specificheat
20          self.conductivity=conductivity
21          self.density=density
22
23      def setElastic (self,elastic):
24          self.elastic=elastic
25
26      def setPlastic (self,plastic):
27          self.plastic=plastic
28
29      def setExpansion (self,expansion):
30          self.expansion=expansion
31
32      def setSpecificheat (self,specificheat):
33          self.specificheat=specificheat
34
35      def setConductivity (self,conductivity):
36          self.conductivity=conductivity
37
38      def setDensity (self,density):
39          self.density=density
40
41      def printInfor (self):
42          print self.infor
43          print 'this material belongs to set: '+self.cluster
44
45  #================================================================
46
47  def updateMaterial():
48      """this function is used to update the material in current
49      directory. with this function you can insert your material
```

```python
50          just by updating your material data using a csv file"""
51          csvlist=[]
52          cdir=os.getcwd()
53          clist=os.listdir(cdir)
54          matDict={}
55          for item in clist:
56              filedir=os.path.join(cdir, item)
57              if os.path.isfile(filedir) and str(item).endswith('mat.csv'):
58                  csvlist.append(filedir)
59          if len(csvlist)==0:
60              print 'you got no material to use, material collection programm' \
61          'exit!'
62              return 0
63          else:
64              for item in csvlist:
65                  csvreader=csv.reader(file(item))
66                  tempDensity=[]
67                  tempElastic=[]
68                  tempPlastic=[]
69                  tempExpansion=[]
70                  tempSpecificheat=[]
71                  tempConductivity=[]
72                  for row in csvreader:
73                      num=len(row)
74                      templist=[]
75                      typename=row[0].strip()
76                      for data in row[1:]:
77                          posteddata=data.strip()
78                          if posteddata!='':
79                              templist.append(float(posteddata))
80                      if typename=='density':
81                          tempDensity.append(templist)
82                      elif typename=='elastic':
83                          tempElastic.append(templist)
84                      elif typename=='plastic':
85                          tempPlastic.append(templist)
86                      elif typename=='expansion':
87                          tempExpansion.append(templist)
88                      elif typename=='specificheat':
89                          tempSpecificheat.append(templist)
90                      elif typename=='conductivity':
91                          tempConductivity.append(templist)
92                  tempMat=myMaterial(tempDensity,tempElastic,tempPlastic,
93                      tempExpansion,tempSpecificheat,tempConductivity)
94                  (filepath, filename) = os.path.split(item)
95                  matDict[filename[:-4]]=tempMat
96
97          return matDict
98  #===========================================================
99
100 if __name__ == '__main__':
101     result=updateMaterial()
102     print len(result)
103     print result.values()[0].density
104     print result.values()[0].specificheat
```

测试程序3（pyTest3.py）

```python
1   # -*- coding: utf-8 -*-
2
3   from abaqus import *
4   from abaqusConstants import *
5   from viewerModules import *
6   import regionToolset
7   import mesh
8
9   length = 1000 #mm
10  Cload = 40 #N
11  radius = 3.0 #mm
12  Mdb()
13  #: Create a mdb: model-1.
14  s = mdb.models['Model-1'].ConstrainedSketch(name='beam',
15      sheetSize=200.0)
16  g, v, d, c = s.geometry, s.vertices, s.dimensions, s.constraints
17  s.Line(point1=(0.0, 0.0), point2=(length, 0.0))
18  p = mdb.models['Model-1'].Part(name='beam', dimensionality=THREE_D,
19      type=DEFORMABLE_BODY)
20  p = mdb.models['Model-1'].parts['beam']
21  p.BaseWire(sketch=s)
22  del mdb.models['Model-1'].sketches['beam']
23
24  mdb.models['Model-1'].Material(name='steel')
25  mdb.models['Model-1'].materials['steel'].Elastic(table=((210000.0, 0.28), ))
26  mdb.models['Model-1'].materials['steel'].Density(table=((7.8e-09, ), ))
27  mdb.models['Model-1'].CircularProfile(name='Profile-1', r=radius)
28  mdb.models['Model-1'].BeamSection(name='Section-beam', profile='Profile-1',
29      integration=DURING_ANALYSIS, poissonRatio=0.28, material='steel',
30      temperatureVar=LINEAR)
31  p = mdb.models['Model-1'].parts['beam']
32  e = p.edges
33  region = regionToolset.Region(edges=e)
34  p.SectionAssignment(region=region, sectionName='Section-beam', offset=0.0,
35      offsetType=MIDDLE_SURFACE, offsetField='',
36      thicknessAssignment=FROM_SECTION)
37  e = p.edges
38  region=regionToolset.Region(edges=e)
39  p.assignBeamSectionOrientation(region=region, method=N1_COSINES, n1=(0.0, 0.0,
40      -1.0))
41
42  a = mdb.models['Model-1'].rootAssembly
43  a.DatumCsysByDefault(CARTESIAN)
44  p = mdb.models['Model-1'].parts['beam']
45  a.Instance(name='beam-1', part=p, dependent=ON)
46
47  mdb.models['Model-1'].StaticStep(name='Step-load', previous='Initial',
48      nlgeom=ON)
49
50  a = mdb.models['Model-1'].rootAssembly
51  v1 = a.instances['beam-1'].vertices
52  verts1 = v1.findAt(((0,0,0), ), )
```

```
53  a.Set(vertices=verts1, name='Set-fix')
54  verts1 = v1.findAt(((length,0,0),),)
55  a.Set(vertices=verts1, name='Set-force')
56  region = a.sets['Set-fix']
57  mdb.models['Model-1'].DisplacementBC(name='BC-fix', createStepName='Step-load',
58      region=region, u1=0.0, u2=0.0, u3=0.0, ur1=0.0, ur2=0.0, ur3=0.0,
59      amplitude=UNSET, fixed=OFF, distributionType=UNIFORM, fieldName='',
60      localCsys=None)
61  region = a.sets['Set-force']
62  mdb.models['Model-1'].ConcentratedForce(name='Load-load',
63      createStepName='Step-load', region=region, cf2=-1.0*Cload,
64      distributionType=UNIFORM, field='', localCsys=None)
65
66  p = mdb.models['Model-1'].parts['beam']
67  e = p.edges
68  p.seedEdgeBySize(edges=e, size=length/100.0, deviationFactor=0.1,
69      constraint=FINER)
70  elemType1 = mesh.ElemType(elemCode=B32, elemLibrary=Standard)
71  pickedRegions =(e, )
72  p.setElementType(regions=pickedRegions, elemTypes=(elemType1, ))
73  p.generateMesh()
74  a = mdb.models['Model-1'].rootAssembly
75  a.regenerate()
76  mdb.Job(name='beam-load', model='Model-1', description='', type=ANALYSIS,
77      atTime=None, waitMinutes=0, waitHours=0, queue=None, memory=50,
78      memoryUnits=PERCENTAGE, getMemoryFromAnalysis=True,
79      explicitPrecision=SINGLE, nodalOutputPrecision=SINGLE, echoPrint=OFF,
80      modelPrint=OFF, contactPrint=OFF, historyPrint=OFF, userSubroutine='',
81      scratch='', multiprocessingMode=DEFAULT, numCpus=1)
82  mdb.jobs['beam-load'].submit(consistencyChecking=OFF)
83
84  mdb.jobs['beam-load'].waitForCompletion()
85  odbpath = os.path.join(os.getcwd(),"beam-load.odb")
86  pngPath = os.path.join(os.getcwd(),"deformation")
87  oo = session.openOdb(name=odbpath)
88  vp = session.Viewport(name='myView')
89  vp.makeCurrent()
90  vp.maximize()
91  vp.setValues(displayedObject=oo)
92  vp.odbDisplay.setPrimaryVariable(variableLabel='U',
93      outputPosition=NODAL, refinement=(INVARIANT, 'Magnitude'), )
94  vp.odbDisplay.display.setValues(plotState=CONTOURS_ON_DEF)
95  session.graphicsOptions.setValues(backgroundStyle=SOLID,
96      backgroundColor='#FFFFFF')
97  vp.viewportAnnotationOptions.setValues(legendDecimalPlaces=2,
98      legendNumberFormat=SCIENTIFIC, triad=OFF, legendBox=OFF)
99  vp.viewportAnnotationOptions.setValues(
100     legendFont='-*-verdana-medium-r-normal-*-*-180-*-*-p-*-*-*')
101 vp.viewportAnnotationOptions.setValues(
102     legendFont='-*-verdana-bold-r-normal-*-*-180-*-*-p-*-*-*')
103 vp.odbDisplay.contourOptions.setValues(spectrum='Black to white')
104 vp.viewportAnnotationOptions.setValues(
105     titleFont='-*-verdana-medium-r-normal-*-*-140-*-*-p-*-*-*')
106 vp.viewportAnnotationOptions.setValues(
```

```
107        stateFont='-*-verdana-medium-r-normal-*-*-140-*-*-p-*-*-*')
108 vp.view.fitView()
109 session.printOptions.setValues(vpDecorations=OFF, reduceColors=False)
110 session.printToFile(fileName=pngPath, format=TIFF, canvasObjects=(
111     vp, ))
112
```

2.2 程序运行结果

测试程序 1（pyTest1.py）

该程序定义了一个函数 is_prime，其用来判断一个正整数是否为素数：对 1、2、3……9 这 9 个数字根据其是否为素数将其分别存储在一个列表和字典类型的变量中，最后以一定的格式打印显示。程序的执行结果如下：

```
---------- Python ----------
Primer Number11 = 1
Primer Number22 = 2
Primer Number77 = 7
Primer Number55 = 5
Primer Number33 = 3
the composite numbers is [4, 6, 8, 9]
```

测试程序 2（pyTest2.py）

该程序定义了一个存储材料物性参数的类 myMaterial，以及一个可以对当前目录下文件进行扫描并将所有以 mat.csv 结尾的文件中的信息提取出来的函数 updateMaterial。该函数可以生成一个由文件名为键名、myMaterial 类的对象为键值的字典。程序的执行结果如下：

```
---------- Python ----------
3
[[2700.0]]
[[900.0, 20.0], [921.0, 100.0], [1005.0, 200.0], [1047.0, 300.0], [1089.0, 400.0], [1129.0, 2000.0]]
```

测试程序 3（pyTest3.py）

该程序是一个 Abaqus 二次开发的完整实例。程序可以自动完成对一个悬臂梁端部受集中载荷分析，并将变形情况以图片的形式输出到当前工作目录下（如图 2-1 所示），命名为 deformation.png。

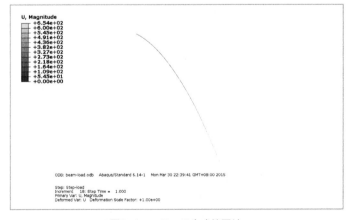

图2-1　pyTest3生成的图片

第 3 章 脚本的运行与开发环境

在开始二次开发学习之前我们需要先了解 Abaqus 中二次开发的环境。图 3-1 给出的界面就是 Abaqus/CAE 软件启动后的界面，包括菜单栏、模型树、主视窗、快捷按钮、信息提示区等。这些对于常常使用 Abaqus 软件的读者应该是再熟悉不过了。图 3-2 给出的是 Abaqus Command（命令行）窗口的调用效果。这些都都会在二次开发中用到，下面将逐一介绍上述界面中的区域及其功能。

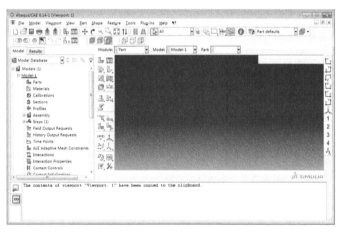

图3-1　Abaqus/CAE的主界面

图 3-2　Abaqus Command界面

3.1　Abaqus中脚本的运行

可以使用下面任一种方法实现在 Abaqus 中运行脚本。

3.1.1　命令区KCLI（Kernel Command Line Interface）

脚本可以在 KCLI 中逐行运行。点击 ■ 按钮（位于主界面左下角），进入命令接口区，可以看到 Abaqus 中输入提示符为 >>>，表示程序在等待用户的输入，如图 3-3 所示。

图3-3　KCLI命令接口区

输入 2+3，按 Enter 键就可以得到结果 5。实际上这一过程就完成了一个最简单的单行脚本执行过程，如图 3-4 所示。

图3-4　KCLI中命令的执行

对于编写好的程序脚本也可以直接使用 execfile 函数运行，使用时需要确保给出正确的脚本文件路径，比如对于如下的脚本 C:\CAE_CAD_Workspace\Abaqus_workspace\PythonBook\Chapter3\print.py 就可以在 KCLI 中使用如下的命令运行：

```
execfile( 'C:\CAE_CAD_Workspace\Abaqus_workspace\PythonBook\Chapter3\print.py' )
```

运行的效果和直接输入 2+3 相同。

3.1.2 CAE-Run Script

从 File->Run Script... 选择脚本文件（.py）运行。

使用记事本编辑生成文本文件 print.py，并保存。文本内容如下：

```
# -*- coding: utf-8 -*-
"""this is a example for chapter 1: print.py"""
print 2+3
```

从 File->Run Script... 选择框中选择 print.py 文件，可以在信息提示框中看到脚本运行的结果 5，如图 3-5 所示。

图3-5　print.py在CAE中的执行结果

3.1.3 Abaqus Command

在 Abaqus Command 命令行下使用 abaqus cae noGUI=script.py（前后处理都可以使用）或者使用 abaqus Python script.py（仅仅适用于进行后处理的脚本程序执行）命令来执行脚本。

确保将刚才的 print.py 文件复制到当前工作目录下，分别使用 abaqus Python print.py 和 abaqus cae noGUI=print.py 来执行，结果如图 3-6 所示。

图3-6　print.py在Command中的执行结果

◆ Tips：

1. 如果要运行的文件不在当前的目录下，可以先使用 dos 命令 cd 或者是 cd.. 命令切换目录到目标文件所在目录再执行上述命令。

```
cd C:\CAE_CAD_Workspace\Abaqus_workspace\PythonBook\Chapter3
```

2. 细心的读者可以发现 abaqus Python print.py 和 abaqus cae noGUI=print.py 的执行结果不同，一个成功打印出了结果 5，另一个没有。这是由于两种执行机制不同导致，abaqus cae noGUI=print.py 执行相当于使用 File->Run Script 方法来执行程序，结果被输出到了信息提示区，不打开 CAE 界面时就看不到所打印的结果。

3. 另外特别值得注意的是 abaqus Python print.py 执行过程是没有检查 licensing 的。利用该特点我们可以在没有 licensing 的情况下对结果文件 ODB 进行数据操作，提取自己关心的数据。

3.1.4 Abaqus PDE

使用 Abaqus 提供的 Python Development Environment（PDE）来运行脚本。在 Abaqus Command 中键入 abaqus pde，进入集成开发环境，如图 3-7 所示。在 PDE 中打开 print.py 文件，点击 play 按钮（如图 3-8 所示）就可以执行 print.py 脚本，程序运行的结果信息会被打印到 Abaqus Command 空间中。

图3-7　Abaqus/Python集成开发环境

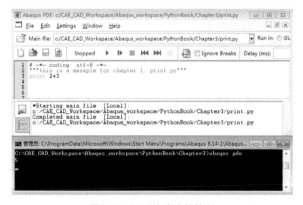

图3-8　PDE中脚本的执行

每一种运行方式都有自己的优势和侧重点，比如，KCLI 下的运行比较方便，尤其是当程序段比较短，或者想测试某段小程序的结果时可以在 KCLI 中直接运行查看效果；Abaqus PDE 主要用来对程序进行调试，同查看变量在执行过程中的变化情况来调试程序达到特定的目的；一般具有某一特定功能的程序写好后，最终的测试都是 Abaqus Command 或者 File->Run Script 下的运行，在这一过程之前需要使用文本编辑器来编辑程序，下面我们就介绍几款广受好评的文本编辑器以及在其基础上搭建的 Python 开发环境。

3.2 选择自己的Python开发环境

当前用于 Python 开发的文本编辑器非常多，作者仅仅就自己使用过的几款做简单的介绍（主要包括 Abaqus PDE、IDLE、Notepad++ 和 EditPlus），每个人可以根据自己的喜好选用自己的 Abaqus Python 开发环境。

3.2.1 Abaqus PDE

由于 Abaqus 中的 Python 并不是原生的 Python 版本，而是经过达索公司定制的。进行二次开发时常常要引用达索公司自定义的一些类和模块，因此 Abaqus PDE 的先天优势就是可以直接调试程序和运行程序，效果和在 CAE 中运行相同，不用担心类库无法引用的问题，这一点是其他第三方开发环境所不具备的。Abaqus PDE 的另一好处就是不需要额外安装，已经包含于 Abaqus 的安装程序中。此外，语法高亮和自动缩进也是 Abaqus PDE 的优势，尤其是自动缩进特性在 Python 语言中非常重要，因为 Python 是靠缩进而不是括号来识别语法的。

Abaqus PDE 有 3 种启动方式：

1. 当前有 Abaqus/CAE 运行时，可以在菜单栏选择 File->Abaqus PDE；
2. 在 Abaqus Command 中键入 abaqus cae -pde；
3. 在 Abaqus Command 中键入 abaqus pde。

前两种方法打开的 Abaqus/PDE 和对应的 Abaqus/CAE 位于相同的 session，可以方便的将 Abaqus/CAE 的各步骤操作命令录制到 guiLog 文件中，加快开发的速度；后一种方法单独打开 Abaqus/PDE，并不与 Abaqus/CAE 工作区间相关联，但是由于不打开 Abaqus/CAE，因而不占用许可证，并且启动速度较快。

------◆ Tips：------
1. guiLog 文件会记录使用者在 CAE 软件中的每一步 GUI 操作，而 rpy 文件中记录对应操作的内核函数命令，对于开发者 rpy 文件更有用。
2. 第 3 种方法更适合对现有的 Python 程序文件进行编辑，后续也可以进一步以 Kernel 的方式调试。

进入 PDE 集成开发环境，各部分功能的介绍如图 3-9 所示。

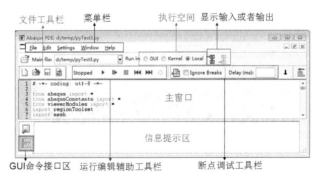

图3-9 PDE中各部分的功能

说到 Abaqus/PDE 和其他开发环境的比较，不能不说其最大的优点：可以直接对 Python 程序执行断点调试或者直接运行。这里我们简单介绍一下 Abaqus/PDE 中的断点调试方法。断点调试主要是用来确定程序在执行过程中是不是完全按照初始设计的线路运行的，通过检查执行过程中变量值的变化来确定出问题的程序段。Abaqus/PDE 中的断点调试需要遵循如下的流程：

（1）在出问题的程序位置前设置几个断点（Break point）：使用调试工具栏的按钮 ，设置过断点的语句行会被高亮显示并使用星号标出，如图 3-10 中 11 和 20 行所示。

（2）根据出问题语句确定几个观察变量（Watch variable）：选择 Window->Debug Windows->Watch List，在出现的 Watch List 框中右键单击并选择 add watch line，在 Variable 对应的下面输入需要观察的变量名，如图 3-10 中的 g、radius 和 p。

（3）使用调试工具栏按钮 执行断点调试，或者选择 Window->Debugger 开始断点调试。

（4）使用调试按钮（Step、Next）等进行调试，直到程序运行到需要的位置停止：比如图 3-10 所示的运行状态，高亮显示的语句（第 18 行）就是下一步要执行的语句，在当前状态下变量 g 已经被赋予了对象（ConstrainedSketchGeometry），变量 radius 也被赋予了值 3.0，而变量 p 还并不存在。

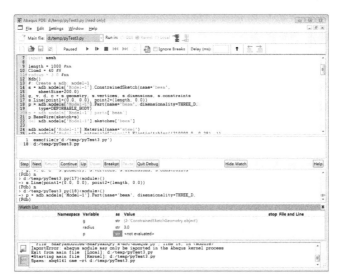

图3-10　PDE中程序的断点调试

3.2.2 IDLE

对 Python 有所了解的同学，对 IDLE 肯定不陌生，这是标准 Python 安装包自带的编辑器。IDLE 简单而不奢华，可以满足 Python 程序员的大部分要求：简单的自带补全功能，简单的智能提示功能。简单也就意味着功能并不完美，各项表现都很平均，没有代码折叠功能，使用古老的 Tkinter GUI 库，运行比较慢，而且从现在的观点看，它的界面风格并不美观。

因为 Abaqus 6.14 中内置的 Python 版本为 Python 2.7.3，因而作者下面介绍的独立 Python 运行解释器都选择 Python 2.7。在 www.Python.org 或者 www.activestate.com 网站下载 Python 2.7，双击安装，运行后界面如图 3-11 所示。

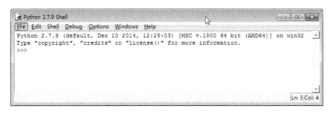

图 3-11　IDLE的运行界面

Python Shell 是自带的交互式运行界面，用户可以在其中输入简单的程序语句（输入提示符为 >>>），按 Enter 键后直接执行语句。

实现比较复杂功能的程序段可以单独在 IDLE 编辑器中编辑保存为 py 文件（Python Shell 中菜单栏选择 File->New window 即可打开编辑器，如图 3-12 所示）。IDLE 编辑器有自动缩进功能，完善的语法高亮，简单的自动补全和智能提示功能，编辑好的程序可以使用快捷键 F5 解释运行，并且可以进行简单的断点调试，对使用者非常方便。

从功能上说，Python Shell 和 Abaqus 中的 KCLI 类似；IDLE 中的编辑器和 Abaqus/PDE 类似。但是由于独立 Python 运行解释器中不包含 Abaqus 开发需要的类库，因而任何包含 Abaqus 类库的程序并不能在 IDLE 中调试，这也是所有第三方编辑环境的共同弱点。

虽然 Abaqus/PDE 和 IDLE 中都可以打开任意格式的文本文件，但是当文本文件比较大时速度慢而且表现不稳定。Abaqus 涉及的文

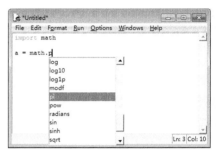

图 3-12　IDLE的自动补全

本文件常常动辄几十 MB，这个时候就必须使用专业的第三方文本编辑器来提高效率。下面介绍两种第三方文本编辑器，它们在操作大文本文件时速度和效率都要远远高于上面提到的两个工具，并且通过简单的配置它们也可以直接运行 Abaqus Python 程序，基本上可以替代上面的两个原始工具。

3.2.3　Notepad++

Windows 的使用者一定对 Notepad（记事本）不会陌生，对 Notepad++ 可能就不是那么熟悉了。Notepad++ 可以看成一个加强版的记事本。它是由台湾 IT 工程师侯今吾开发的开源软件，因其强大的功能而广受好评，在许多开发语言的编辑器中它都占据了一席之地。Notepad++ 的运行界面如图 3-13 所示。

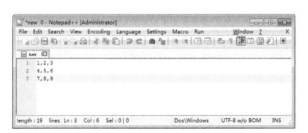

图3-13　Notepad++运行界面

然而 Notepad++ 只是一个文本编辑器，需要一定的配置才可以进行程序的编译运行，下面介绍如何配置 Notepad++ 使得其可以实现 Abaqus Python 程序的编译执行。因为 Notepad++ 和我们后续要介绍的 EditPlus 一样自身不包含 Python 解释器的，为使程序可以顺利解释运行，需要使用 Abaqus 内置的 Python 解释器。

在 Notepad++ 官方网站（http://Notepad-plus-plus.org/）下载最新的 Notepad++，解压安装（也可以选择免安装版本，直接解压使用）。

我们从菜单栏选择 Language->Python 即可设定当前高亮 Python 语法关键字。

Python 中缩进也是语法的一部分，虽然可以使用 Tab 字符进行各级的缩进，但是 PEP 编码规范中推荐使用 4 个空格符作为各级缩进的标识。为了方便，我们可以在 Notepad++ 中定义 Tab 字符为 4 个空格符，Settings->Preferences->Tab Setting->Replace by space，具体设置如图 3-14 所示，此时按下 Tab 键就相当于输入了 4 个空格符。

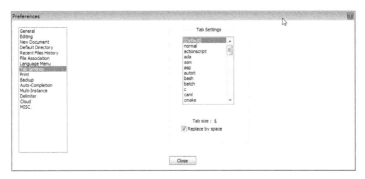

图3-14　Tab字符的设置

下面我们设置 Notepad++ 中 Python 程序直接编译执行功能。打开 Notepad++，按 F5 键，打开"运行"对话框，在文本框中输入 cmd /k cd "$(CURRENT_DIRECTORY)" & C:\Python27\Python.exe "$(FULL_CURRENT_PATH)" & ECHO. & PAUSE & EXIT，然后单击"Save"按钮，填写一个名字，比如"Run with Python"（如果需要可以配置下面的快捷键），单击"OK"按钮后即可在运行菜单上单击"Run with Python"来执行当前的 Python 程序，如图 3-15 所示。

如果我们想要 Notepad++ 直接调用 Abaqus 自带的 Python 解释器来执行程序，也可以按照上面同样的方法操作。

图3-15　运行对话框

如果需要使用 Abaqus Python 命令执行后处理脚本，我们需要将"运行"命令换成 cmd /k cd "$(CURRENT_DIRECTORY)" & Abaqus Python "$(FULL_CURRENT_PATH)" & ECHO. & PAUSE & EXIT，并保存为另一个名字，比如"Run with AbaqusPost"。

当然 Abaqus 中脚本运行还有其他两种运行方式，Abaqus CAE noGUI=xxxx.py 以及 Abaqus CAE script=xxxx.py。同样的方法，将 Notepad++ 中的运行命令改为 cmd /k cd "$(CURRENT_DIRECTORY)" & Abaqus CAE "noGUI=$(FULL_CURRENT_PATH)" & ECHO. & PAUSE & EXIT（保存为 Run with AbaqusnoGUI）或者命令 cmd /k cd "$(CURRENT_DIRECTORY)" & Abaqus CAE "script=$(FULL_CURRENT_PATH)" & ECHO. & PAUSE & EXIT（保存为 Run with AbaqusGUI）。

建好上面几个快捷键以后我们就可以在 Notepad++ 中直接编译执行所写的 Python 程序了。至于上面几种运行方式的区别我们后面会逐一解释。

3.2.4　EditPlus

EditPlus[①]是一款由韩国 Sangil Kim（ES-Computing）出品的小巧但是功能强大的可处理文本编辑器，经过用户自己的配置可以成为一个简单但是编辑、编译、运行和调试功能俱佳的 IDE（集成开发环境）。EditPlus 用户界面如图 3-16 所示。

EditPlus 可以自动识别并高亮 Python 源程序中的关键字。为了能够更有效地编写 Python 程序，在下载安装了 EditPlus 程序后可以对其进行一些配置，使其能具有部分智能补全功能。从 EditPlus 的官方网站上下载 Python.acp，打开 EditPlus，选择 Tools -> preferences -> File|Settings&syntax，单击 Python 项，并如图 3-17 所示加载对应的文件，然后单击"OK"按钮保存。此时打开编写 Python 源代码时候输入 for 以后程序会生成书写格式。

---

① EditPlus 官方提供 30 天试用，超过 30 天后需要购买许可才能继续使用，目前最新版本是 3.8。

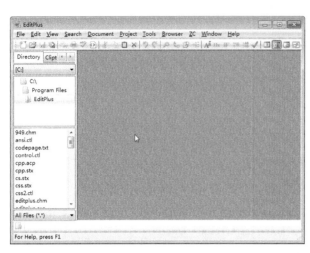
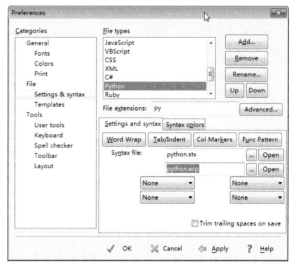

图3-16 EditPlus 用户界面　　　　　　　　　图3-17 语法高亮和自动补全的配置

EditPlus 中文版文件默认的保存扩展名为 .txt，每次要保存自己修改为 .py。我们可以选择从特定的模板文件来建立文件，不仅仅省去了修改扩展名的问题，还可以节省一些不必要的工作量。建立如下的文件并保存为 template.py，这个模板文件中默认导入几个常用的模块，省去建立文件后重复键入的麻烦。

```python
# -*- coding: utf-8 -*-
import sys, math, re

if __name__=='__main__':
    pass
```

打开 EditPlus，选择 Tools -> preferences -> File| templates，单击"Add"选择刚才保存的 template.py 文件，确定后在 Menu Text 中输入语言名：Python，如图 3-18 所示，单击"OK"按钮保存。此时就可以从菜单栏的 File->New|Python 新创建一个已经部分内容的 py 文件。

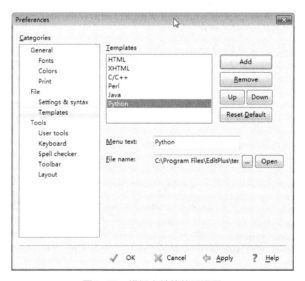

图3-18 模板文件的使用设置

下面我们需要设置 EditPlus 使得可以从 EditPlus 中直接执行 Python 程序，返回结果。打开 EditPlus，选择 Tools -> preferences -> Tools|User tools，在 Group and tool items 下面选择一个还没有使用的组名，单击 Group Name，输入 Python，然后单击"OK"按钮。

完成后我们就可以在Python工具中添加自己的命令工具了。单击"Add Tool"，按照图3-19所示设置，完成后单击"OK"按钮。

需要注意的是，Command 后面的路径是作者计算机上 Python 的安装路径，读者需要根据自己的情况适当修改；Action 中选择 Capture output 或者 Output Windows。

完成上述设置以后，我们就可以直接在EditPlus中执行Python程序，程序执行的结果会打印在输出窗口中如图3-20所示的黑色框区（如果没有看到输出窗口，可以在 View->Toolbars/views 中勾选）。

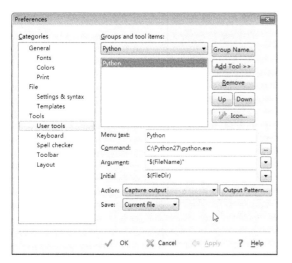
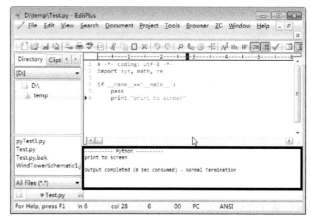

图3-19　Python快捷执行设置　　　　　图3-20　EditPlus中执行结果示意

同样，如果希望在EditPlus中调用Abaqus Python或者Abaqus CAE命令，可以按照图3-21和图3-22所示进行设置。

图3-21　EditPlus中设置abaqus Python命令

注意 AbaqusPython 命令 Command 框中需要填写自己计算机上安装的 Abaqus 6.14 中的 Python 编译器路径。C:\SIMULIA\Abaqus\6.14-1\code\bin\Python.exe 是默认安装的位置，读者需要根据自己的安装版本和安装目录填写合适的路径。

对于 Abaqus CAE noGUI=xxx.py 命令，我们需要创建一个批处理文件。

建立文本文件，内容如下：

```
@echo off
"C:\SIMULIA\Abaqus\6.14-1\code\bin\abq6141.exe" cae %*
```

保存为 AbaqusCAEnoGUI.bat，并在 Command 框中选择刚才保存的文件 AbaqusCAE.bat 即可，其他设置如图 3-22 所示。

如果想直接打开 CAE 界面运行脚本，只需要将图 3-22 中的 Argument 改为："script=$(FileName)" 即可。

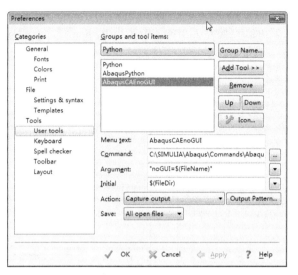

图3-22　EditPlus中设置Abaqus CAE noGUI命令

◆ Tips：

为了更好地使用 EditPlus 编写 Python 程序，可以设置使用 4 个空格代替 Tab 键。具体操作如下：打开 EditPlus，选择 Document->Tab Indent，按如图 3-23 所示设置。

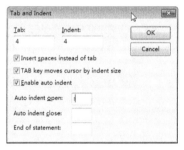

图3-23　EditPlus中Tab和Indent的设置

3.2.5　选择合适的编程环境

上面分别简单介绍了 4 种 Python 开发工具的使用方法，下面总结一下各自的优缺点，读者可以根据自己的需求来选择，见表 3-1。

表3-1　几种编辑器的比较

	语法高亮	自动补全	脚本断点调试	大文件打开速度	免费	易用程度
Abaqus PDE	有	无	可以	较慢	不	较难
IDLE	有	有	不可以	慢	免费	简单
Notepad++	有	无	不可以	快	免费	简单
EditPlus	有	部分	不可以	快	不	简单

第二部分

Python基础

这一部分主要针对缺乏 Python 基础知识的使用者。在这一部分中,我们将介绍以下内容。

- Python 的数据类型、流程控制方法和函数;
- 面向对象的概念、类、文件和异常;
- 常用的第三方 Python 库;
- 如何处理 Python 程序的效率。

第 4 章 Python数据类型与操作符

和其他程序语言相同，Python 也有各种数据类型和一些常规的操作运算符。Python 中的它们都是以对象的形式出现的，大型的程序都是以这些对象为基础，组装起来的。这一章我们会介绍 Python 内置[①]的一些数据类型和操作符。

在介绍 Python 数据类型之前我们提前透露几个比较有用的函数或者说方法，print()，type() 和 # 注释。打开 Python shell，使用 IDLE 交互程序，键入下面每个输入提示符（>>>）后面的语句，然后按 Enter 键。

```
IDLE 2.7.9[②]
>>> print(1)
1
>>> print('Hello CAEer!')
Hello CAEer!
>>> # print(1)
>>> # print('Hello CAEer')
>>> print(type(1))
<type 'int'>
>>> print(type('Hello CAEer'))
<type 'str'>
```

从结果可以看出 print 函数、type 函数和 # 符号的作用：print 函数可以将其后括号中的数字或者字符串打印出来，type 函数作用是显示括号内参数的类型；而 # 符号的作用就更简单了，它后面的 Python 语句是不执行的，也就是说可以用它对程序进行注解或说明。

了解了这几个函数之后，让我们一起来看看 Python 中的几种重要的数据类型。

4.1 基本数据类型

```
IDLE 2.7.9
>>> type(1)
<type 'int'>
>>> type(1.0)
<type 'float'>
>>> type(True)
<type 'bool'>
>>> type('strings')
<type 'str'>
```

[①] 内置，就是指 Python 解释器默认引入的类型，区别于其他位于模块中，需要使用 import 语句导入使用的函数或者类。
[②] 后面的讲述中如果程序段以 IDLE 2.7.9 开头，就意味着下面的程序段是在 Python shell 中演示的。

这几个语句已经给出了 Python 中最基本的几个数据类型，整型（int）、浮点型（float）、布尔型（bool）、字符串（str）和 Null。下面我们逐一介绍这 4 个数据类型。

整型（int）

Int 是最常用的数字类型，Python 中的 int 可以表示的整数的范围是 -2^{31} ~ $2^{31}-1$，就是 -2147483648 ~ 2147483647[①]。

浮点型（float）

Python 中的浮点型都是双精度浮点，每个浮点数占用 8 个字节，类似科学计数法。其中，52 个字节表示底数，11 个字节表示指数，剩下的一个用来表示符号。

布尔型（bool）

布尔型这种特殊的数据类型几乎在所有的程序语言中都存在。它只有两个值，True 和 False，常常出现在判断表达式中。实际上做布尔运算时，所有的非零值都为 True 而其他都为 False；而在做四则运算时，True 的值为 1，False 的值为 0。

> ◆ Tips：
>
> T 和 F 需要大写，Python 是区分大小写的语言。

字符串（str）

字符串，顾名思义就是一串字符组成的"串"，形如 "abcifdfa5&*^%"。字符串可以很长，比如把某一本书的所有内容都放在一对单引号（或者双引号）中，就可以组成一个特别长的字符串；字符串也可以很短，比如 "d"，甚至短到没有任何字符的空字符串 ""。

现在可能有人会想问那么一篇文章中的回车、制表符、单引号、双引号等字符怎么办。这些我们可以使用转义字符 \ 来表示。表 4-1 给出了几种主要的情况。

表4-1 主要的转义字符

转义字符	描述
\(在行尾时)	续行符
\\	反斜杠符号
\'	单引号
\"	双引号
\b	退格(Backspace)
\000	空
\n	换行
\v	纵向制表符
\t	横向制表符
\r	回车
\f	换页

在定义字符串的时候我们可以选择不让转义字符生效，仅仅使用原来的字符。Python 中对文件的目录就是以字符串形式存储的，比如 path = "E:\MyBook"，如果直接使用就会因为转义字符的存在而得不到正确的结果，只要在字符串前面加上 r 就可以使转义字符不生效，如 path = r"E:\MyBook"，就可以表示正确的目录。

> ◆ Tips：
>
> 和其他语言不同，Python 中并没有字符这个数据类型，比如 'a' 的类型还是字符串。

[①] 这是对于 32 位编译器的情况，对于 64-bit 编译器，这个范围就是 -2^{64} ~ $2^{64}-1$。

```
>>> type('a')
<type 'str'>
```

实际上 Python 中也有长整型（long）和整型（int）之分，

```
>>> type(20L)
<type 'long'>
>>> type(20)
<type 'int'>
```

只不过 Python 实现了两者的无缝衔接，开发者基本上不需要考虑数字位数的大小，在计算中如果出现超出 int 表示范围的数字，解释器会自动将该变量转化为长整型参与计算。

NoneType（Null）

Null 是一种特殊的数据类型，它只有一个值 None，None 没有任何属性。

4.2 列表、元组和字符串

```
IDLE 2.7.9
>>> a = [1, 2, 3, 4]
>>> type(a)
<type 'list'>
>>> b = (5, 6, 7, 8)
>>> type(b)
<type 'tuple'>
>>> c = 'a b c 1 2 3'
>>> type(c)
<type 'str'>
```

上面给出的 3 个例子分别就是列表（list）、元组（tuple）和字符串（str）。由于字符串和列表元组具有一些类似的特性，所以这些特性留在了这一节来说明，而这些特性正是其他语言（C++ 或者 Java）中的字符串所具有的特点。

4.2.1 列表（list）

创建和访问

```
IDLE 2.7.9
>>> aa = [3, 't', '!', [2,'a'], True]
>>> print aa[0]
3
>>> print aa[2]
!
>>> print aa[-3]
!
>>> print aa[3][1]
a
```

列表可以看成数学中的数组在程序语言中的体现，只不过列表中的对象不一定是数字，可以是任何 Python 对象，像上面例子中的字符串 t、列表 [2,'a']、布尔值 True 等都可以是列表里面的数据。

列表定义的时候，只需使用方括号 [] 将列表中的元素放入列表就可以了。与数组相同，列表中的对象需要用下标来访问，下标从 0 开始，如上面例子中使用 aa[0] 就可以访问到第 1 个元素 3，其他依次修改下标就可以访问。列表的下标也可以是负数，从列表尾部向前分别是 -1，-2，-3……，上面例子中使用 aa[2] 和 aa[-3] 读取的是同一个元素 "!"。对于列表嵌套的例子，则需要使用多个方括号，从左至右逐层访问，如上面例子中的 aa[3][1]，程序先解释前半部分 aa[3][1]（下划线所示）返回子列表 [2,'a']，再解释 aa[3] 后面的 [1] 得到列表 [2,'a'] 的第二个元素 'a'。

◆ Tips：

同一个元素对应的两个下标，一个非负，一个为负，其差值刚好为该列表的长度，也就是该列表中元素的个数。

```
IDLE 2.7.9
>>> aa = [3, 't', '!', [2,'a'], True]
>>> print aa[1:3]
['t', '!']
>>> print aa[:3]
[3, 't', '!']
>>> print aa[1:]
['t', '!', [2, 'a'], True]
>>> print aa[2:-1]
['!', [2, 'a']]
>>> print aa[-4:-1]
['t', '!', [2, 'a']]
```

上面语句给出了列表的一个非常有用的操作，列表切片。对一个完整的列表，我们可以像切链条一样，任意取出其中一段来使用。比如上面例子中使用 aa[1:3] 就可以取出从 aa[1] 到 aa[3] 之间的不包含 aa[3] 的子列表（包头不包尾）['t', '!']，而 aa[-4:-1] 就可以取出从 aa[-4] 到 aa[-1] 之间的不包含 aa[-1] 的子列表 ['t', '!', [2, 'a']]。第 1 个数字放空就默认为从列表的第 1 个元素开始切片（比如上例中的 aa[:3]），第 2 个数字放空就认为所切片段会一直延伸到原列表尾部（如上例中的 aa[1:]）。

❖ Quiz：

aa[3:1] 会返回什么片段呢？

修改、增加和删除

```
IDLE 2.7.9
>>> bb = [1, 2, 3, 4]
>>> bb[1] = 'a'
>>> print bb
[1, 'a', 3, 4]
>>> del(bb[0])
>>> print bb
['a', 3, 4]
>>> bb.remove(3)
>>> print bb
['a', 4]
>>> bb.append('b')
>>> print bb
['a', 4, 'b']
>>> bb.insert(1,3)
```

```
>>> bb
['a', 3, 4, 'b']
```

上面的例子我们先创建了一个列表 [1, 2, 3, 4] 然后对其进行修改和删除操作。可以很容易地看出，我们可以直接对列表的某一个元素进行赋值，就可以把旧的值替换为新的值，如例子中使用语句 bb[1] = 'a'，将原 bb[1] 处的值 2 替换成为字符串 'a'。

当想要删除某个位置的元素，使得列表长度减小时，可以使用 del 函数，如例子中 del(bb[0]) 就使得列表 bb 的第 1 个元素被删除掉，列表的长度也被减小为 3。如果我们期望删除列表中值等于某个对象的元素，但是我们不知道该元素的位置，此时 del 命令就不能用了，Python 提供了另一个方法，如例子中写的 bb.remove(3)，就可以删除列表中值为 3 的元素，不论元素 3 位置在哪里。

既然有删除，那肯定就需要有增加元素的方法。Python 中提供了至少两种方法：append 和 insert。append 方法会将其指定的元素添加到列表的末端（比如上例中 bb.append('b') 的作用就是将字符 'b' 添加到列表 bb 的末端）；而 insert 方法会将指定的元素添加到列表指定的位置处，第 1 个参数是指定的位置，第 2 个是待插入的元素（比如 bb.insert(1,3)，就是指将元素 3 插入到 bb 列表的第 2 个位置处）。

❖ Quiz：

如果 bb 列表中有两个 3，使用 bb.remove(3) 后会是什么结果？

其他

```
IDLE 2.7.9
>>> cc = [1, 2, 'a', 'b', '%']
>>> print cc.index('%')
4
>>> print len(cc)
5
```

这里我们介绍两个比较常用的方法，index 和 len。使用 index 方法我们可以得到某个元素在列表中第 1 次出现的位置，比如 cc.index('%') 就给出 % 在列表中出现的位置 4；而 len 方法会给出列表的长度值。这两个方法在后面的编程中使用得都很多。

当然 Python 还内置了列表的许多其他方法，我们在这里不一一罗列，如果有需要可以在 Python 文档中查看 list 相关的方法。

4.2.2 元组（tuple）

上面介绍了列表的定义和基本用法，下面我们介绍一种和列表极其相似的数据类型——元组。

定义和访问

```
IDLE 2.7.9
>>> tt = (1, 2, 3, 'a')
>>> print tt[2]
3
```

上面例子中的 tt 就是一个定义好的元组，从定义的方法来看似乎元组和列表的区别就是一个用圆括号、一个用方括号，而两者的访问方式都相同，即为：变量名 [下标数]。实际上，除了上面提到的这个不同外，元组与列表最大的不同就是它是不可变类型。在一些不希望值被用户随意更改的地方，元组就显得非常重要。

```
>>> aa = tuple([1, 2, 3, 'a'])
>>> print aa
(1, 2, 3, 'a')
```

除了直接定义外，元组也可以使用元组特有的定义方法，如用 tuple 来定义。tuple 方法接受列表、元组或者字符串为参数，并将其转化为一个元组变量。上例中的 tuple 方法接受列表 [1, 2, 3, 'a'] 为参数，将其分割转化为元素，最终组成元组对象。

因为元组是不可变类型，因此对已有的元组对象只能读取，不能进行任何修改插入或者删除操作[①]。但是列表中的切片操作对元组也是适用的，如下例所示。

```
IDLE 2.7.9
>>> tt = (1, 2, 3, 'a')
>>> print tt[1:3]
(2, 3)
>>> print tt[:-1]
(1, 2, 3)
>>> print tt[2:]
(3, 'a')
```

从本质上讲，元组的切片操作，是在原元组的元素基础上，重新组合形成了新的元组，而并非直接对原元组进行修改。

其他

```
IDLE 2.7.9
>>> tt = (1, 2, 0)
>>> tt2 = tt*2
>>> print tt2
(1, 2, 0, 1, 2, 0)
>>> tt+tt
(1, 2, 0, 1, 2, 0)
```

上面演示的是元组的重复和相加用法，实际上上面的这两个操作对于列表同样适用。

```
>>> tt = (1, 2, 3)
>>> print 3 in tt
True
>>> print 'a' in tt
False
```

使用方法 in 可以判定某一个变量是不是在一个元组中，该方法对列表同样适用。

```
>>> tt = (1, 2 , 5, 0)
>>> print max(tt)
5
>>> print min(tt)
0
```

使用方法 max 或者 min 可以取得元组（或者列表）中最大或者最小的元素值。

◆ Tips：

```
>>> aa = [1]
>>> print aa
```

---

① 实际上元组对象也是可以通过 del 命令删除的，但是元组中的元素是不能删除的。

```
[1]
>>> bb = (1)
>>> print bb
1
```

从上面的程序段看，我们可以建立只有一个元素的列表，但是似乎没有办法创建只有一个元素的元组。实际上由于（）除了用在定义元组外，还用来表示分组。因此我们在创建单元素元组时候必须在括号中加一个逗号来以示区别，例如上面例子中就可以使用 bb = (1,) 来创建一个只有元素 1 的元组。

元组是 Abaqus 软件使用的比较多数据类型之一，当使用 Abaqus 建立了 Set，然后再使用 Python 查看时可以看到这个 Set 的如下属性，而它们就是使用元组类型来组织起来的。({'cells': 'CellArray object', 'edges': 'EdgeArray object', 'elements': 'MeshElementArray object', 'faces': 'FaceArray object', 'instances': (2,), 'nodes': 'MeshNodeArray object', 'referencePoints': (), 'vertices': 'VertexArray object'})

4.2.3 字符串（str）

前面在基本数据类型里面，已经介绍了字符串作为基本数据类型"字符"串的一些特点，这里我们重点介绍字符串所具有的"串"的特点。

定义和访问

```
IDLE 2.7.9
>>> s = "This is a ODB."
>>> S = 'This is a MDB.'
>>> print s, S
This is a ODB. This is a MDB.
>>> print s[3]
s
>>> print s[-4:]
ODB.
```

正如我们上面讲基本数据类型时提到过的一样，创建一个字符串只需要将一串字符放入单引号或者双引号之间就可以了，而读取的时候和列表元组类似，使用变量名[下标]即可。通过上面的例子中的脚本 print s[-4:] 的执行情况，我们能看出字符串是可以进行切片操作的。

需要指出的是字符串类型和元组一样，都是不可变类型，因此不存在删除或者插入某个元素的可能，切片操作也只是建立了新的字符串，并非对原字符串直接操作。表 4-2 为字符串中的常用方法。

表4-2 字符串中的常用方法

方法	说明
Len(s)	返回字符串的长度
S.lower()	返回全小写版的新字符串
S.upper()	返回全大写版的新字符串
S.swapcase()	返回大小写互换的新字符串
S.capitalize()	返回首字母大写的新字符串
S.title()	返回只有首字母大写，其余为小写的新字符串
S1+S2	返回由两个字符串连起来组成的新字符串

字符串的格式打印

```
IDLE 2.7.9
>>> s = 'abaqus6.14'
```

```
>>> a = s.ljust(20, '*')
>>> b = s.rjust(20, '%')
>>> c = s.center(20, '-')
>>> print a,
abaqus6.14**********
>>> print b,
%%%%%%%%%%abaqus6.14
>>> print c,
-----abaqus6.14-----
```

上面用到了字符串的几个格式化输出函数，其具体使用方法如表 4-3 所示。

表4-3　字符串格式化输出常用方法

S.ljust(width,[fillchar])	以S为基础返回长度为width的字符串，S左对齐，不足部分用fillchar填充，默认的为空格
S.rjust(width,[fillchar])	以S为基础返回长度为width的字符串，S右对齐，不足部分用fillchar填充，默认的为空格
S.center(width, [fillchar])	以S为基础返回长度为width的字符串，S位于中间，不足部分用fillchar填充，默认的为空格

字符串方法的格式输出实际上是生成了一个新的字符串，Python 中的格式化操作符 % 也可以用来进行字符串或者数值的格式化输出，其具体的使用规律如表 4-4 所示。

```
>>> c = 'Dassault::%20.5s'%s+'::Release'
>>> d = 'Dassault::%-20.5s'%s+'::Release'
>>> print c
Dassault::               abaqu::Release
>>> print d
Dassault::abaqu               ::Release
>>> print 'Pi =%-10.4f' % 3.1415926
Pi =3.1416
>>> print 'Pi =%10.4f' % 3.1415926
Pi =    3.1416
>>> print 'Pi =%010.4f' % 3.1415926
Pi =00003.1416
```

表4-4　字符串格式化方法

'%[-][n][.m]s'%str	str为原字符串；-号表示左对齐；n为要得到的字符串的长度；m规定str的前m个字符会被写入要得到的字符串（m大于str总长时为该结果为str本身）
'%[-/0][n][.m]f'%float	float为浮点数；-号表示左对齐，0表示右对齐并且左边空位用0填写；n为要得到的字符串的长度；m规定float的小数点后m个数字会被写入要得到的字符串

字符串拆分

日常工作中常常需要对字符串进行分解操作。从文本文件中读取数字时，内容都是以字符串的形式读取的，需要从字符串中按一定的格式将有用的数据取出。字符串分割函数使用方法如表 4-5 所示。

```
IDLE 2.7.9
>>> node = ' 20, 10.5, 50.2, 30.2'
>>> print node.split(',')
[' 20', ' 10.5', ' 50.2', ' 30.2']
>>> coord = node.split(',')
>>> print 'coordinate.x = ' + str(float(coord[1]))
coordinate.x = 10.5
```

表4-5　字符串分割函数的使用方法

s.split([sep, [maxsplit]])	以sep为分隔符，把S分成一个list；maxsplit表示分割的次数；默认的分割符为空白字符

可以想象想要从语句 '*ELEMENT,TYPE=CGAX3H,ELSET=TREAD' 中提取出单元类型和单元集名称至少需要使用两次 split 方法，先使用 'TYPE=' 分割，再使用 ',ELSET='，得到 CGAX3H 和 TREAD，程序语句如下：

```
>>> element = '*ELEMENT,TYPE=CGAX3H,ELSET=TREAD'
>>> eles = element.split('TYPE=')
>>> eles = eles[1].split(',ELSET=')
>>> print 'Element type is '+eles[0]
Element type is CGAX3H
>>> print 'Element set is '+eles[1]
Element set is TREAD
```

◆ Tips:

实际上对于字符串进行拆分的方法里面，使用正则表达式（Regular expression）的re包中split最为强大，也最为灵活。

```
>>> import re
>>> element = '*ELEMENT,TYPE=CGAX3H,ELSET=TREAD'
>>> eles = re.split('TYPE=|,ELSET=', element)
>>> print eles
['*ELEMENT,', 'CGAX3H', 'TREAD']
```

由于re模块并不是内置模块，使用时需要使用import将其导入到当前工作空间中。使用re.split(pattern, string[, maxsplit=0])来拆分字符串，本例中pattern为'TYPE=|,ELSET='，其中的|表示使用'TYPE='或者',ELSET='进行拆分，因此原字符串就被从满足这两个中的任意一个的位置分解为一个列表。Python中的正则表达式有许多自己的约定和匹配符，有兴趣的读者可以查找相关的资料进一步了解。

字符串内容分析

除了上面提到的字符串常用函数外，还有一些用来分析字符串内容的函数，见表4-6，合理地使用它们常常可以获得简洁高效的代码。

表4-6　字符串内容分析函数

函数	说明
S.find(substr, [start, [end]])	返回S中出现substr的第一个字母的标号，如果S中没有substr则返回-1，start和end作用就相当于在S[start:end]中搜索
S.count(substr, [start, [end]])	计算substr在S中出现的次数
S.replace(oldstr, newstr, [count])	把S中的oldstr替换为newstr，count为替换次数
S.strip([chars])	把S中前后chars中有的字符全部去掉
S.expandtabs([tabsize])	把S中的tab字符替换为空格，每个tab替换为tabsize个空格，默认是8个字符串的分割和组合
S.startwith(prefix[,start[,end]])	是否以prefix开头
S.endwith(suffix[,start[,end]])	以suffix结尾
S.isalnum()	是否全是字母和数字，并至少有一个字符
S.isalpha()	是否全是字母，并至少有一个字符
S.isdigit()	是否全是数字，并至少有一个字符
S.isspace()	是否全是空白字符，并至少有一个字符
S.islower()	S中的字母是否全是小写
S.isupper()	S中的字母是否全是大写
S.istitle()	S是否是首字母大写的

4.2.4　列表、元组和字符串的关系

到此我们介绍了3种复合结构的数据类型：列表、元组和字符串。通过比较可以发现，它们都有一些相似的特点：像一个序列。实际上列表、元组和字符串都是序列（sequence）类型的"子集[1]"。

---

[1] 从面向对象的角度来说，列表、元组和字符串实际上都是序列的子类，而序列是它们的父类，它们之间是继承。

相似点：

相似的访问方法，都是使用变量名 [下标] 的方式来访问其中的某个元素。

相似的切片操作，使用变量名 [m:n] 可以返回指定的某个子片段。

相似的方法，3 种序列类型共用[①]了一些方法，比如 len(a), x in a, x ont in a, a + b, a*2 等。

三者可以相互转换，比如使用 list() 方法可以将元组或者字符串转换为列表。

不同点：

尽管有相似点，但是三者也有明显的区别。最大的区别就在于字符串和元组是不可变数据类型，而列表是可变数据类型。三者类型也有自己特有的方法或者函数。

4.3 字典

上面介绍了 3 种序列类型的数据，这一节我们介绍另一种极其重要的数据类型：字典（dict），它是 Python 中唯一的映射数据类型。现实生活中的字典是将大量的无规则的词语用一定的字母索引记录，要查找时，可以按照字符索引快速找到某个词语，而 Python 中的字典也是类似的，它可以把要存储的数据与某个索引关联起来，查找时直接使用索引就可以找到待查找的数据。

```
>>> a = mdb.models['Model-1'].rootAssembly
>>> s = a.sets
>>> print s
{'Set-1': 'Set object'}
>>> p = mdb.models['Model-1'].parts
>>> print p
{'belt': 'Part object', 'bolt': 'Part object'}
```

Abaqus 中使用字典类型的例子非常多，比如我们建立的集合（Set）就是使用字典类型进行索引的，模型中部件（Part）也是使用字典类型来组织的，等等。

定义和访问

```
IDLE 2.7.9
>>> d = {'auther':'JingheSu', 'Data':'July 2014', 'status':'Not finished'}
>>> print type(d)
<type 'dict'>
>>> print 'auther is %s, status is \'%s\''%(d['auther'], d['status'])
auther is JingheSu, status is 'Not finished'
```

从上面的例子可以看出字典的定义方法是 {key1:value1, key2:value2, ...}。其中，key 称之为键，value 称为该键对应的键值，就像计算机的键盘一样，按某个键就可以得到这个键表示的数据内容。键可以是任何不可变数据类型，但一般情况下都使用字符串类型作为键，对应的键值可以是其他任何数据类型或者对象。我们可以构造一个和列表看起来很像的字典，比如下面的例子：

```
>>> x = {2:30,1:40}
>>> print x[2]
30
```

但是这个并不是列表，它具有字典的优势：无序，使用者可以随时更改、插入或者删除数据而不改变其他键和键值。

[①] 更专业的说法是重载，相同的函数名，根据不同的参量类型返回不同的结果。

更改和插入

```
>>> d = {'auther':'JingheSu', 'Data':'July 2014', 'status':'Not finished'}
>>> d['Data'] = 'August 2014'
>>> print d
{'status': 'Not finished', 'Data': 'August 2014', 'auther': 'JingheSu'}
>>> d['Pages'] = 259
>>> print d
{'status': 'Not finished', 'Data': 'August 2014', 'auther': 'JingheSu', 'Pages': 259}
>>> del d['status']
>>> print d
{'Data': 'August 2014', 'auther': 'JingheSu', 'Pages': 259}
```

对已有的字典类型的数据，可以使用对象名 [key]=data 的形式来更改或者插入：如果 key 键已经在原字典内部，该语句则完成 key 对应键值的更改；如果 key 不在原字典内部，则该语句将 key:data 数据插入到原字典中。由于字典的无序性，插入的时候不需要像列表一样指定位置。使用 del 方法可以删除对应的键和其键值，使用方法为 del 对象名 [key]。

字典的常用方法

```
>>> d = {'Data': 'August 2014', 'auther': 'JingheSu', 'Pages': 259}
>>> print len(d)
3
>>> print ('auther' in d)
True
>>> print ('pages' not in d)
True
>>> print ('JingheSu' in d)
False
>>> print d.keys()
['Data', 'auther', 'Pages']
>>> print d.values()
['August 2014', 'JingheSu', 259]
>>> print d.items()
[('Data', 'August 2014'), ('auther', 'JingheSu'), ('Pages', 259)]
>>> a = {'software':'abaqus'}
>>> d.update(a)
>>> print d
{'software': 'abaqus', 'Data': 'August 2014', 'auther': 'JingheSu', 'Pages': 259}
```

可以把上面例子中用到的函数总结一下制成表，如表 4-7 所示。

表4-7 字典类型常用方法

方法	说明
len(d)	返回字典d的长度
x in d	如果对象x是字典d的一个键，则返回True，否则返回False
x not in d	如果对象x不是字典d的键则返回False，否则返回True
d.keys()	返回字典d所有键组成的列表
d.values()	返回字典d所有键值组成的列表
d.items()	返回字典d所有（键，键值）组成的列表
d.update(a)	将字典a中的值更新到字典d中

值得注意的是对于序列适用的 a+b、a*2 以及切片操作等操作符对字典不再适用。这是由字典自身的特点决定的：一方面字典中某一个键对应的键值只有一个，a+a 或者 a*2 这种操作对字典是无意义的，而使用 update 函数就可以代替 a+b 型的相连操作；另一方面字典是无序的，切片操作也就无从说起了。

4.4 集合

Python 中的集合与逻辑数学中的集合概念相似，实现了数学中集合几乎所有的功能和操作。

定义

```
IDLE 2.7.9
>>> s0 = set(('this', 'is', 'set1', 10))
>>> s1 = set(['this', 'is', 'set2', 20])
>>> print s0
set(['this', 'is', 10, 'set1'])
>>> s2 = set('case')
>>> print s2
set(['a', 'c', 'e', 's'])
```

Python 中定义 set，只能使用 set 的构造函数（或者称为工厂方法），具体形式就是 set(list/tuple/str)。

更改或删除

```
>>> s = set(['this', 'a', 'is', 'set', 30])
>>> s.add(50)
>>> print s
set(['a', 'set', 'this', 'is', 50, 30])
>>> t = set('case')
>>> s.update(t)
>>> print s
set(['a', 'c', 'set', 'e', 'this', 'is', 's', 50, 30])
>>> s = s - t
>>> print s
set(['this', 'is', 'set', 50, 30])
>>> s.remove('this')
>>> print s
set(['is', 'set', 50, 30])
```

Python 中可以使用 add 方法向某个 set 中添加一个元素；可以使用 update 方法把某一个集合中的元素全部添加到当前集合中；可以使用 - 操作把某个集合从一个集合中减去；也可以使用 remove 方法删除集合中的某一个元素。

集合操作

```
>>> s0 = set(['this', 'is', 30])
>>> s1 = set(['this', 'a', 50])
>>> s2 = set(['this', 'set', 10])
>>> s = s0|s1|s2
>>> print s0
set(['this', 'is', 30])
>>> print s
set(['a', 'set', 'this', 'is', 50, 10, 30])
>>> s = s0&s1
>>> print s
set(['this'])
>>> t = s2 - s
>>> print t
set([10, 'set'])
>>> t = s0^s1
```

```
>>> print t
set(['a', 50, 'is', 30])
```

上面给出的是集合的与或非操作,总结如表 4-8 所示。

表4-8 集合的运算

s1|s2	返回两个集合或操作后的集合,并集,结果集合中元素属于s1或者s2
s1&s2	返回两个集合与操作后的集合,交集,结果集合中元素即属于集合s1,又属于集合s2
s1-s2	返回集合s1与s2补集的交集,差补,结果中元素属于s1但不属于s2
s1^s2	返回s1补集和s2补集的并集,异或,结果中的元素不同时属于s1和s2

其他常用方法

这里我们直接以表 4-9 的形式给出其他几种常用方法。

表4-9 集合的常用方法

len(s)	返回集合中元素的个数
s.issubset(t)	如果s是t的子集则返回True,否则返回False
s.issuperset(t)	如果s是t的超集则返回True,否则返回False
a in s	当a是s中一个元素时返回True,否则False

4.5 操作符

了解了数据类型,我们还需要了解在程序中数据之间如何相互作用得到新的结果,这一节我们就重点了解 Python 中的操作符。从前面的讲述可以知道不同的数据类型有不同的创建方法,访问方法以及使用方法,同样,它们也有不完全相同的操作符。

4.5.1 赋值操作符

与其他语言一样,Python 中有一个对于所有的数据类型都有效的操作符:=,即赋值操作符。

```
IDLE 2.7.9
>>> a = 1
>>> print a
1
```

上面这个例子演示的就是赋值操作符的用法,很简单,将 = 右边的对象的值赋给 = 左边的变量。因此上面的例子第一句正确的读法是将 1 赋给变量 a。

4.5.2 数字类型的操作符

绝大部分程序语言都会实现数学中的加、减、乘、除大小比较等基本运算的操作,Python 也不例外。

```
IDLE 2.7.9
>>> print 1+4
5
>>> print 1+4.0
5.0
```

```
>>> print 2*8.0
16.0
>>> print 2/8.0
0.25
>>> print 2.0-8
-6.0
>>> print 1<2
True
>>> print 1<=2
True
>>> print 1==1.0
True
>>> print 1>2
False
>>> print 33%4
1
>>> print 2**40
1099511627776
```

值得指出的是，数字相互运算中为了保证精度，Python 编译器自动完成了不同数字类型的转换（整型 - 长整型 - 浮点型）。只要操作符参数中有一个为浮点数，编译器会自动将另一个非浮点数转换为浮点数再进行运算。比如上例中 1+4.0 就是由于 4.0 的存在，编译器先将 1 通过 float(1) 方法转化为 1.0 再进行相加运算。另外需要指出书写方式和数学中不同的乘方运算符的记号为 **，而不是其他程序语言中常用的 ^。

把上面几个操作符总结一下，见表 4-10。

表4-10　Python中的数值操作符

+	加	>	大于
-	减	>=	大于或等于
*	乘	<	小于
/	除	<=	小于或等于
**	乘方、开方[①]	==	等于
%	取余	!=	不等于

当操作符同时出现时，基本上和数学中的顺序相同，都是从左向右，先进行括号中的运算，具体优先级为：

括号 > 乘方 > 乘除法、取余 > 加减法、比较运算

可能有读者会问，比较运算的结果不是布尔型么？布尔型的数据可以参与到数学运算中吗？试试就知道了。

```
>>> print True==1
True
>>> print False==0
True
>>> print (3>2)*5
5
```

就像我们前面提到的，True 和 False 其实也是一种特殊的整型数字（1 和 0）。这也就是为什么布尔型也可以参与运算了。

除了一般的数字运算，Python 中还有布尔运算：and/or/not，见表 4-11。

---

① 2**0.5=$\sqrt{2}$。

表4-11　Python中的布尔操作符

A and B	若A为True则返回B；否则返回A
A or B	若A为True则返回A；否则返回B
not A	若A为True返回False；否则返回True

四则运算对数字和布尔值适用，布尔运算的适用范围更广，适用于任何数据类型。在运算中的规则很简单，任何非零的对象都会被视为 True 参与布尔运算，而任何非零的结果都视为 True，零视为 False。从下面几个例子也可以看出这一规则。

```
>>> print True and False
False
>>> print True or False
True
>>> print not False
True
>>> print not [3.0, 2.0] #[3.0, 2.0]不为零,所以返回False
False
>>> print 4.0 and True # 判断4.0（非零）为True,因此返回2号参数True
True
>>> print 0.0 and True # 判断0.0为False,因此返回1号参数自身0.0
0.0
```

布尔运算也是有先后顺序的：先括号 >not>and 或者 or。如下面的例子所示。

```
>>> print True and (True and not False)
True
```

如果再加上数字运算符，那么先后顺序为：括号 > 乘方 > 乘除法、取余 >not>and、or、加减法、比较运算。

4.5.3　序列类型的操作符

序列类型就包含了我们上面提到的列表、元组和字符串。我们在讲各自数据结构特点的时候就已经附带介绍了一些操作符或者方法，这里我们给出一些简单的总结与说明。

成员关系操作符，是3种序列类型都包含有的，使用如 obj in sequence 或者 obj not in sequence 的形式来使用，并根据对象是否在序列中返回对应的布尔值。

连接操作符 +，也对 3 种序列类型都有效。使用 sequence1 + sequence2 就可以生成一个由 sequence1 和 sequence2 的内容组成的新 sequence。

```
>>> a
['a', 'b', 'c', '2']
>>> b
[3, 4, 'c']
>>> c = a+b
>>> print a
['a', 'b', 'c', '2']
>>> print b
[3, 4, 'c']
>>> print c
['a', 'b', 'c', '2', 3, 4, 'c']
```

◆ Tips:

+ 操作符使用比较方便，但是从效率上讲，它并不是一个最好的方案。使用 + 操作符时，Python 需要先为要得到的新对象申请内存，这一步会消耗大量的时间，如果要多次使用 + 操作符时，消耗在分配内存上的时间就比较可观。因此对于需要将多个序列对象连接的情况，一般不建议直接使用 + 操作符，而使用如下的两种替代方法。

当对列表进行 + 操作时，一个更好的替代方法就是使用 extend 方法，把两个列表连成一个。

```
>>> a = [1, 2, 'b']
>>> b = [3, 4, 'c']
>>> c = a.extend(b)
>>> print a
[1, 2, 'b', 3, 4, 'c']
>>> print b
[3, 4, 'c']
>>> print c
None
```

对于字符串可以先将要连接的字符串转化为列表，再使用字符串的 join 方法将几个字符串连接形成一个字符串。

```
>>> a = ['abc', 'cde', 'hfg']
>>> s = ''.join(a)
>>> print s
abccdehfg
```

重复操作符 *，可以在需要将当前的序列多次复制生成新序列的情况使用，具体方法为 序列 * 整数。

```
>>> L = [1, 2, '%']
>>> S = 'dfa4+|'
>>> T = (2, 5, 't')
>>> print L*3
[1, 2, '%', 1, 2, '%', 1, 2, '%']
>>> print S*3
dfa4+|dfa4+|dfa4+|
>>> print T*3
(2, 5, 't', 2, 5, 't', 2, 5, 't')
```

切片操作 [:]，可以以当前序列为基础，按照一定规律返回新的序列。我们已经在介绍数据类型时提到过切片操作，下面给出几个例子。

```
>>> a = [1, 2, 3, 4, 5, 6, 7, 8, 9]
>>> print a[2:4] #取连续片段
[3, 4]
>>> print a[::-1] #反转列表
[9, 8, 7, 6, 5, 4, 3, 2, 1]
>>> print a[1::2] #从第2个元素开始向后每两个取一个元素
[2, 4, 6, 8]
>>> print a[4::-2] #从第5个元素开始向前每两个取一个元素
[5, 3, 1]
```

布尔操作符 not/and/or，正如前面提到的任何数据类型都可以使用布尔操作符来操作。由于序列类型的数据永远都不可能和 0 相当，因此在进行布尔操作符运算时都会被当做 True 来参与运算。

```
>>> print not 0.0
```

```
True
>>> print not [0.0] #[0.0]（非零）为 True,因而返回 False
False
>>> print [0.0, 1.0] and False # 判断 [0.0, 1.0] 非零为 True 返回二号参数 False
False
>>> print [0.0, 1.0] or False # 判断 [0.0, 1.0] 非零为 True 返回一号参数 [0.0, 1.0]
[0.0, 1.0]
```

比较操作符 ==/!=，被用来判断两个序列是不是相同。对序列来说不同的类型，不同的元素顺序都会被认为是不同的序列。

```
>>> a = [1,2,3,4]
>>> b = [4,3,2,1]
>>> c = (1,2,3,4)
>>> print a==b
False
>>> print a!=c
True
```

4.5.4 字典和集合的操作符

不同于序列，字典和集合类型的数据是无序的，因此它们相比序列类型，可用的操作符比较少。在这里我们对讲这两种数据类型时提到的几个操作做个简单的总结。

成员关系操作符 in、not in，对于字典类型和集合类型都有效。对于字典类型，in/not in 可以用来查询某个对象是不是该字典的键；对于集合类型则可以用来确认某个对象是不是该集合的元素。

```
IDLE 2.7.9
>>> S = set([1,2,3,4,5])
>>> D = {'a':1, 'b':2, 'c':3}
>>> print 1 in S
True
>>> print 1 in D
False
>>> print 'a' in D
True
```

集合操作符，顾名思义，它们只对集合类型有效，如我们讲集合类型时提到的 |/&/-/^。需要特别说明的是，字典和集合类型都是没有实现 + 操作符的。

比较操作符 =/!=，被用来判断两个字典或者集合是不是具有相同的元素。对字典和集合这种无序类型来说，只要元素相同就会被认为是相等的对象。

```
>>> S1 = set([1,2,3,4,5])
>>> S2 = set([1,2,5,4,3])
>>> print S1==S2
True
>>> D1 = {'a':1, 'b':2, 'c':3}
>>> D2 = {'b':2, 'c':3, 'a':1}
>>> print D1==D2
True
```

第5章 表达式和流程控制

5.1 表达式和程序执行流程

前面我们介绍了程序语言的基础元素，使用这些基础元素我们已经可以完成一些简单的任务了。下面我们看看 case_5_1.py。

case_5_1.py

```
1    # -*- coding: utf-8 -*-
2    import os.path
3    path = 'D:\workspace_abaqus\wearTest.inp'
4    print 'Is \''+path +'\''+ ' a file?'
5    flag = os.path.isfile(path)
6    print flag
7    s = path.split('.')
8    print 'The type of the file is ' + s[1]
```

第 1 行，是由于 Python 文件不支持中文，你输入的中文不能被正确解码，为了解决这个问题，就需要把文件编码类型改为 UTF-8 类型，而这行代码就是为了解决 Python 文件中中文字符的问题的；

第 2 行，使用 import 语句将 os.path 模块导入当前的工作空间中；

第 3 行，将字符串 'D:\workspace_abaqus\wearTest.inp' 赋值给变量 path；

第 4 行，先将 3 个字符串 'Is \''，path，'\'' 和 ' a file?' 使用 + 操作符连接成一个字符串然后打印到屏幕上。其中，'Is \'' 和 '\'' 都是使用反义字符 \ 来使得 ' 可以在字符串中正确解析为一个字符，而不是创建字符串的起始和末尾标记符；

第 5 行，使用 os.path.isfile 方法判断 path 所代表的字符串是不是一个有效的文件路径，并将布尔值结果赋值给变量 flag；

第 6 行，作用是打印 flag 变量的内容到屏幕上；

第 7 行，使用前面一章节讲到的字符串的 split 方法将 path 字符串分解，并将分解的结果（一个列表）赋值给变量 s；

第 8 行，先将字符串 'The type of the file is ' 和 s[1] 使用 + 操作符相连为一个字符串，再将结果打印出来。

◆ Tips:

从上面这些分析可以看出，该程序可以用来确定给定路径是不是一个有效的文件路径，并且输出该文件的扩展类型名。

这里用到了 import 语句，它是 Python 中非常重要的语句，几乎任何实用程序都需要使用它。因为并非所有的模块都是内置模块，很多有用的模块在使用前都需要用 import 语句来导入，比如 Python 中的数学模块 math，目录文件处理模块 os.path，系统变量和函数模块 sys 等等。

可以使用两种方式来引入模块或者函数，比如：

```
import os.path
Flag = os.path.isfile(path)
```

此时 os.path 模块整体被导入当前的工作空间。

```
from os.path import *
Flag = isfile(path)
```

此时 os.path 模块下的所以对象都被导入当前的工作空间。

其实作为第 2 种方法的变异，我们还可以使用 from os.path import isfile 来单独导入 isfile 方法，这样程序的可读性更强一些。

这是我们目前遇到的第 1 个完整的程序文件，从这个程序的语法结构我们可以总结 Python 的几个编程特点：

（1）变量使用不需要事先声明，比如 path、flag 和 s；

（2）任何可以完成一个特定功能或者操作的语句都被认为是一个表达式；

（3）程序的执行流程是从上到下的。

如果我们回头再看上面的程序，似乎有许多不尽如人意的地方：应该在判断该路径指向的确是一个有效文件时再打印结果，这就要求在程序中实现一个判断分情况处理的分支语句；另外如果给出的是个目录，我们想知道目录下都有什么东西，就需要遍历目录下的文件或者文件夹，这就要求程序能实现一个循环功能。这两个就是我们下面要介绍的主要内容之一。不过需要指出的是，任何程序，大的流程都是从上到下执行的，下面几种流程控制的方法仅仅只是改变了程序块局部的执行顺序。

5.2 分支语句if-else

If 语句就是供我们对当前情况进行判断处理的程序实现。Python 中提供了 3 种 if 语句形式：

形式 1：单 if 语句

```
if condition:
    block...
```

形式 2：if-else 语句

```
if condition:
    block1...
else:
    block2...
```

形式 3：if-elif-...-else 语句

```
if condition1:
    block1...
elif condition2:
    block2...
elif condition3:
    block3...
else:
    block4...
```

可以看出从第1种到第3种形式越来越复杂，功能当然也越来越强大。形式1中若表达式condition的布尔值为True则执行block中的语句，否则跳过执行后续程序；形式2中程序判断condition的布尔值，若为True再执行block1语句，否则执行block2中的语句，然后执行后续程序；在形式3种程序判断condition1若为True则执行block1语句，否则检查后续elif语句后的条件表达式直到某个条件表达式值为True那么就执行其后block语句，如果所有if/elif语句后的条件都不满足，就执行else语句后的程序块block4。

case_5_2.py

```
1   # -*- coding: utf-8 -*-
2   if 1<3:
3       print 'It is true: '+'1<3'
4
5   if 2**2<3:
6       print 'It is true: '+'2**2<3'
7   else:
8       print 'It is false: '+'2**2<3'
9
10  if 1>5:
11      print '1>5'
12  elif 2**1<3:
13      print '2**1<3'
14  elif 0==0.0:
15      print '0==0.0'
16  else:
17      print 'None is right!'
18
19  print 'End of programme'
```

程序的输出结果如下：

```
It is true: 1<3
It is false: 2**2<3
2**1<3
End of programm
```

有关if语句，有如下几点需要注意：

（1）if-else语句的写法中需要注意不同级别直接格式的递进，条件句与其对应的程序块之间需要使用4个空格[①]递进，表示层级关系；

（2）每个条件都对应一个程序执行块，条件或者else语句后都会有一个冒号来提示下面程序块所属的条件；

（3）if-elif-...-else语句中，如果有一个条件满足，就会执行其后对应的程序块，然后直接执行if-elif-...-else语句后的程序段。即使同时有多个条件满足时，也仅仅执行第1个，然后跳出执行if-elif-...-else语句后续的程序段。

（4）设计程序时，多个条件之间应该避免交集的出现，最好是互斥的几个条件，这样可以增加程序的可读性。像上面例子中的2**1<3和0==0.0都是成立的条件，因此读者就不会知道这两个同时出现在if语句块中的目的。

[①] 实际上也可以使用Tab键来进行格式缩进，但是Python官方推荐缩进方法为4个空格键表示一个缩进层级，本书后续都使用4个空格键完成格式缩进。

◆ Tips：

条件表达式 X if C else Y，这是源自于 C++/Java 的语法习惯而出现在 Python 2.5 及以后版本中的写法。写法简洁，语法易读：如果 C 表达式的值为 True 在条件表达式的值为 X，否则为 Y。

```
IDLE 2.7.9
>>> a = 3
>>> b = 4
>>> c = a if a>b else b
>>> print c
4
```

需要说明的是，Python 语言中并没有提供类似于 C 语言中的开关选择流程语句 switch-case，因此需要使用 if-else 语句来实现相关的选择功能。只需要根据不同情况设计 if 语句的条件即可，实际上 Python 中也可以实现 swith-case 另一个替代方法，需要用到特殊函数，我们在后面会进一步讲到。

5.3 循环语句

对于按照一定的顺序排列组织的数据，我们可以使用循环语句进行逐一访问，下面我们介绍 Python 提供的两种循环控制语句。

5.3.1 while循环语句

while 语句的作用和 if 有些相似，都是在判断后完成动作，不同的是 if 语句完成的是判断后选择，而 while 语句完成的是判断循环。while 语句语法如下：

```
while condition:
    Block
```

下面这个例子使用 while 语句来打印元组中的每个元素。

case_5_3.py

```
1   # -*- coding: utf-8 -*-
2   t = (2, 3, 4, 5, 6)
3   m = len(t)
4   i = 0
5   while i<m:
6       print 'Number in position' + str(i) + ' is ' + str(t[i])
7       i = i +1
8   print 'End of programm'
```

程序使用 len 先得到了元组的长度，然后构建逐次递增的索引来访问元组中的每个元素，特别注意作为迭代标示的对象 i 在循环体内得到更新，不然 while 语句就会陷入死循环。程序的输出结果如下：

```
---------- Python ----------
Number in position0 is 2
Number in position1 is 3
Number in position2 is 4
Number in position3 is 5
Number in position4 is 6
```

```
End of programm
```

事实上由于天生的迭代循序语句 for 语句的存在，while 语句更多的被用来构造计数器。

case_5_4.py

```
1    # -*- coding: utf-8 -*-
2    i = 0
3    while i<9:
4        print 'Now is ' + str(i) + '!'
5        i = i +1
6    print 'End of programm'
```

程序输出计数历程：

```
---------- Python ----------
Now is 0!
Now is 1!
Now is 2!
Now is 3!
Now is 4!
Now is 5!
Now is 6!
Now is 7!
Now is 8!
End of programm
```

5.3.2 for循环语句

for 语句是 Python 中最重要的语句之一，也是使用最灵活的语句之一。for 语句主要被用来完成序列对象的迭代访问。for 语句语法：

```
for iterable_var in iterable:
    Block
```

其中，iterable 是一个序列或者迭代器，上述语句可以循环处理 iterable 中的所有元素，而 iterable_var 就是当前元素，可以在 Block 程序块中使用。

序列和for循环

case_5_5.py

```
1    # -*- coding: utf-8 -*-
2    ab = [1, 2, 3.0, 'listEnd']
3    ABindex = range(len(ab))
4    for i in ABindex:
5        print 'The '+str(i)+' element is '+str(type(ab[i]))+':'+str(ab[i])
6    print 'End of programm'
```

程序的输出结果如下：

```
---------- Python ----------
The 0 element is <type 'int'>:1
The 1 element is <type 'int'>:2
The 2 element is <type 'float'>:3.0
The 3 element is <type 'str'>:listEnd
End of programm
```

上面的例子演示的是使用 for 循环语句顺序读取列表中元素。先使用 range() 方法生成一个从 0 到 len(ab)-1 的整数组成的列表 ABindex 来表示 ab 列表的索引。在 for 语句中通过逐个访问 ABindex 中的元素来进一步访问 ab 列表中的每个元素。这是 for 循环访问列表的一个经典使用方法，但是对大多数情况可能并不是最优的一个，Python 中的序列都是可迭代对象，意味着可以直接在 for 循环中使用，不需要从索引处一个一个访问原列表，具体使用方法如下面的例子。

case_5_6.py

```
1   # -*- coding: utf-8 -*-
2   ab = [1, 2, 3.0, 'listEnd']
3   for itemi in ab:
4       print 'The '+str(ab.index(itemi))+' element is '+str(type(itemi))+':'+str(itemi)
5   print 'End of programm'
```

程序 case_5_6 的执行结果和 case_5_5 一模一样。

回头看上面的两个程序，for 语句完成的循环就是读取列表的元素直到序列最后。实际底层执行的时候，每循环一次 for 语句都会自动调用一次序列的一个函数 next()，返回下一个元素，直到结尾退出循环，而实现了这样的 next() 方法的对象就可以被称为迭代器。序列就是一种迭代器。

上面两个列子要么需要构建索引列表，要么需要使用 index 方法来确定当前元素在列表中的索引，都不是十分方便。针对这种情况，Python 实现了一个两全其美的方法：enumerate() 函数。我们可以看看 Python 文档中对其的说明：enumerate(sequence[, start=0])，返回一个 enumerate 对象。Sequence 必须是序列、迭代器或者其他支出迭代的对象。enumerate 会调用 sequence 的 next() 方法返回一个包含计数和对应 next() 返回的对象。这就意味着 enumerate() 可以被用来返回 (0, seq[0]), (1, seq[1]), (2, seq[2])……，这正是我们需要的。具体的使用方法如下面的例子。

case_5_7.py

```
1   # -*- coding: utf-8 -*-
2   ab = [1, 2, 3.0, 'listEnd']
3   for (i, itemi) in enumerate(ab):
4       print 'The '+str(i)+' element is '+str(type(itemi))+':'+str(itemi)
5   print 'End of programm'
```

程序输出结果如下：

```
---------- Python ----------
The 0 element is <type 'int'>:1
The 1 element is <type 'int'>:2
The 2 element is <type 'float'>:3.0
The 3 element is <type 'str'>:listEnd
End of programm
```

列表解析

讲了列表，又讲了 for 循环，我们就不得不提到另一个体现 Python 简介的语法特点的 for 语句用法：列表解析，[expr for iter_var in iterable]

```
>>> x = range(3)
>>> y = range(3)
>>> c = [(i,j) for i in x for j in y]
>>> print c
[(0, 0), (0, 1), (0, 2), (1, 0), (1, 1), (1, 2), (2, 0), (2, 1), (2, 2)]
```

可以看到使用列表解析，我们仅仅使用一句代码就将平面上位于 0<=x<=2 和 0<=y<=2 内部的所有整数

点坐标存入列表 c。

有时候我们不仅仅要构建列表，还需要对其中的元素进行筛选，列表解析结合条件语句就可以完成这样的任务：[expr for iter_var in iterable if condition]。下面的语句就不仅仅生成点，同时还会将位于直线 x+y-1=0 以下的点剔除。

```
>>> d = [(i,j) for i in x for j in y if (i+j)>1]
>>> print d
[(0, 2), (1, 1), (1, 2), (2, 0), (2, 1), (2, 2)]
```

字典和for循环

上面讲的都是在序列中如何使用 for 循环，但是对于典型的无序数据类型字典 for 循环不能直接使用。Python 提供的方法是先使用表 5-1 中的字典类型自带方法获得该字典的迭代器。

表5-1 从字典数据得到迭代器

d.iteritems()	返回字典d的（key,value）对组成的迭代器
d.iterkeys()	返回字典d的key组成的迭代器
d.itervalues()	返回字典d的value组成的迭代器

因此我们可以使用如下 3 种形式访问字典类型：

形式 1：for (key,value) in d.iteritems(): block

形式 2：for key in d.iterkeys(): block

形式 3：for value in d.values(): block

具体的使用方法如下面的程序所示。

case_5_8.py

```
1   # -*- coding: utf-8 -*-
2   dict0 = {'first':1, 'second':2, 'red':2}
3   for (key, value) in dict0.iteritems():
4       print '%-8s'%key+' = '+'%4s'%str(value)
5   print '-'*30
6   for key in dict0.iterkeys():
7       print '%-8s'%key+' = '+'%4s'%str(dict0[key])
8   print '-'*30
9   for value in dict0.itervalues():
10      print '%-8s'%'????'+' = '+'%4s'%str(value)
11  print '-'*30
12  print 'End of programm'
```

程序输出结果如下：

```
---------- Python ----------
second   =    2
red      =    2
first    =    1
------------------------------
second   =    2
red      =    2
first    =    1
------------------------------
????     =    2
????     =    2
????     =    1
```

```
End of programm
```

值得注意的是，和在列表中使用 for 语句相同，第 1 种方法既可以得到 key 又可以得到对应的 value 值，因此应该成为使用时的首选。而字典类型中并没有从 value 查找 key 值的方法，因 itervalues() 应该在不需要知道 key 值时使用。另外，在打印字符串时，我们采取了上一章所提到过的格式化打印的语法。

5.4 中断和退出

讲到这里似乎循环内部的语句都是必须要顺序执行直到循环结束为止。其实 Python 提供了对循环进行中断和跳过处理的语句：break|continue。

5.4.1 break 语句

break 语句主要被用来退出当前循环，继续执行循环外的语句，可以在 while 循环或者 for 循环中搭配 if 语句使用。如果存在多重循环，那么 break 语句只能中断其上一层循环语句。case_5_9 是一个在 while 语句中使用 break 语句的例子。

case_5_9.py

```
1   # -*- coding: utf-8 -*-
2   i = 0
3   while (i<10):
4       print 'Now i = ' + str(i)
5       if i%3==2:
6           print 'break occurs!'
7           break
8       i=i+1
9   print 'End of programm'
```

该程序在 while 循环中使用 if 语句判断，当计数器 i 值第 1 次满足除 3 余 2 时，break 语句执行退出当前 while 循环。程序的输出结果如下：

```
---------- Python ----------
Now i = 0
Now i = 1
Now i = 2
break occurs!
End of programm
```

而下面的例子给出了在多重循环中使用 break 语句的效果。

case_5_10.py

```
1   # -*- coding: utf-8 -*-
2   for i in range(4):
3       j = i
4       while j<3:
5           if j>=2:
6               print 'Break here i = ' + str(i)
```

```
7              break
8          else:
9              j = j + 1
10     else:
11         print 'No break occur!\nj = ' + str(j)
12     print 'In for expr: i = ' + str(i)
13 print 'End of programm'
```

程序中 for 语句内部有 while 语句，当 while 语句中的 break 生效时，程序会直接退出距离它最近的那一层循环，这里就是 while 循环，继续执行外部语句，这里是 for 循环。需要注意的是第 10 ~ 11 行的 else 语句，它是与 while 语句连用的部分，当 while 循环正常退出时，else 语句被执行，否则就不执行。

对于程序 case_5_10，for 循环开始的前 3 次循环 i=0、1、2，小于等于 2，此时在 while 循环中 j 值计数累加（程序中的第 9 行）后最终都会满足 if 语句条件（程序中第 5 行），因此 for 循环中当 i=0、1、2 时，while 循环都是从程序第 7 行的 break 处跳出 while 循环的，else 语句并不执行；而 for 语句的最后一次循环 i=3，使得 while 的条件不成立，正常跳出，else 语句块执行。

程序输出结果如下：

```
---------- Python ----------
Break here i = 0
In for expr: i = 0
Break here i = 1
In for expr: i = 1
Break here i = 2
In for expr: i = 2
No break occur!
j = 3
In for expr: i = 3
End of program
```

◆ Tips:

同 while 语句可以与 else 混合使用外，for 语句也可以和 else 语句混合使用，只要 for 语句正常执行完退出，其后对应的 else 语句就执行；而当 for 语句是由于 break 语句意外退出，其后对应的 else 语句不执行。

5.4.2 continue 语句

continue 语句用于循环中的作用是，立即结束当次循环，进入下次循环。现在把 case_5_9 中的 break 语句用 continue 语句替换掉会有什么后果呢？

case_5_11.py

```
1  # -*- coding: utf-8 -*-
2  i = 0
3  while (i<10):
4      print 'Now i = ' + str(i)
5      if i%3==2:
6          print 'continue occurs!'
7          continue
8      i=i+1
9  print 'End of programm'
```

我们来分析一下，程序开始执行 i=0，if 不满足，i 变为 1，循环一次；i=1，if 不满足，i 变为 2，继续循环；i=2，此时 if 满足，打印 continue occurs!，执行 continue 语句，退出当次循环，进入下次循环；此时 i=2, if 满足……可以看出程序会陷入死循环。在 while 循环中使用 continue 语句时要格外小心，防止死循环的出现。其实正确的做法是将 i=i+1 语句放在 continue 语句出现之前，这样不论 if 条件是否满足，i=i+1 都会执行，这样就可以避免出现死循环了。

那 for 语句中的 continue 会不会有死循环的危险呢？答案是不会，因此 for 语句是遍历循环，当其后的序列或者迭代器判断到了最后一个元素时就会停止执行。for 语句中使用 continue 语句的作用同样是仅仅跳出当次循环，而继续调用 next() 方法，进而执行下一次循环。读者可以尝试把 case_5_10 中的 break 语句替换为 continue 语句，看一下会有什么效果。

5.5 特殊语句pass

pass 语句和其名字一样告诉程序，"执行""pass"，实际上就是什么都不用执行。

case_5_12.py

```
1   # -*- coding: utf-8 -*-
2   i = 0
3   while (i<10):
4       print 'Now i = ' + str(i)
5       if i%3==2:
6           pass
7       else:
8           pass
9       i=i+1
10  print 'End of programm'
```

程序输出结果为：

```
---------- Python ----------
Now i = 0
Now i = 1
Now i = 2
Now i = 3
Now i = 4
Now i = 5
Now i = 6
Now i = 7
Now i = 8
Now i = 9
End of programm
```

实际上 pass 语句更多地被用来进行程序的调试和代码架构的开发等，我们在后面几章会讲到它的实际用途。

第6章 函数

在讲函数之前我们先看两个例子，case_6_1 和 case_6_2。

case_6_1.py
```
1    # -*- coding: utf-8 -*-
2    a = 1
3    b = 2
4    print a + b**2
```

case_6_2.py
```
1    # -*- coding: utf-8 -*-
2    def mySum (a, b):
3        print a+b**2
```

case_6_1 定义的是一个一般的 Python 可执行文件，执行后就可以实现打印自定义运算结果的操作。不过这样的实现有个弊端，不易于重用：当你需要在其他地方也使用这样一种运算时，就必须把这个程序原封不动地在其他地方再实现一遍。若是像 case_6_2 中一样，把该操作封装到一个"函数"中，它可以接受参量，完成操作，更可以在其他程序中利用导入语句，from case_6_2 import mySum，直接调用，不需要重新实现。

另外如果需要编程求解简单的有限元问题，我们会需要先形成总体刚度矩阵，再利用线性代数方法进行矩阵的分解，最后求解得到每一个自由度上的位移值，这样一个庞大的过程在一个函数中顺序完成肯定是不现实的，必须把每一步都分解成一个小的功能子函数，最后依次调用子函数完成求解，这也就是结构化编程。

上面讲了为什么要编写函数，下面我们开始说说如何定义函数以及函数参数传递的问题。

6.1 定义函数

就如例子 case_6_2 中所示一样，定义一个函数需要几个要素：关键字（def）、函数名（Func_Name）、参数（arg1, arg2, ...）和函数体（func_exper），也就是，

```
def Func_Name(arg1, arg2, ...): func_exper
```

def 关键字是必须的，它标识了自定义函数的开始；函数名也是必须的，而且不能和 Python 中已有的关键字相同；参数可以没有，可以是一个，两个甚至多个任意对象，所以参数并不需要提前定义参数类型；函数体中实现函数的具体功能。

在函数体中，当前程序的全局变量[1]以及所传入的参数都是可见的，也就意味着可以在函数体中对参数

---

[1] 当我们在函数中使用 global 语句对某个参量进行定义时，该参量对整个程序都可见。

或者当前程序中的全局变量进行操作或者修改。有时候为了程序的调试，函数体中也可能只有一个非操作语句 pass，这样即使整个程序还没有编写完成，但却可以对该函数外的其他功能进行调试。

定义函数时，要注意 Python 缩进的语法格式，函数体如果在下一行，就必须缩进 4 个空格。另外和流程控制语句类似，书写时不要忘记括号后面的冒号。

case_6_3.py

```
1   # -*- coding: utf-8 -*-
2   ss = 'Hello!'
3   def myfun0():
4       global ss
5       print ss+' from fun0'
6   def myfun1(a):
7       global ss
8       ss = a
9   def myfun2(a, b):
10      pass
11  myfun0()
12  myfun1('Welcome!')
13  myfun0()
14  myfun2(1,2)
15  print 'End of programm'
```

程序中的 myfun0 并没有参数传入，它仅仅利用当前全局变量 ss 的值进行输出；myfun1 可以完成对字符串 ss 的内容的更新。在更新前后 myfun0 的打印结果是完全不同的。myfun2 的函数体中并没有实现任何东西，但是 pass 的存在使得整个程序可以顺利执行，如果删去 pass 程序报错 IndentationError: expected an indented block，就是因为缺少函数体的原因。正确的程序输出结果如下：

```
---------- Python ----------
Hello! from fun0
Welcome! from fun0
End of programm
```

❖ Quiz：

如果去掉程序 case_6_3 中的 4、7 行后，程序的输出结果还会一样么？

上面例子中的几个函数都是完成了某种操作（打印或者修改），更多时候函数的作用是返回一个或者多个对象，这个时候我们需要使用 return 语句。

```
return obj1 [, obj2, obj3...]
```

可以选择只返回一个对象 obj1，也可以使函数返回多个对象如 obj1、obj2、obj3...（此时函数返回的实际上是一个由这几个对象组成的元组），具体见下面例子。

case_6_4.py

```
1   # -*- coding: utf-8 -*-
2   def myfun0(i):
3       ilist = [i**2 for i in range(i) if i%3 ==1]
4       return ilist
5   def myfun1(i, j):
6       ilist = [i**2 for i in range(i) if i%3 ==1]
7       jlist = [i**2 for i in range(i) if i%3 ==0]
8       return ilist,jlist
9   a0 = myfun0(9)
10  print 'a0 ='+str(a0)
11  a1 = myfun1(9, 9)
```

```
12    print 'a1 ='+str(a1)
13    print 'End of programm'
```

在上面的程序中定义了两个函数，利用所给参数的数值生成对应的列表，并把列表返回。myfun0 返回一个列表，而 myfun1 返回两个列表。值得注意的是 a1 是一个由两个列表组成的元组，如果要引用第一个列表就需要使用 a1[0] 来访问。程序的输出结果为：

```
---------- Python ----------
a0 =[1, 16, 49]
a1 =([1, 16, 49], [0, 9, 36])
End of programm
```

6.2 函数中的参数传递与调用方法

Python 中函数的参数有 4 种主要的传递方式，下面一一进行介绍。

def Func(arg1, arg2, ...)，这种方式就是我们上面所使用的方式，也是最基本的参数书写方式。使用者可以根据自己的需求书写任意多个参数。函数调用时所提供的参数（叫做实参）必须和函数定义时的参数（称之为形参）一一对应。

def Func(arg1, arg2, ..., argn=default)，这种方式就是对第 1 种方式的改进。使用者可以根据自己的需求对部分参数赋予特定的默认值。函数调用时可以视情况仅仅为没有默认值的形参提供实参，也可以像第 1 种方式一样为所有的形参都提供实参。

def Func(*arg1)，这是一种高级的传递参数方式，也是比较常用的方式。此时实参的数目可以是不定的，可以传入任意多个实参，Python 会将所有的实参组成一个元组，传递给 arg1 供函数体调用。一般这种情况下，函数体中需要对元组传递来的参数进行检查，根据含有的实参的数目执行特定的操作。

def Func(**arg1)，这种方式和上面的方式类似，可以接受任意多个实参。只不过实参传递是以字典的形式传递给 arg1 供函数体调用。调用该类函数时，必须使用类似 Func(arg1=value1, arg2=value2) 的形式调用。

下面给出一个例子来说明上面几种传递方式在使用上的不同。

case_6_5.py

```
1   # -*- coding: utf-8 -*-
2   def fun1 (a, b):
3       print a, b
4   def fun2 (a, b, c=2):
5       print a, b, c
6   def fun3 (*a):
7       if len(a)==0:
8           print 'No data'
9       else:
10          print a
11  def fun4 (**a):
12      if len(a)==0:
13          print 'No data'
14      else:
15          print a
16  fun1(2,3)
17  fun1(a=2,b=3)
```

```
18    fun2(2,3)
19    fun2(a=2,b=3,c=4)
20    fun3(2,3,4)
21    fun4(a=2,b=3,c=4)
22    print 'End of programm'
```

程序输出结果如下：

```
---------- Python ----------
2 3
2 3
2 3 2
2 3 4
(2, 3, 4)
{'a': 2, 'c': 4, 'b': 3}
End of programm
```

如下的两种调用方式都会报错：

```
fun3(a=2,b=3,c=4)>>>TypeError: fun3() got an unexpected keyword argument 'a'
fun4(2,3,4)        >>>TypeError: fun4() takes exactly 0 arguments (3 given)
```

可以看出，第 3 种形式定义的函数调用时不能使用（arg1=value1, arg2=value2, ...）形式的参数，而第 4 种形式定义的函数调用时必须使用（arg1=value1, arg2=value2, ...）的形式调用。其他两种形式定义的函数要么使用（arg1=value1, arg2=value2, ...）形式要么直接使用（value1, value2, ...）形式调用，不能混用（但带默认值的参数可以不受限制）。实际上 Abaqus 内部很多函数都有可选参数，因此其多使用混合定义的参数传递方式。

> ◆ Tips：
>
> 4 种参数传递形式可以混合使用，有兴趣的可以试着运行下面的程序 case_6_6，看看混合定义的时候有什么特点。
>
> case_6_6.py
>
> ```
> 1    # -*- coding: utf-8 -*-
> 2    def fun0 (a, b=1, *c, **d):
> 3        print a, b, c, d
> 4    fun0(2,3)
> 5    fun0(2,3,4)
> 6    fun0(2,3,4,5)
> 7    fun0(a=2,b=3,c=4)
> 8    print 'End of programm'
> ```

6.3 几个特殊的函数关键字

6.3.1 Lambda关键字与匿名函数

除了上面说的函数定义方法外，Python 也提供了一种"轻量化"的函数生成方式：lambda 关键字。使用 lambda 关键字可以定义并且返回一个匿名函数，其使用方法如下：

```
lambda [arg...]: expression
```

注意，表达式 expression 必须和 lambda 语句放在同一行。

我们可以适当改写一下，利用 lambda 关键字建立一个与 case_6_1.py 函数类似的一个匿名函数。

```
IDLE 2.7.9
>>> (lambda a, b: a + b**2)(1,2)
5
```

上面的语句使用 lambda 对象建立了一个以 a 和 b 为参数，表达式为 a + b**2 的匿名函数，然后调用这个函数计算并返回 (a,b)=(1,2) 时的值。这种定义方式简单明了，但是由于是匿名的，在没有任何引用的时候，很快会被程序垃圾回收站回收掉[①]。因此一般我们需要将 lambda 语句定义的匿名函数保存在一个变量中，这样后面就可以像其他使用 def 定义的函数一样来调用它。

```
>>> x = lambda a, b: a + b**2
>>> x(1,2)
5
```

就像使用 def 定义函数时有多种参数传递方式一样，lambda 关键字定义的函数也可以有多种传参方式。

```
>>> x = lambda a, b=1: a + b**2
>>> x(1)
2
>>> x(1,1)
2
>>> x = lambda *a: sum(a)
>>> x(1,2,3,4,5)
15
>>> x = lambda **a: len(a)
>>> x(a=1,b=2,c=3)
3
```

形如 C++ 中的条件选择语句 swith-case，在 Python 中可以利用 if-elif-else 来实现同样的功能。另外有时候在 Python 语言中 lambda 关键字和字典类型也可以被用来模拟 C++ 中的 switch 条件选择语句，如 case_6_7 所示。

case_6_7.py

```
1   # -*- coding: utf-8 -*-
2   # Python funtion to mimic swith-case
3   #use if-elif-else
4   def operation1 (a, b, c):
5       if b=='+':
6           return a+c
7       elif b=='-':
8           return a-c
9       elif b=='*':
10          return a*c
11      elif b=='/':
12          return a/c
13  #use lamda and dict
14  def operation2 (a, b, c):
15      result = {'+': lambda a,c: a+c, '-': lambda a,c: a-c,
```

[①] 程序语言在运行过程中要生成对象，每个对象都会占有一定的物理存储空间（内存中），所以大部分高级程序语言都有垃圾自动回收机制，当对象创立后，若是没有指向其的引用则会被清理掉，完成内存的释放和回收。

```
16              '*': lambda a,c: a*c, '/': lambda a,c: a/c}[b](a,c)
17      return result
18  #test the functions
19  print operation1(5,'/', 2)
20  print operation1(5,'+', 2)
21  print 'End of programm'
```

程序输出结果如下：

```
---------- Python ----------
2
7
End of programm
```

上面的例子用来模拟四则运算操作符的实现，使用了类似 C++ 语言中 swith-case 的流程控制方法，但是在 Python 中没有提供 swith-case 控制流程语句。case_6_7 中直接使用 if-else 语句实现条件选择控制或者通过 lambda 和字典类型的方式来实现条件选择。

语句 15 ~ 16 定义了一个字典映射：将 lambda 关键字生成的匿名函数映射到对应的操作符符号上形成一个字典，这里记为 dictOperation（在上面例子中就是 {'+': lambda a,c: a+c, '-': lambda a,c: a-c, '*': lambda a,c: a*c, '/': lambda a,c: a/c}）。然后 dictOperation[b] 就可以根据 b 的操作符符号来返回对应的操作函数（由 lambda 关键字生成），最后使用参数调用该函数返回对应结果。

6.3.2 Map 关键字与批量化函数操作

Map 关键字可以实现和前面提到的列表解析类似的功能，它可以将本来对单个元素操作的函数迭代推广到一个列表层面上。Map 关键字使用方法如下：

map(func, sequence[,sequence])

其中，func 为一个函数名，而 sequence 是一个序列，其中的元素可以传入 func 作为参数，map 关键字的作用就是将序列 sequence 中的每一个元素逐一传入 func 函数中并将返回值作为一个列表返回。如果 func 为 None，那么 Map 关键字返回原序列 sequence。下面我们使用一个例子来说明 map 关键字的使用方法。

case_6_8.py

```
1   # -*- coding: utf-8 -*-
2   square = lambda x: x*x
3   sum = lambda x, y, z: x+y+z
4   xx = yy = zz = range(1,5)
5   print map(square, xx)
6   print map(sum, xx, yy, zz)
7   print 'End of programm'
```

程序输出结果如下：

```
---------- Python ----------
[1, 4, 9, 16]
[3, 6, 9, 12]
End of programm
```

程序第 1 行和第 2 行先使用 lambda 关键字定义了两个函数 square 和 sum，一个用来求平方数，一个用来求和。第 3 行使用 range 生成一个列表 [1,2,3,4]，并将它赋给 3 个变量。第 4 行和第 5 行使用 map 关键字把 square 和 sum 的函数作用于列表并返回结果。

从效果上看，map 关键字实现的功能相当于在定义函数的时候使用列表作为参数，并以列表的形式返回列表中每个元素的操作结果。上面第 5 行的 map(square, xx) 所实现的功能，也可以用下面的函数定义来实现。

case_6_9.py

```
1    # -*- coding: utf-8 -*-
2    square = lambda x: [i*i for i in x]
3    xx = range(1,5)
4    print square(xx)
5    print 'End of programm'
```

程序输出和上一个例子相同，

```
---------- Python ----------
[1, 4, 9, 16]
End of programm
```

Map 关键字实现的是函数外对列表进行循环，而第 2 种做法是在函数定义时候就在函数内部完成循环操作。

6.3.3 Reduce关键字和求和

Reduce 关键字是另一个非常有用的关键字，如果在多次迭代之间，我们需要将上一次的迭代结果作为输入传入下次迭代时，Reduce 就给我们提供了实现这种迭代的方法，利用它我们可以实现数组求和计数。Reduce 关键字的使用方法如下：

```
reduce(func, sequence[, startValue])
```

其中，func 是基本函数，startValue 是一个指定初始值，sequence 是一个列表，包含需要迭代的元素。我们使用一个具体的例子来说明 Reduce 关键字的使用方法。

case_6_10.py

```
1    # -*- coding: utf-8 -*-
2    add = lambda x, y: x+y
3    xx = range(1,5)
4    print reduce(add, xx, 100)
5    print 'End of programm'
```

程序输出结果如下：

```
---------- Python ----------
110
End of programm
```

上面程序实现的是考虑初值为 100 的情况下将 xx 列表中的数求和。

Reduce 和 map 都是使用某一函数对列表进行迭代，区别在于 Reduce 时前后两次迭代中间有数据交换，而 map 关键字中前后两次迭代之间没有任何关系。

6.3.4 Filter关键字和条件选择

正如 filter 的字母意思一样，filter 关键字完成的是过滤的功能。其使用方法如下：

```
filter(func, sequence)
```

其中，func 为测试函数，sequence 为参数序列，filter 关键字的功能就是对 sequence 中的元素依次执行调用测试函数测试，将测试结果为 True 的元素组成一个序列返回。下面是一个具体的例子。

```
IDLE 2.7.9
>>> test = lambda x: x%3==0
>>> print filter(test, range(20))
[0, 3, 6, 9, 12, 15, 18]
```

第7章 对象和类

面向对象是当前比较流行的程序设计方法，Python 也支持面向对象这一思想。这一章节我们将结合几个简单的例子来说明如何使用 Python 中的对象、类、模块以及包的概念。

7.1 对象

一切客观的或者主观的存在都是对象（Object）。如果要使用程序语言来描述对象，我们就需要提取这些对象的主要特点，描述了其特点也就完成了对其描述。不同的对象之间常常会有一些相同的特点，这样我们就可以将众多的对象分门别类，每一类都使用一个相同的模板化的表示方式：类。比如水果就可以成为一个"类"，而苹果就是这个类中的一个"实例"对象；再比如在 Abaqus 文件系统中，模型和结果文件都有自己的"类"（分别为 MDB 和 ODB），而某一次计算得到结果文件就是 ODB 类的一个"实例"化的对象；还有比如 Python 中的整型就是一种内建的数据类型，而"1"就是一个"实例"对象。

Python 中的一切都是对象，而且每一个对象都是唯一的，它们有一个唯一的身份标识 id，一般我们可以使用 type()/id() 两个函数来查看对象（变量或者函数）的类型和标识[1]。

```
IDLE 2.7.9
>>> type(1.0)
<type 'float'>
>>> type(0)
<type 'int'>
>>> type([1,2,3])
<type 'list'>
>>> type('sdfasfds')
<type 'str'>
>>> id('abc')
19777152
>>> type(id)
<type 'builtin_function_or_method'>
```

面向对象的程序语言中的绝大多数对象都必须包括内容和操作，内容就是成员变量，操作就是成员函数，Python 也不例外。比如上面的 [1、2、3] 是一个对象：列表；1、2、3 是这个对象的内容；我们前面讲过的有关列表的函数如 append、insert 等都是该对象拥有的操作。每个对象都是其对应类的实例化，它的成员变量和成员函数都是由其对应的类定义的。因此面向对象类程序的一个重要特征就是类 Class 的存在。

---

[1] 在一定程度上可以将对象的 id 认为是该对象的身份证，在其生命周期中其是唯一的。

7.2 类

前面我们已经提过了 Python 中的基本数据结构，也就是 Python 内置的一些基本类型。但是从现实需求的角度看，我们需要面对的物体和事件各式各样，我们会遇到一些 Python 目前现有的类不能满足的问题，比如标准的 Python 版本中是没有"水果"这一类型，没有"有限元模型"这一类型等。事实上，Abaqus/CAE 系统就是达索公司在标准的 Python 系统上自己定义了许多新类型和函数。图 7-1 给出了达索公司定义的 Abaqus 结果文件的数据结构类型的一些细节，图上面出现的每个名词都代表一个类，比如 odb、parts、fieldOutputs 等。

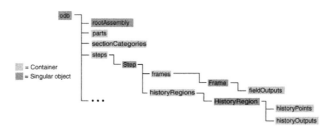

图7-1 Abaqus结果文件的数据结构

7.2.1 如何定义类

答案是使用关键字 class。一个最典型的类的定义如下：

case_7_1.py

```
1   # -*- coding: utf-8 -*-
2   # This is a typical class example.
3   class Fruit(object):
4       """This is my first class"""
5       category = 'Apple?Orange?pear?'
6       number = 0
7       def __init__ (self, category, weight=None, owner=None):
8           self.category = category
9           self.ripe = False
10          self.weight = weight
11          self.owner = owner
12          Fruit.number +=1
13      def changeOwner (self, owner):
14          self.formerowner = self.owner
15          self.owner = owner
16      def changeState (self):
17          self.ripe = True
18      def growWeight (self, weight):
19          self.weight = weight
20      def toString (self):
21          return self.owner+'\'s '+self.category+', weight:'+str(self.weight)+\
22              (', and' if self.ripe else ', but not') + ' ripe'
23
24  a1 = Fruit('apple', 100, 'Jinghe')
```

```
25    p1 = Fruit('pear', 100, 'Su')
26    p1.changeOwner('NaNa')
27    print p1.owner, p1.formerowner
28    print a1.category, Fruit.category
29    print Fruit.number, a1.number, p1.number
30    print 'End of programm'
```

上面的这个例子完成了类 Fruit 的定义，下面我们逐行来分析类定义时的要点。

第 3 行，使用 class 关键字，紧跟着类名 Fruit（一般首字母大写）；

第 4 行，是对当前类的简单说明；

第 5 和第 6 行，是这个类的两个类变量 category 和 number，初始值分别为字符串 Apple?Orange?pear? 和数字 0；

第 7 ~ 12 行，是构造函数 __init__() 的实现，构造函数的作用就是定义实例变量并完成初始化，另外上面例子的构造函数还完成了对构造函数调用的计数，对类变量 number 的更新操作；

第 13 ~ 15 行，定义了成员函数 changeOwner()，更新实例对象 owner 并定义和赋值新的实例变量 formerowner；

第 16 ~ 22 行，定义其他成员函数（changeState，growWeight，toString），注意第 21 行最后的 \ 表示续行操作，表示表达式没有结束，与下一行一起连起来解释；而第 22 行中的 (', and' if self.ripe else ', but not')，实际上类似于 Java 中的三元操作符，以这样的形式 X if state else Y 通过判断 state 的真假来返回 X 或者 Y。

从上面的例子可以看出定义类的几个必要步骤。

```
class 类名 (object)
""" 自述信息 """
定义类变量
定义类的初始化函数（或者叫构造函数）
    定义实例变量并初始化
定义其他成员函数
    定义实例变量并初始化
    ......
```

有几点值得说明一下：

（1）自述信息不是必须的，但是一般建议利用自述给出简单的信息说明该类的功能或者其他信息。

（2）构造函数并非必须显式定义。对于一些简单的类，可以省略构造函数。

（3）实例变量并非一定要在构造函数中定义并完成初始化，像上面例子中的实例变量 formerowner 就是在成员函数 changeOwner() 中完成定义和赋值的。

7.2.2 如何使用类

为了说明定义好的类如何使用，我们还是借用 case_7_1 中 24 ~ 29 行的代码来讨论类的实例化以及类成员的调用。

case_7_1.py 的输出结果如下：

```
---------- Python ----------
NaNa Su
apple Apple?Orange?pear?
2 2 2
End of programm
```

第 24 ~ 25 行，生成了 Fruit 类的两个实例一个赋值给变量 a1，另一个赋值给变量 p1；具体使用的表达式就是类名（参数），实际上类实例化以后最先调用的就是构造函数 __init__()，因此参数也是传给构造函数 __init__() 的，必须按照构造函数的参数顺序来书写参数；

第 26 行，使用句点属性标识符 p1.changeOwner('NaNa') 来调用对象 p1 的成员函数。

第 27 ~ 29 行，使用句点属性标识符来调用对象 p1 和 a1 的成员变量。注意 28 行中的变量调用方法 a1.category 和 Fruit.category 给出的结果并不相同，这是因为 a1.category 调用的是实例变量（其在初始化时被赋值为 apple），而 Fruit.category 调用的是类变量（在程序中一直没有改动，仍为 Apple?Orange?pear?）。对于类变量 number，因为没有实例变量和其重名，a1.number 和 p1.number 都指向同一对象 Fruit.number。

总结一下就是：

（1）类直接使用类名（参数）的调用形式来得到类的实例化对象。

（2）类的实例可以通过句点属性标识符来调用类的成员对象（类变量、实例变量或者成员函数）。当类变量与实例变量同名时，类变量被覆盖，使用"实例.变量名"调用的是实例变量；不同名时，其调用类变量。为了统一，最好的方法就是使用"实例.变量名"来调用实例变量；使用"类.变量名"来调用类变量。

7.2.3 子类、父类和继承

当要建立的新类只是在某个现存的类的基础上进行一定延伸的时候，我们就可以使用面向对象语言的继承这一特性。子类继承父类的成员变量和成员函数，可以省去重复定义某些变量和函数的操作。

可能有些读者已经在某些类的定义中发现了下面的表达式：

```
class A(B):
```

其实这样就是完成了子类和父类关系的定义，新类 A 是子类，它会继承父类 B 的属性。下面我们通过一个例子，看看实际中子类和父类都是如何使用的。

case_7_2.py

```
1   # -*- coding: utf-8 -*-
2   # This is a typical sub-class example.
3   class Fruit(object):
4       """This is the super class"""
5       category = 'Apple?Orange?pear?'
6       number = 0
7       def __init__ (self, category, weight=None, owner=None):
8           self.category = category
9           self.ripe = False
10          self.weight = weight
11          self.owner = owner
12          Fruit.number +=1
13      def changeOwner (self, owner):
14          self.formerowner = self.owner
15          self.owner = owner
16      def changeState (self):
17          self.ripe = True
18      def growWeight (self, weight):
19          self.weight = weight
20      def toString (self):
21          return self.owner+'\'s '+self.category+', weight:'+str(self.weight)+\
```

```
22                  (', and' if self.ripe else ', but not') + ' ripe'
23  class Apple(Fruit):
24      """This is a child-class from class Fruit"""
25      def __init__ (self, weight=None, owner=None, onTree=True):
26          self.onTree = onTree
27          super(Apple, self).__init__('apple', weight, owner)
28      def pickDown ():
29          onTree = False
30  a1 = Apple(100, 'Jinghe')
31  print a1.toString()
32  print 'End of programm'
```

程序的输出结果如下：

```
---------- Python ----------
Jinghe's apple, weight:100, but no tripe
End of programm
```

我们逐句来看上面的程序是如何实现它的功能的。

第3～22行，是父类的定义，这个父类就是我们在 case_7_1 中的所定义的类 "Fruit"。Python 中 object 对象是所有类的父类。

第23～29行，是子类的定义，class Apple(Fruit)，表明了继承关系：Apple 子类继承 Fruit 父类的属性。子类的构造函数 __init__() 需要显式地调用父类的构造函数来初始化来自父类的成员变量，这里用到了 super 类来完成这一过程。子类新定义的变量需要单独初始化，如 onTree 变量；新定义的函数如 pickDown 也需要单独定义。

第30～32行，是程序的测试部分。先生成子类 Apple 的实例对象并赋值给变量 a1（30行），然后通过子类的实例对象 a1 来调用父类的成员函数 toString()，从运行结果可以看出，子类不仅仅继承了父类的成员函数，也继承了父类的成员变量（包括实例变量和类变量[1]）。

如果我们总结一下 Python 中类/子类的定义方法，我们可以发现，所有的类定义的时候都是有父类的[2]（至少都是 object 类的子类）；子类或者父类的大部分实例变量将都会在子类或者父类 __init__() 函数中完成初始化；子类可以全部继承父类的属性。

那么我们可能会遇到这样一个问题，如果子类中有和父类同名的函数或者变量，会怎么样？我们还是从例子来说明，下面的 case_7_3.py 是在 case_7_2.py 的基础上为子类 Apple 添加和父类 Fruit 实例变量同名的变量 category 以及和父类 Fruit 成员函数同名的函数 growWeight。

case_7_3.py

```
....
23  class Apple(Fruit):
24      """This is a child-class from class Fruit"""
25      def __init__ (self, category, weight=None, owner=None, onTree=True):
26          super(Apple, self).__init__('apple', weight, owner)
27          self.onTree = onTree
28          self.category = category
29      def pickDown ():
30          onTree = False
31      def growWeight (self, weight):
```

---

[1] 可以使用 print a1.number 来查看 Fruit 类的类变量 number 是不是也顺利地被子类 Apple 的实例对象 a1 所继承。

[2] Python 也提供一种不需要父类的定义类的方式，通过这种方式定义的类就称之为经典类，而我们上面讲的是称之为新格式类的定义方式。经典类的定义方式如，class Apple()，可以没有继承关系，而这样的方式定义的类不能使用 super 类函数。新格式类的定义方式必须有继承关系，这种类可以使用 super 类函数。

```
32            self.weight += weight

34   a = Apple('orange', 100, 'Jinghe')
35   print a.toString()
36   print a.category
37   a.growWeight(20)
38   print a.toString()
39   print 'End of programm'
```

程序的输出结果为：

```
---------- Python ----------
Jinghe's orange, weight:100, but not ripe
orange
Jinghe's orange, weight:120, but not ripe
End of programm
```

可以看出虽然在第 26 行调用父类的构造函数初始化继承来自父类中的成员变量 category，但是结果表明父类的成员变量 category 被子类的同名变量所覆盖，同样的情况出现在成员函数上。父类中的成员函数 growWeight 被子类中同名的成员函数所覆盖，程序第 37 行 a.growWeight(20) 调用的是子类中的函数，weight 更新为 120，而非使用父类的 growWeight 函数时的结果 20。因此，子类中有和父类中同名的属性时，子类的属性将完全覆盖父类的属性。

7.2.4 几个特殊的实例属性和类方法

下面我们继续讨论类有关的几个有趣的问题。

属性__class__

对于对象 a，a.__class__ 返回的是对象 a 所对应的类。比如 case_7_1.py 中的类 Fruit 和其实例对象 a1 来说，a1.__class__ 返回的就是类 Fruit。因此下面的两个表达式是等效的，都输出类变量的内容[①] Apple?Orange?pear？

```
print a1.__class__.category
print Fruit.category
```

属性__dict__

对实例对象 a，a.__dict__ 可以以字典的形式返回对象 a 的属性。其中，键是属性名，值是属性，但是不包括类属性和特殊属性。比如在 case_7_1.py 的结尾添加如下的程序段：

```
print a1.__dict__
```

我们可以得到输出，

```
{'owner': 'Jinghe', 'category': 'apple', 'weight': 100, 'ripe': False}
```

__dict__ 属性非常有用，利用它我们可以了解当前对象的基本属性。尤其是当我们遇到 Abaqus 这样非 Python 标准库中的第三方类库时，常常缺乏各种各样的资料说明，甚至于文档也比较简陋，此时利用 __dict__ 属性来查看对象的成员对象就非常必要。

属性__doc__

__doc__ 属性，可以给出当前对象的类型建立时的说明信息，比如 case_7_1.py 中的信息 'This is my first

---

[①] 将上面两行程序复制到 case_7_1.py 的末尾，直接运行即可得到结果

class'。

内置函数dir()

对上面的 case_7_1.py 中的实例对象 a1 使用 dir 函数后我们可以得到 ['__class__', '__delattr__', '__dict__', '__doc__', '__format__', '__getattribute__', '__hash__', '__init__', '__module__', '__new__', '__reduce__', '__reduce_ex__', '__repr__', '__setattr__', '__sizeof__', '__str__', '__subclasshook__', '__weakref__', 'category', 'changeOwner', 'changeState', 'growWeight', 'number', 'owner', 'ripe', 'toString', 'weight']

可以看出，dir 函数列出了所有属性（包括实例变量、类变量和成员函数），因此通过使用 dir 函数我们可以了解对象的结构。另外配合前面讲的内置函数 type() 就可以确定 dir 函数给出的列表中，哪个是成员变量，哪个是成员函数，比如，使用 print type(a1.__doc__) 和 print type(a1.__init__) 就分别得到 <type 'str'> 和 <type 'instancemethod'>，表明列表中 __doc__ 是成员变量，而 __init__ 是实例的成员函数。

内置函数issubclass()和isinstance()

我们可以使用 issubclass(sub, sup) 来判断 sub 是否为 sup 的一个子类，若是则函数返回 True，否则返回 False。

我们还可以使用 isinstance(obj1, class1) 来判断 obj1 是否为 class1 类或其子类的一个实例，若是，则函数返回 True，否则返回 False。

内置函数hasattr()/getattr()

函数 hasattr() 主要被用来在使用某个属性前，检查当前对象是否有该属性，使用方法为 hasattr(obj, attr_Name)。而 getattr(obj, attr_Name) 则可以返回对象 obj 的名为 attr_Name 的属性值。

7.3 模块和包

模块支持我们从逻辑或者物理层次上组织 Python 代码。对于一些宏大的工程，代码可能上百万，若将全部代码组织到同一个文件中是不可想象的，难免会遇到命名冲突，调试困难等问题。若将程序代码按照一定的功能拆分为不同的模块，并将功能相关的模块放入同一包中进行代码管理，不仅可以提高代码的层次性，也可以减小代码重用的难度。

从逻辑层面讲这种实现就是属性、类、模块与包的区别；而从物理层面上说就是代码、文件和目录的区别。

7.3.1 模块

一般情况一个文件就是一个模块，文件名就是模块名 +.py。如果我们希望在模块 case_7_4 中使用模块 case_7_3 的属性（变量 a 和类 Fruit），那么需要在文件 case_7_4.py 的开头必须使用 import 关键字来导入文件 case_7_3.py 的内容。如下所示：

case_7_4.py

```
1    # -*- coding: utf-8 -*-
2    # This is a local import example.
3    import case_7_3
4
```

```
5   print case_7_3.a.toString()
6   b = case_7_3.Fruit('pear', 20, 'NaNa')
7   print b.toString()
8   print 'End of programm'
```

程序输出结果为[①]：

```
---------- Python ----------
Jinghe's orange, weight:100, but not ripe
orange
Jinghe's orange, weight:120, but not ripe
End of programm
Jinghe's orange, weight:120, but not ripe
NaNa's pear, weight:20, but not ripe
End of programm
```

这样我们就可以在 case_7_4 这个新模块中使用旧模块 case_7_3 中所定义过的变量 a 和类 Fruit。使用导入模块中的属性时需要用句点标识符，模块名 +.+ 属性，如 case_7_3.a 和 case_7_3.Fruit。

case_7_4.py 中使用了 3 种 import 关键字写法中的一种，我们还可以使用其他的方式来完成模块导入的功能：from case_7_3 import * 或者 from case_7_3 import a, Fruit。

◆ Tips：

模块导入的顺序

除非特殊需求，大部分模块导入都是在程序的开头部分完成的，Python 社区的推荐顺序为：

（1）Python 标准模块

（2）Python 第三方模块

（3）自定义模块

3 种模块之间使用一个空行分隔开，增加程序的可读性。

7.3.2 模块的路径搜索

现在我们打开 Python shell，尝试导入我们自己的模块 case_7_3。

```
IDLE 2.7.9
>>> import case_7_3

Traceback (most recent call last):
  File "<pyshell#5>", line 1, in <module>
    import case_7_3
ImportError: No module named case_7_3
```

我们得到了如上的错误提示，importError，找不到名为 case_7_3 的模块。为什么在 case_7_4.py 中可以正确导入的模块在 Python shell 中找不到呢？

简单说，找不到就是因为找的地方不对。Python 解释器有自己默认的搜索路径，在使用 import 时解释器就在自己的搜索路径中搜索，当不能找到匹配的模块文件时就抛出一个导入错误：importError。这个搜索

[①] 可以看出模块 case_7_3.py 被导入的过程中，其程序也执行了一次，并输出了结果。这是因为在程序 case_7_3.py 中的变量都是全局变量，因此在导入执行时也有输出结果，这往往不是我们所期望的。使用 __name__ 来判断文件的执行方式，就可以避免这一过程。在后面第 8 章有一个例子会讲到这一技巧。

路径的模块保存在 sys 模块的 sys.path 变量中。

```
>>> import sys
>>> print sys.path
['', 'C:\\Python27\\Lib\\idlelib', 'C:\\Windows\\system32\\Python27.zip', 'C:\\Python27\\
DLLs', 'C:\\Python27\\lib', 'C:\\Python27\\lib\\plat-win', 'C:\\Python27\\lib\\lib-tk', 'C:\\
Python27', 'C:\\Python27\\lib\\site-packages']
```

第 1 个路径是当前运行路径，就是当前执行程序文件所处的路径。这也就是为什么在 case_7_4.py 中可以正确导入模块 case_7_3：它们在同一目录下。知道原因就知道了解决方法，我们只需要将要导入的模块的目录路径添加到 sys.path 中即可。

```
>>> x = r'E:\快盘\我的资料\MyBook\PythonBook\BookScripting\chapter7'
>>> sys.path.append(x)
>>> import case_7_3
Jinghe's orange, weight:100, but not ripe
orange
Jinghe's orange, weight:120, but not ripe
End of programm
```

7.3.3 名称空间

名称空间就是变量作用域内名称和对象之间的映射关系。在 Python 程序执行时会存在两个或者 3 个名称空间：局部名称空间、全局名称空间和内置名称空间。不同的变量就在不同的名称空间中有效，在同一名称空间中不会有名称相同的对象。

```
IDLE 2.7.9
>>> toString

Traceback (most recent call last):
  File "<pyshell#2>", line 1, in <module>
    toString
NameError: name 'toString' is not defined
```

程序执行时，Python 解释器每遇到一个变量名时，都会先在局部名称空间中查找，找到则返回对象，否则转向全局名称空间继续查找，找到则返回对象，否则继续转向内置名称空间，找到则返回对象，否则抛出 NameError 错误：说明这个变量在整个程序中都是没有定义的。如果在局部名称空间和全局名称空间中有名称相同的对象时，Python 解释器会返回局部名称空间的对象，也就是说局部名称空间中的变量常常会淹没全局名称空间中的同名变量。

那么来自不同模块的相同名称的对象在同一名称空间中如何区别呢？模块名称以及后面要讲的包名称的存在就是为了解决在同一名称空间中不同对象的名称之间的冲突。比如来自于 A 模块的函数 toString() 和来自 B 模块的函数 toString() 当存在于不同的名称空间时不会有冲突；但是如果两个模块都同时被导入到同一名称空间中就存在冲突的风险，因为遇到名为 toString() 的函数解释器会不知道该调用来自于那个模块的函数。此时模块名称就在解决冲突时发挥重要作用，对于 A 模块中的函数 toString()，其在当前名称空间中的"全名"为 A.toString()；而 B 模块中的在当前空间中"全名"为 B.toString()：这样就避免了冲突的可能[①]。

[①] 这也就是为什么推荐使用 import os 而不是 from os import path 的原因，后者有可能会与当前名称空间中的 path 冲突。

◆ Tips：

模块导入方式的选择

下面3种导入模块的方式，对象名称冲突的可能性依次增大。为了避免不必要的重名冲突，推荐程度依次减弱。

- import os
- from os import path
- from os import *

7.3.4 包

当程序规模很大时，简单的一个模块已经不能完成程序的层次划分，就需要使用包。一般一个包就是一个目录，下面包含子目录（子包）或者模块。

对于具有如图 7-2 所示的目录结构的 Python 程序包，我们可以使用类似于导入模块的方式导入到 Python 当前名称空间。FE_Model 目录下的所有 __init__.py 文件都是空文件；而其他 py 文件都只有一个变量 state，内容为字符串，表明目前变量所处的模块名（例如 Solver.py 中的 state 内容为 "this is in solver.py"）。

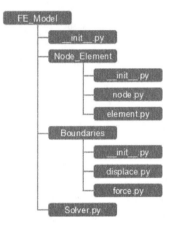

图7-2　导入包结构示意图

我们从当前目录的 case_7_5.py 文件导入上述模块，并打印其中变量 state 的内容来确认导入是否成功。从程序的输出结果可以看出我们已经成功地将 FE_Model 包导入到了当前的工作空间中了。

case_7_5.py

```
1   # -*- coding: utf-8 -*-
2   # This is a typical package-module import example.
3   import FE_Model.Solver
4   import FE_Model.Node_Element.node
5   print FE_Model.Solver.state
6   print FE_Model.Node_Element.node.state
7   print 'End of programm'
```

程序输出结果为：

```
---------- Python ----------
this is in solver.py
this is in node.py
End of programm
```

上面的 __init__.py 都是模块导入的初始化文件，对于 Python 解释器来说它表示在导入当前目录的时候需要作为包来处理。

在使用空的 __init__.py 文件配置下，使用导入方法，from FE_Model import *，并不能成功将 Solver 模块导入当前工作空间。这个主要是因为通配符的存在，当希望导入多个模块时，通配符匹配的是当前目录下的 __init__.py 文件中的参数 __all__。只有当在 __init__.py 文件中写入一个参数

```
__all__ = ['Solver', 'Node_Element', 'Boundaries']
```

此时再使用 from FE_Model import * 才可以完成 Solver 模块的导入。

第8章 文件和目录

在程序设计过程中,我们常常需要处理各种各样的数据,而大部分这些数据最初或者最终都是要以文件的形式存储在硬盘上的。对于 CAE 工程师来说最主要的文件形式就是文本文件,例如 Abaqus 的输入文件(.inp)、操作命令记录文件(.jnl 和 .rpy)、任务运行系统信息日志文件(.log)、任务预处理信息记录文件(.dat)、任务求解信息记录文件(.msg)以及任务求解增量步结果记录文件(.sta)等等。这一章节我们将结合几个简单的例子来说明利用 Python 处理文本文件的基本方法。

8.1 文件读写操作

在 Python 中文件操作最常用的几个函数都属于 IO 模块,我们先从一个简单的例子(附件中的 case_8_1.py)开始,在这个例子中我们创建一个名为 hello.inp 的文件并在第 1 行中写入单词 hello,隔一行后写入 CAEer,完成之后再次打开这个文件读取其中的信息打印在屏幕上。

case_8_1.py

```
1   # -*- coding: utf-8 -*-
2   import io
3
4   """this is a example for chapter 8 file and dir"""
5
6   # 创建文件 hello.inp 并写入内容
7   output=open("hello.inp",'w')
8   tempStrs=["hello", "", "CAEer"]
9   for str in tempStrs:
10      str=str+'\n'
11      output.writelines(str)
12  output.close()
13
14  # 读取文件 hello.inp 并打印在屏幕上
15  input=open("hello.inp", 'r')
16  tempStrs=input.readlines()
17  print len(tempStrs)
18  for str in tempStrs:
19      print str
20  input.close()
```

上面这个例子中我们遇到了几个常用的文件读写函数,下面一一介绍。
open()函数:创建一个用于写入或者读取的文件输入输出对象。它的常用参数有两个,一个用于定义你要打开或者创建的文件名（如上例中的"hello.inp"），另一个是用来指定打开模式的参数（如上例中的'w'）。

> ◆ Tips：
>
> w 表示写入，r 表示读取（默认设置），a 表示续写；b 表示以二进制形式打开文件，t 表示以文本形式打开（默认设置）；+ 表示打开一个文件用于更新，而用 w 参数后新生成的文件会直接覆盖原来的同名文件。
>
> open（）函数创建或者打开文件失败时会抛出一个错误对象（IOError）方便我们处理文件读写过程的异常情况。

writelines（）函数：输入输出对象的成员函数，用来写入要记录的文件内容。

> ◆ Tips：
>
> 要写入的内容必须在合适的位置加入合适的换行符号（\n）来标示一行的结束。

readlines（）函数：输入输出对象的成员函数，用来读取对应对象文件中的内容到一个列表中。读取后可以单独操作列表来解析文件内容。

> ◆ Tips：
>
> readlines 有一个可选参数 [num] 来控制所要读取的行数。另外 Python 也提供了逐行读取的函数 readline，每次只读取一行内容，读完后自动将读取点移到下一行便于下一行读取。

Close（）函数：每次打开一个文件操作完毕后都要将其关闭掉。

通过这个例子可以看出文件操作的大概流程为：使用 open 函数建立输入输出对象，进行读取或者写入的操作，完成后关闭对象。

> ◆ Tips：
>
> IO 模块还提供了许多不同的文件操作函数，上面介绍的是最常用的几个，其他如 seek 和 tell 函数可以查阅 Python documentation。

有了上面的这个例子作为入门的介绍后，我们提出一个 Abaqus 中常常会遇到的问题：CAE 中不支持的关键字需要手动添加。如果这个工作需要重复做很多次（比如在优化设计的时候），这时 Python 就可以帮上忙。比如下面的这个程序就可以将 CAE 中不支持的关键字 *Map Solution 以及相应的数据写入文件形成一个完整的 INP。具体流程如下所示：

（1）创建 IO 对象 f1 用于读取标准 INP 文件。
（2）创建 IO 对象 f2 用于写入修改后的 INP 文件。
（3）读取 f1 中一行数据，先写入 f2，然后判断是否要在该位置处加入 Map 关键字，如是则写入 Map 关键字和其对应数据行。
（4）循环 c 过程直到 f1 中数据读完为止，分别关闭 IO 对象 f1 和 f2。

使用 Python 实现上面的流程可以写出如下程序：

case_8_2.py

```
1    # -*- coding: utf-8 -*-
2    """this is a example for chapter 8 file and dir"""
3    from sys import *
4    from re import *
5
6    inpName='Tensile'
```

```
7   inpName1=inpName+'.inp'
8   f1=open(inpName1,'r')
9   newName='Map_'+inpName1
10  f2=open(newName,'w')
11  s1=f1.readlines()
12  for s in s1:
13      f2.write(s)
14      ss=s.split()
15      if len(ss)>=2:
16          if (ss[0]=='*End')&(ss[1]=='Assembly'):
17              translate_Y=12.0
18              translate_vector='0.0,'+str(translate_Y)+',0.0'+'\n'
19              f2.write('*Map solution\n')
20              f2.write(translate_vector)
21  f1.close()
22  f2.close()
23  #os.remove(inpName1)
```

上面程序最关键的部分在于如何判断当前位置是否应该加入 map solution 关键字。查看 Abaqus 帮助文档我们可以发现，map solution 关键字一般出现在 *End Assembly 的后一行，因此只需要判断当前行是否为 *End Assembly 即可。

------ ◆ Tips：------

对于一些比较简单的模型，我们不一定需要使用 CAE 的建模功能，我们只需要利用现有的 INP 文件来进行修改得到新的 INP 文件，就可以完成建模的过程了。想象一下简单单轴拉伸试验的模拟过程，如果要考虑试件中间小缺口对结果的影响，当要求不是很精细的时候，我们完全可以通过修改理想的 INP 文件中局部的节点坐标来实现带缺口的 INP 模型的建立。具体可以参考所附程序 createNock.py。

对于工程师，处理数据是一项必修课，目前最便捷同时使用最广泛的数据处理软件可能就数 Excel，为了便于与 Excel 进行数据交换，csv 格式的文件是不错的选择，而 Python 标准库中也提供 csv 模块来进行 csv 文件的读写，作者仅仅给出简单实例介绍（见附件中的 case_8_3.py），具体的一些函数用法可以参看 Python documentation。

case_8_3.py

```
1   # -*- coding: utf-8 -*-
2   """this is a example for chapter 8 file and dir"""
3   import csv
4   # 创建文件 hello.csv 并写入内容
5   Wfile=file("hello.csv", "wb")
6   csvW=csv.writer(Wfile)
7   tempStrs=[['hello'], ['CAEer'], ['You', 'are', 'not', 'alone!']]
8   for str in tempStrs:
9       csvW.writerow(str)
10  Wfile.close()
11
12  # 读取文件 hello.csv 并打印在屏幕上
13  Rfile=file("hello.csv", "rb")
14  csvR=csv.reader(Rfile)
15  for str in csvR:
16      for item in str:
17          print item
18  Rfile.close()
```

8.2 目录操作

了解了如何读写文件以后，我们现在面临一个新问题：如何对特定的目录进行相应的操作。在 Python 中目录操作有标准库 os 和 os.path，下面我们看看如何使用这个库读取一个目录下的所有子目录或者文件，并把它们记录在当前目录下的文件 dir.txt 中（见附件中的 case_8_4.py）。

case_8_4.py

```
1    # -*- coding: utf-8 -*-
2    """this is a example for chapter 8 file and dir"""
3    import os
4    import os.path
5    # 显示当前文件所在的目录
6    currdir=os.getcwd()
7    print type(currdir)
8    print 'Current work dir is: '+currdir
9    fatherdir=os.path.dirname(currdir)
10   print 'Father dir is: '+fatherdir
11   # 列出当前文件上一级目录下的文件和目录
12   # 并将信息记录到文件 dir.txt 中
13   f=open('dir.txt','w')
14   infor=os.listdir(fatherdir)
15   fileNum=0
16   dirNum=0
17   for item in infor:
18       tempdir=os.path.join(fatherdir,item)
19       if os.path.isdir(tempdir):
20           dirNum=dirNum+1
21           tempStr='dir: '+tempdir+'\n'
22           f.writelines(tempStr)
23       elif os.path.isfile(tempdir):
24           fileNum=fileNum+1
25           tempStr='file: '+tempdir+'\n'
26           f.writelines(tempStr)
27   tempStr1='you get '+str(dirNum)+' dirs in the path.\n'
28   tempStr2='you get '+str(fileNum)+' files in the path.\n'
29   f.writelines(tempStr1)
30   f.writelines(tempStr2)
31   f.close()
```

程序执行的结果为：

```
---------- Python ----------
<type 'str'>
Current work dir is: E:\快盘\我的资料\MyBook\PythonBook\BookScripting\chapter8
Father dir is: E:\快盘\我的资料\MyBook\PythonBook\BookScripting
```

执行完后 dir.txt 文件中所写入的信息如下：

```
dir: E:\快盘\我的资料\MyBook\PythonBook\BookScripting\chapter1
dir: E:\快盘\我的资料\MyBook\PythonBook\BookScripting\chapter2
dir: E:\快盘\我的资料\MyBook\PythonBook\BookScripting\chapter3
dir: E:\快盘\我的资料\MyBook\PythonBook\BookScripting\chapter4
dir: E:\快盘\我的资料\MyBook\PythonBook\BookScripting\chapter5
dir: E:\快盘\我的资料\MyBook\PythonBook\BookScripting\chapter6
```

```
dir: E:\快盘\我的资料\MyBook\PythonBook\BookScripting\chapter7
dir: E:\快盘\我的资料\MyBook\PythonBook\BookScripting\chapter8
dir: E:\快盘\我的资料\MyBook\PythonBook\BookScripting\tools
you get 9 dirs in the path.
you get 0 files in the path.
```

> ◆ Tips：
>
> 不同目录下执行该程序会返回不同的结果

上面这个例子使用了最常用的目录操作函数，下面一一介绍。

os.getcwd 函数：返回当前的工作目录。

> ◆ Tips：
>
> 注意上面程序中作者使用 type（）函数显示了 os.getcwd（）所返回的目录的类型，结果为 <type 'str'> 可见 Python 中的目录其实就是一个字符串，了解了这一点我们就可以自己写目录了。比如字符串 E:\MyBook\PythonBook\BookScripting\chapter6 就可以表示一个 chapter6 的文件或者目录的路径。但是由于 Windows 和 Linux 系统下对于路径使用了不同的分隔符（linux 使用 "/"，而 Windows 为 "\"），为了程序的跨平台性能，在写程序的时候就要考虑统一情况。

os.path.dirname 函数：返回指定目录或者文件的上一级目录的路径，比如

```
os.path.dirname('E:\MyBook\PythonBook\BookScripting\chapter6') 返回
E:\MyBook\PythonBook\BookScripting
```

> ◆ Tips：
>
> os.path.dirname() 是用来从文件路径中分离出文件所在的目录的，但是也可以被用来获得一个目录路径的上一级目录的路径，实质上是将路径中最后一个目录看成文件名来分离。
>
> ```
> os.path.dirname('E:\\MyBook\\PythonBook\\BookScripting\\chapter6') 返回路径
> E:\MyBook\PythonBook\BookScripting
> os.path.dirname('E:\\MyBook\\PythonBook\\BookScripting\\chapter6\\') 返回路径
> E:\MyBook\PythonBook\BookScripting\chapter6
> ```
>
> 因此必须正确使用该函数。另外还有一个函数可以获得类似的功能：os.path.split() 函数，他本意是用来分离出目录和文件名，返回一个元组。如果完全使用目录作为参数，与 dirname 相同它也会将最后一个目录作为文件名而分离，同时它不会判断文件或目录是否存在（从这一点判断这两个函数的原理是字符串的分解）。

os.listdir 函数：以列表的形式列出给定目录下的所有子目录和文件名称。

> ◆ Tips：
>
> 还有一个功能更为强大的函数 os.walk()，它可以逐级将该目录下的所有文件找出，返回一个迭代器 [(root,dir,file),(root,dir,file)...]，其中 root 以字符串形式存放所考察的目录，dir 以列表形式存放 root 表示目录下的子目录名，而 file 则是列表，存放 root 表示目录下的文件名称。

os.path.join 函数：将所给的目录和文件名重新组合成一个完整的路径，无论在 Linux 系统或者 Windows 系统下，使用此函数都可以得到正确的路径的表示方式。

os.path.isdir 函数：用来判断所给定的路径所指的目标是不是一个文件夹，是文件夹则返回 true，否则返回 false。

os.path.isfile 函数：与 os.path.isdir 函数类似，用来判断所给定的路径所指的目标是不是一个文件，是文件则返回 true，否则返回 false。

❖ Quiz：

有了上面这个例子，读者可以尝试写一个函数用来把指定目录下的所有文件信息记录到一个文本文件中，相当于给自己的工作做一个索引，方便以后了解某个项目的文档信息，如果想要更好的话，可以加上文件修改信息等。

再举一个例子，用 Python 处理 Abaqus 工作目录下的文件：每次运行 Abaqus CAE 或者提交计算以后，工作目录下都会形成需要文件，而大多时对 CAE 工程师值得保留的也就只有 .cae/.inp/.odb/.fil 等数据文件，其他文件隔一段时间就需要清除一次。下面的程序可以实现这样的功能。

case_8_5.py

```
1   # -*- coding: utf-8 -*-
2   """this is a example for chapter 8 file and dir"""
3   import os
4   import os.path
5   import shutil
6
7   targetStr='D:/abaqus_workspace/tire_project'
8   # 显示当前工作目录
9   currdir1=os.getcwd()
10  print 'Current work dir before change is: '+currdir1
11  # 显示切换后的工作目录
12  os.chdir(targetStr)
13  currdir2=os.getcwd()
14  print 'Current work dir after change is: '+currdir2
15
16  # 清理当前文件夹，清理信息记录入 record.txt 文件
17  # 删除 .dat,.sta,.msg,.log,.rpy,.prt,.sim,ipm 文件
18  # 移动 inp,odb,cae,fil 文件到新建的文件夹 test 中。
19  newDir=os.path.join(currdir2,'test')
20  try:
21      os.mkdir(newDir)
22  except:
23      print 'directory "test" already exist!'
24  infor=os.listdir(currdir2)
25  f=open('record.txt','w')
26  for item in infor:
27      tempdir=os.path.join(currdir2,item)
28      extStr=os.path.splitext(item)[1]
29      if os.path.isfile(tempdir):
30          if extStr=='.inp' or extStr=='.cae' or extStr=='.odb' or extStr=='.fil':
31              shutil.move(tempdir,newDir)
32              tempStr='file '+item+' moved!\n'
33          else:
34              try:
35                  os.remove(tempdir)
36                  tempStr='file '+item+' deleted!\n'
37              except:
38                  tempStr='record.txt '+' remained for search!\n'
```

```
39        f.writelines(tempStr)
40    f.close()
```

上面程序的流程可以用下面的伪代码表示。

（1）设定要清理的文件夹路径。

（2）修改当前工作目录并创立用于备份的新文件夹。

（3）读取当前工作目录下文件和目录信息。

（4）对文件列表遍历操作：如果当前对象是文件则进行 e 步骤，否则分析下一个文件。

（5）如果分析对象扩展名为 inp、odb、cae、fil 之一则将文件移动到备份文件夹，否则删除；记录操作信息到日志文件中。

（6）关闭 IO 对象。

程序 case_8_5 中除了用到前几章我们所讲过的流程控制，异常处理，还用到了目录操作的几个函数。

os.chdir（path）用来改变当前的工作目录，如果从某一个位置直接运行脚本程序，常常需要改变工作目录，这样可以方便地使用相对路径来进行文件操作。

os.mkdir（path）以所给的 path 创建对应的目录。

os.path.splitext（path）可以把文件名和文件扩展名分离，返回（文件名，扩展名）。

os.remove（path）删除指定文件，当所给的 path 指向一个目录的时候这个函数会抛出一个异常 OSError，这种情况需要使用 os.rmdir(path) 来删除目录。

◆ Tips：

当某些情况，比如目录不存在或者权限问题会导致 mkdir 函数创建新文件夹失败，抛出异常，这个时候需要处理异常，使得程序更健壮。remove 函数在不能成功删除文件时也会抛出异常，同样需要处理。

---

shutil.move(tempdir,newDir)，这个是 Python 提供的对文件和目录操作的高级库中的移动文件函数，tempdir 表示初始文件或者目录，newDir 表示目标路径。

◆ Tips：

当 newDir 下存在同名文件时，新文件会直接覆盖旧文件，move 函数起到了重命名的作用。当 tempdir 表示的是一个目录时，tempdir 下面的所有目录和文件都会被递归的移动到目标路径下。

8.3 文件的压缩和备份

日常工作中，定期做文件清理可以帮助我们留下有用信息删除无用文件，然而如果项目结束或者阶段性结题后常常需要将文件备份在合适的位置，这个时候同一个项目的数据文件常常要使用压缩的手段来存储；另一方面，Abaqus 计算完后生成的各种文件要保留的时候，先压缩再存储是一个不错的选择。这一小节中我们试图通过一个例子介绍 Python 中所提供的文件压缩库的使用。Python 提供了两个处理文件压缩与解压的标准库：tarfile 和 zipfile，前者主要处理 .tar、.gz 等在 Linux 下常用的压缩文件格式（Windows 下同样可用），后者则是我们平时常见的 zip 压缩文件，我们对待 zip 压缩文件的时候甚至不需要安装解压软件，因为 Windows 中已经集成了对 zip 文件的支持。下面作者就以 zipfile 库的使用来介绍如何使用 Python 压缩保存文件。

我们的目标是把当前目录下的所有文件压缩到 test.zip 文件中去，具体的程序如下：

case_8_6.py

```python
1   # -*- coding: utf-8 -*-
2   """this is a example for chapter 7 file and dir"""
3   import os
4   import os.path
5   import zipfile
6   
7   # 获得当前工作目录
8   currdir=os.getcwd()
9   # 压缩目录下所有文件，生成压缩文件 test.zip
10  infor=os.listdir(currdir)
11  print 'Before compressed'+str(infor)
12  newDir=os.path.join(currdir,'test')
13  zipName=os.path.join(newDir,'test.zip')
14  try:
15      os.mkdir(newDir)
16  except:
17      print 'directory "test" already exist!'
18  f = zipfile.ZipFile(zipName, 'w' ,zipfile.ZIP_DEFLATED)
19  for item in infor:
20      tempdir=os.path.join(currdir,item)
21      if os.path.isfile(tempdir):
22          f.write(item)
23  f.close()
24  f=zipfile.ZipFile(zipName)
25  f.extractall(newDir)
26  print 'After compressed'+str(os.listdir(newDir))
27  f.close()
```

程序执行的输出结果为：

```
---------- Python ----------
Before compressed['case_8_1.py', 'case_8_1WiNu.txt', 'case_8_2.py', 'case_8_2.py.bak',
'case_8_2WiNu.txt', 'case_8_3.py', 'case_8_3WiNu.txt', 'case_8_4.py', 'case_8_4WiNu.txt',
'case_8_5.py', 'case_8_5.py.bak', 'case_8_5WiNu.txt', 'case_8_6.py', 'case_8_6WiNu.txt',
'createNock.py', 'dir.txt', 'hello.csv', 'hello.inp', 'Map_Tensile.inp', 'Nock_Tensile.inp',
'Tensile.inp']
    After compressed['case_8_1.py', 'case_8_1WiNu.txt', 'case_8_2.py', 'case_8_2.py.bak',
'case_8_2WiNu.txt', 'case_8_3.py', 'case_8_3WiNu.txt', 'case_8_4.py', 'case_8_4WiNu.txt',
'case_8_5.py', 'case_8_5.py.bak', 'case_8_5WiNu.txt', 'case_8_6.py', 'case_8_6WiNu.txt',
'createNock.py', 'dir.txt', 'hello.csv', 'hello.inp', 'Map_Tensile.inp', 'Nock_Tensile.inp',
'Tensile.inp', 'test.zip']
```

可以看出压缩和解压出来的文件列表一模一样，下面我们介绍程序中的几个关键类和函数。

zipfile.ZipFile(file[, mode[, compression[, allowZip64]]]) 是 ZipFile 类的构造函数，返回一个 ZipFile 对象实例。file 为压缩文件的名称；mode 可以选 r（表示读取现有 zip 文件）或者 w（表示生成新 zip 文件）或者 a（表示向现有 zip 文件中添加新文件）；compression 可以选择 ZIP_STORE（表示不压缩）或者 ZIP_DEFLATED（表示压缩）；allowZip64 为 64 位压缩标识，只有当文件大于 2G 时使用 allowZip64=true，其他都可以采用默认值 false。

ZipFile.extractall([path[, members[, pwd]]]) 是最简单的解压函数，将文件解压到指定的目录 path 下面。可以使用 members 来指定要解压出的文件名，而 pwd 是解压密码，如果需要的话。

◆ Tips:

zip 压缩文件是包含被压缩文件的目录信息的，如果在压缩的时候指定文件的目录，那么解压的文件也会解压到相应的目录下，此时如果操作不当可能会覆盖原有文件或者目录，因此用 Python 解压 zip 文件需要小心。

Python 库中提供了提取单个文件的函数：ZipFile.extract(member[, path[, pwd]])，用法与 extratall 类似，只不过需要指定要解压文件的名称。

8.4 综合实例

至此，我们了解了文件读取、目录操作以及文件压缩解压的基本知识，下面我们利用前面讲的函数来自动实现项目完成后文件的备份工作：当项目完成后，对于项目文件夹中的文件，自动分类压缩存放，.docx 和 .pptx 文件压缩放入 report 文件夹；.csv、.dat、.xlsx 压缩放入 datas 文件夹；.inp 和 .cae 文件压缩放入 models 文件夹；.txt 文件放入 other 文件夹。

程序用伪代码表示应该为：
（1）指定项目文件夹和要备份的文件的扩展名。
（2）建立备份文件夹 reports，models，datas 和 others。
（3）用 os.walk 遍历文件夹下每一个文件判断其应该归入的类别，复制文件到对应文件夹，添加该文件到压缩包并记录压缩日志到记录文件中。
（4）关闭日志文件和压缩包使其数据保存到磁盘上。

具体的程序如 case_8_7.py 所示：

case_8_7.py

```
1   # -*- coding: utf-8 -*-
2   import os
3   import os.path
4   import shutil
5   import zipfile
6   """this is a example for chapter 7 file and dir"""
7   #定义项目备份函数
8   def proBaker(bpath,blist):
9       targetDir=os.path.normpath(bpath)
10      (upDir,proName)=os.path.split(targetDir)
11      dirName=proName+'_bak'
12      bakDir=os.path.join(upDir,dirName)
13      modelDir=os.path.join(bakDir,'Models')
14      reporDir=os.path.join(bakDir,'reports')
15      datasDir=os.path.join(bakDir,'datas')
16      otherDir=os.path.join(bakDir,'others')
17      #下面几行用来建立用于存放有用文件的目录
18      #bakDir 和其子目录 modelDir, reporDir
19      try:
20          os.mkdir(bakDir)
21      except:
22          pass
```

```
23      try:
24          os.mkdir(modelDir)
25      except:
26          pass
27      try:
28          os.mkdir(reporDir)
29      except:
30          pass
31      try:
32          os.mkdir(datasDir)
33      except:
34          pass
35      try:
36          os.mkdir(otherDir)
37      except:
38          pass
39      newDirs=[modelDir,reporDir,datasDir,otherDir]
40      inforName=os.path.join(bakDir,proName+'.txt')
41      zipName=os.path.join(bakDir,proName+'.zip')
42      # 生成索引文件 finfor 和 zip 压缩文件。
43      finfor=open(inforName,'w')
44      newZip=zipfile.ZipFile(zipName,'w')
45      for root,dirs,files in os.walk(targetDir):
46          for file0 in files:
47              fileExten=os.path.splitext(os.path.basename(file0))[1][1:]
48              for i in range(len(blist)):
49                  if blist[i].count(fileExten)>0:
50                      # 判断成立时将当前文件需要备份到目标目录并添加到压缩文件
51                      filePath=os.path.join(root,file0)
52                      shutil.copy(filePath,newDirs[i])
53                      newPath=os.path.join(newDirs[i],file0)
54                      finfor.writelines('zip:'+newPath+'\n')
55                      newZip.write(newPath)
56      finfor.close()
57      newZip.close()
58
59  if __name__=="__main__":
60      targetDir=os.getcwd()
61      saveList=(('inp','py'),('pptx','docx'),('fil','xlsx','csv'),('txt'))
62      proBaker(targetDir,saveList)
```

这个例子中使用了异常处理语句来处理文件夹建立失败的情况。而 list 中的内置函数 count() 被用来判断当前文件的扩展名 fileExten 是不是出现在需要备份的扩展名列表中。因为在项目文件备份时常常会涉及移动压缩文件,所以当指定项目目录下文件很多或者很大的时候,运行速度会比较慢,读者需要根据情况使用。

◆ Tips:

注意作者将这个功能以函数的形式实现,方便在其他程序中调用这个函数(程序开头 import projectBaker 后就可以使用 projectBaker.proBaker() 调用自己的函数)。

第9章 异常处理

我们来看如下的程序段：
```
IDLE 2.7.9
>>> f = open(r'C:\Python27\3x.py')# 脚本 1

Traceback (most recent call last):
  File "<pyshell#3>", line 1, in <module>
    f = open(r'C:\Python27\3x.py')
IOError: [Errno 2] No such file or directory: 'C:\\Python27\\3x.py'
>>> a = 1/0# 脚本 2

Traceback (most recent call last):
  File "<pyshell#4>", line 1, in <module>
    a = 1/0
ZeroDivisionError: integer division or modulo by zero
```

上面两句代码都没有顺利执行，从上面给出的提示我们知道发生某些错误阻止了程序的进一步执行。Python 解释器给出了一些提示，让我们可以方便地了解发生错误的原因。比如脚本 1 尝试使用 open() 函数来打开一个文件，运行后提示 IOError：找不到对应的文件或者目录；而脚本 2 的错误提示为 ZeroDivisionError：整数除法或者求余时除数为零。

上面我们所遇到就是我们这一章节要说的 Python 中的"异常"。一般 Python 程序中遇到错误时的流程可能会是这样的：程序执行 -- 发生错误 -- 停止执行 -- 抛出提示信息（也就是"异常"）-- 处理异常。因此，异常实际上是用来标识错误的发生而方便后续处理的一种信息机制。

Python 中使用 try[-except-else-finally] 的语句进行异常的捕获和处理。关键字 try 后的程序块都会被检测是否有异常发生；except 是用来描述针对检测到的某种异常的处理方式，因为 try 后的程序块可能引发多个异常，因此可以存在多个 except 语句与之对应来逐个处理；else 后的语句在程序段没有捕获任何异常时执行，而 finally 后的语句是总要执行的。

- try, else, finally 关键字后都是紧跟一个冒号。
- except 关键字的使用方法为：except ExceptionType[, variable]，它表示捕获对应的 try 语句块中抛出的类型为 ExceptionType 的异常，并将该异常对象保存在变量 variable 中。

下面给出一个简单的异常处理的例子。

case_9_1.py
```
1    # -*- coding: utf-8 -*-
2    """this is a example for chapter 9 """
3    try:
4        f = open(r'C:\Python27\3x.py')
5        a = 1/0
6    except IOError, e1:
```

```
 7       print 'IOError: Fail to open the file. ', e1
 8  except ZeroDivisionError, e2:
 9       print 'ZeroDivisionError: Fail to do math operation. ', e2
10  else:
11       print 'This is else block'
12  finally:
13       print 'End of programm'
```

程序的输出结果为：

```
---------- Python ----------
IOError: Fail to open the file.  [Errno 2] No such file or directory: 'C:\\Python27\\3x.py'
End of programm
```

从 case_9_1.py 可以看出异常处理过程的基本方法。

第 6 ~ 7 行，使用 except 语句来处理 try 语句块中可能引发的 IOError 异常，并将该异常对象保存在变量 e1 中，然后使用 print 表达式输出提示信息和 e1 的内容。

第 8 ~ 9 行，完成类似的功能。

第 4 行的文件打开语句和第 5 行的数学运算语句都处在 try 语句块中，从结果来看似乎只有打开文件的语句（第 4 行）的错误被捕获了。这是因为 Python 解释器在遇到第 1 个抛出的异常后就停止了 try 语句块的继续执行而转向异常捕获语句 except。如果将第 4 行和第 5 行顺序调换，那么输出结果就会变成下面这样的：

```
---------- Python ----------
ZeroDivisionError: Fail to do math operation.  integer division or modulo by zero
End of programm
```

这里为了对比，我们再给出一个使用 try-finally 的程序段，来说明 try-finally 的用法。

case_9_2.py

```
1  # -*- coding: utf-8 -*-
2  """this is a example for chapter 9 """
3  try:
4       print 'I am in try block'
5       f = open(r'C:\Python27\3x.py')
6  finally:
7       print 'End of programm'
```

程序的输出结果如下：

```
---------- Python ----------
I am in try block
End of programm
Traceback (most recent call last):
  File "case_9_2.py", line 5, in <module>
    f = open(r'C:\Python27\3x.py')
IOError: [Errno 2] No such file or directory: 'C:\\Python27\\3x.py'
```

可以看出由于没有 except 语句，该程序中的 IOError 异常没有被处理，还是传递给了 Python 解释器，但是程序顺利运行了 finally 语句块中的程序段。

知道了如何检测和处理异常，现在我们最主要的问题就是 Python 中到底提供了哪些异常类型呢？

9.1 Python 中常见的异常

Python 中的每个异常都是某种特殊类的实例对象。BaseException 是所有异常的父类，其他异常都继承其的成员对象和方法。表 9-1 给出的是 Python 2.6 中内置的异常对象和其继承关系，每一次缩进都表示一层继承关系。

表9-1 Python2.7内置的异常及其继承关系

```
BaseException
 +-- SystemExit
 +-- KeyboardInterrupt
 +-- GeneratorExit
 +-- Exception
     +-- StopIteration
     +-- StandardError
     |   +-- BufferError
     |   +-- ArithmeticError
     |   |   +-- FloatingPointError
     |   |   +-- OverflowError
     |   |   +-- ZeroDivisionError
     |   +-- AssertionError
     |   +-- AttributeError
     |   +-- EnvironmentError
     |   |   +-- IOError
     |   |   +-- OSError
     |   |       +-- WindowsError (Windows)
     |   |       +-- VMSError (VMS)
     |   +-- EOFError
     |   +-- ImportError
     |   +-- LookupError
     |   |   +-- IndexError
     |   |   +-- KeyError
     |   +-- MemoryError
     |   +-- NameError
     |   |   +-- UnboundLocalError
     |   +-- ReferenceError
     |   +-- RuntimeError
     |   |   +-- NotImplementedError
     |   +-- SyntaxError
     |   |   +-- IndentationError
     |   |       +-- TabError
     |   +-- SystemError
     |   +-- TypeError
     |   +-- ValueError
     |       +-- UnicodeError
     |           +-- UnicodeDecodeError
     |           +-- UnicodeEncodeError
     |           +-- UnicodeTranslateError
```

SystemExit 和 KeyboardInterrupt 都是程序运行时程序与用户进行交互时的正常停止；GeneratorExit 是程序自身函数引发的异常，并非程序编写或者使用错误导致的；StopIteration 是在迭代达到末尾时程序给出的停止迭代标识，也并非程序的异常情况。一般情况下，只有 StandardError 都是由于程序设计的错误导致的异常情况，它们可以导致程序执行的异常停止和退出，因此需要我们在进行程序设计时就认真分析处理可能出现的错误。

为了更清楚地了解各个不同异常的含义我们下面就几个常见的内置异常类型进行简单的介绍，如表9-2所示。

表9-2　Python 2.6常见异常及其介绍

Exception	常规错误的基类
StandardError	所有的内建标准异常的基类，是Exception的子类
ArithmeticError	所有数值计算错误的基类，是Exception的子类
IndexError	序列中没有此索引
KeyError	映射中没有这个键
TypeError	对类型无效的操作
ValueError	传入无效的参数
IndentationError	缩进错误
SyntaxError:	程序中语法错误导致的异常
IOError	输入、输出操作失败

既然有如此多的异常类型，那么捕获时我们应该如何选择呢？原则就是尽可能精确，只有精确确定异常的种类，我们才能给出合适的异常处理方法。如果要捕获的异常之间存在继承关系就必须将捕获父类的except语句块放在捕获子类的except语句块之后，否则捕获父类的except语句会截获所有子类的异常，case_9_3.py就是这样一个例子。

case_9_3.py

```
1    # -*- coding: utf-8 -*-
2    """this is a example for chapter 9 """
3    try:
4        f = open(r'C:\Python27\3x.py')
5        a = 1/0
6    except StandardError, e:
7        print 'StandardError: ', e
8    except IOError, e1:
9        print 'IOError: Fail to open the file. ', e1
10   except ZeroDivisionError, e2:
11       print 'ZeroDivisionError: Fail to do math operation. ', e2
12   else:
13       print 'This is else block'
```

程序的输出结果如下：

```
---------- Python ----------
StandardError:  [Errno 2] No such file or directory: 'C:\\Python27\\3x.py'
End of programm
```

从运行结果可以看出在case_9_1.py中被捕获的IOError，在case_9_3.py中被其父类StandardError所取代。此时我们就不能从异常的种类来判断可能出问题的语句，更甚至于忽略了某些重要的错误信息。

9.2　自定义异常

前面我们提到了Python内置的异常类型，那么对于一些特殊的需求我们也可以使用class关键字定义自己的异常类。Python中所有自定义异常类型都必须继承自Exception或者其子类。比如使用Abaqus/Python

语言打开一个不存在的 ODB 文件时就会引发一个 OdbError，这个实际上就是达索公司自己定义的异常类型。下面我们尝试定义自己的异常类型。

case_9_4.py

```
1   # -*- coding: utf-8 -*-
2   """this is a example for chapter 9 """
3   class FEMError(StandardError):
4       FEMErrorNum = 0
5       def __init__(self, FEMError_name=None, FEMError_message=None):
6           self.FEMError_name = FEMError_name
7           FEMError.FEMErrorNum = FEMError.FEMErrorNum + 1
8           self.FEMError_message = FEMError_message
9       def __str__(self):
10          if self.FEMError_message!=None and self.FEMError_name!=None:
11              temp = '[FEMno'+str(FEMError.FEMErrorNum)+'] ' + \
12                  self.FEMError_message + ' in: ' + self.FEMError_name
13          else:
14              temp = ''
15          return temp
16  if __name__=='__main__':
17      myError = FEMError('wireDrawing', 'Boundary conflict detected!')
18      print myError
```

上面的例子里面给出的基本上和 Python 自定义的异常类相似：提供了异常的来源 FEMError_name，提示信息 FEMError_message。

第 9 ~ 15 行，覆盖了 Python 原始基类 object 的 __str__() 函数，因为对于非字符串类型对象，使用 print 表达式的时候需要先调用该对象的 __str__() 函数将对象的主要信息包装在一个字符串中然后再输出到屏幕上。如果不覆盖该方法，第 15 行程序的输出将为空。

第 16 ~ 18 行，使用模块的变量 __name__ 来判断程序的执行方式（直接运行时 __name__='__main__'，而通过 import 导入时 __name__ 为模块的名称这里就是 case_9_4），然后把主程序放入 if 判断语句后，保证从其他程序导入使用该模块时不需要执行这一部分语句。

通过上面这几行代码，我们就完成了一个自定义异常类的大部分功能。当我们使用 Python 开发一个简单的有限元程序，这个异常类就可以发挥自己的作用。

9.3 使用异常

到目前为止我们所得到的异常都是当程序执行时错误引发的由 Python 解释器抛出的。我们有时候也需要自己抛出异常来起一些提示作用，这个时候需要用到关键字 raise。下面我们就通过一个例子来介绍 raise 的两种基本用法。

（1）raise Exception 抛出一个没有初始化参数的异常实例对象。
（2）raise Exception, args 抛出一个使用 args 参数初始化的异常实例对象。

case_9_5.py

```
1   # -*- coding: utf-8 -*-
2   """this is a example for chapter 9 """
3   from case_9_4 import FEMError as FEEr
```

```python
4
5    class FE_Model(object):
6        def __init__ (self, node=None, element=None, BC=None):
7            self.node = node
8            self.element = element
9            self.BC = BC
10       def checkNode (self):
11           if self.node==None:
12               raise FEEr, ('myFEM', 'Miss nodes file')
13           else:
14               return 1
15       def checkElement (self):
16           if self.element==None:
17               raise FEEr, ('myFEM', 'Miss elements file')
18           else:
19               return 1
20       def checkBC (self):
21           if self.BC==None:
22               raise FEEr
23           else:
24               return 1
25       def solve (self):
26           pass
27   if __name__=='__main__':
28       f1 = FE_Model(element='eles.inp')
29       try:
30           f1.checkNode()
31       except FEEr, e:
32           print 'FEMError found! ', e
33       try:
34           f1.checkBC()
35       except FEEr, e:
36           print 'FEMError found! ', e
37       finally:
38           print 'End of programm!'
```

程序输出结果如下:

```
---------- Python ----------
FEMError found!  [FEMEno1] Miss nodes file in: myFEM
FEMError found!
End of programm!
```

第 3 行, 使用 from module import class as newName 来导入我们在 case_9_4.py 中所定义的异常类 FEMError, 并记为 FEEr。

第 5 ~ 26 行, 程序定义了一个可能会抛出异常的类 FE_Model。FE_Model 的成员函数 checkNode() 中使用了 raise FEEr, ('myFEM', 'Miss nodes file') 来抛出异常的实例对象。其中, FEEr 是我们定义的异常类, 而 ('myFEM', 'Miss nodes file') 是为该异常提供的初始化参数; 而在成员函数 checkBC() 中使用 raise FEEr 来抛出一个没有任何初始化参数的异常实例对象。

第 27 ~ 38 行, 使用 __name__ 来判断程序的执行方式, 然后把要执行的程序段放入 if 语句块中, 这样方便后续程序将 case_9_5.py 导入使用而不用执行 if 语句块中的程序段。

从程序的输出结果也可以看出，checkNode() 函数抛出异常对象 e 捕获后打印的信息中提供了详细的异常提示；而 checkBC() 函数抛出的异常 e 中由于没有初始化参数，因此不包含任何提示信息。

9.4 再看异常处理的作用

Python 所提供的异常处理机制，是为了更好地发现并处理潜在的错误而存在的，利用这一手段来忽略所有潜在错误的做法都是不可取的。

case_9_6.py

```
1   # -*- coding: utf-8 -*-
2   """this is a example for chapter 9 """
3   try:
4       f = open(r'C:\Python27\3x.py')
5       a = 1/0
6   except:
7       pass
8   finally:
9       print 'End of programm!'
```

case_9_6.py 中使用 except+pass 语句忽略了所有可能抛出的异常。无论 try 语句块中发生了什么样的错误，这种做法都可以保证程序顺利地运行，但是却违反了异常处理的本意，可能会导致不可预测的程序结果。

第10章 常用Python扩展模块介绍

Python 标准模块提供了大量的最基本的函数和类，使用者利用它们可以完成几乎所有的自定义模块，实现特殊的功能。这些自定义的模块就都可以被称为第三方库。Python 是开源软件的代表之一，延续 Python 的思想，目前有许多个人或者组织将自己实现的模块贡献出来供他人使用，这其中不乏许多优秀的模块。这一章节我们会对目前最流行的几个 Python 第三方库做个简单的介绍。在介绍之前，我们先说明一下第三方库的安装方法。

对于使用 Windows 的用户，安装第三方库也十分简单，和安装程序没有区别。我们需要做的就是先将 Python 标准程序安装好，然后再从这些第三方库的官方网站下载其编译好的 Windows 安装包，双击安装即可。

对 64bit 系统，许多第三方包没有提供 Windows 下可执行的 64bit 打包程序。推荐使用 Python 第三方包管理工具：pip。从网站 https://pip.pypa.io/en/latest/ 下载安装文件 get-pip.py，运行该文件即可完成安装。此时在 CMD 命令行下键入：pip help 即可获得 pip 命令的使用方法。

下载需要安装的包文件[①]（推荐 WHEEL 压缩格式），使用 CMD 命令行切换到安装文件目录下，然后键入：pip install 包文件。Pip 管理器会自动识别当前电脑上 Python 主程序的安装位置，然后将第三方库文件安装到特定的位置：一般是 Python 安装目录 \Lib\site-packages[②]。

图10-1　默认安装下Abaqus-Python系统路径

> ◆ Tips：
>
> Abaqus6.14 不支持 32bit 系统，其使用的 Python 编译器经过达索公司的定制之后，部分第三方库不能很好地兼容，比如 scipy 和 matplotlib。
>
> 如果需要在 Abaqus 自带的 Python 解释器中使用第三方库，可以尝试如下两个方法：
>
> （1）最简单的方法就是修改 Abaqus-Python 的系统路径：

---

① 推荐 http://www.lfd.uci.edu/~gohlke/Pythonlibs/，这里都是编译好的 Windows 安装包。
② 还记得我们在第 7 章讲模块时查看的 sys.path 变量的内容吗？其记录的就是 Python 解释器查找模块时的默认路径，一般第三方库安装时都会修改这一变量来确保 Python 解释器可以顺利地找到它。

打开 Abaqus command，键入 abaqus Python 进入 Python 命令行，再键入：

```
import sys
print sys.path
```

此时应该可以看到类似图 10-1 所示结果，其中列出了 Abaqus-Python 的系统路径。

在程序中将标准 Python 安装第三方包的目录加入上述目录即可，命令如下：

```
sys.path.append('C:\\Python27\\lib\\site-packages')
```

（2）另一种方法是将安装在：

Python 安装目录 \\Lib\\site-packages

目录中的文件全部拷贝到 Abaqus 自带 Python 的相应目录，

Abaqus 安装目录 \\6.14-1\\tools\\SMApy\\Python2.7\\Lib\\site-packages

中即可。

10.1 NumPy和高效数据处理

做工程计算的人很少有不知道 Mathworks 公司的，即使不知道这个公司名字，但是它的产品也肯定听说过：Matlab。它提供了强大的矩阵计算、数值分析以及科学数据可视化功能，方便了数以万计的科学工作者。使用 Matlab 是需要支付高额的版权费用的，这也就是 Numpy[①]、Scipy 以及 Matplotlib 出现的一个重要原因。在大部分情况下，使用这 3 个软件库相互协作可以代替 Matlab 完成大部分科学计算需求。

下载最新版的 NumPy 程序包使用 pip 命令安装。对比 Python 标准模块，NumPy 的新特性可以总结为，更多的数字类型：NumPy 提供的数据类型要远远多于标准 Python 模块。

表10-1　NumPy中的数字类型

bool	字节形式存储的布尔值（True or False）
int	与当前操作系统对应的整型（一般或者int32或者int64）
int8	整型（-128 to 127）
int16	整型（-32768 to 32767）
int32	整型（-2147483648 to 2147483647）
int64	整型（9223372036854775808 to 9223372036854775807）
uint8	无符号整型（0 to 255）
uint16	无符号整型（0 to 65535）
uint32	无符号整型（0 to 4294967295）
uint64	无符号整型（0 to 18446744073709551615）
float	float64的缩写
float16	半精度浮点：符号位，5指数位，10尾数位
float32	单精度浮点：符号位，8指数位，23尾数位
float64	双精度浮点：符号位，11指数位，52尾数位
complex	complex128的缩写
complex64	使用单精度浮点值表示的复数
complex128	使用双精度浮点值表示的复数

提供各种数学常量的定义，如自然对数底数 e，圆周率 π 等。

提供高效的向量及矩阵操作以及运算功能，比如向量内积，矩阵加法乘法等。

[①] 实际上 NumPy 已经是 Abaqus6.14 的默认安装组件，版本是 1.6.2，可以从 Abaqus 中直接调用。

NumPy 中主要对象是同种元素的多维数组，ndarray。这是一个所有的元素都是一种类型、通过一个正整数元组索引的元素表格（通常元素是数字）。在 NumPy 中维度（dimensions）叫做轴（axes），轴的个数叫做秩（rank）。

表 10-2 中列出了 ndarray 的几个主要属性，下面我们简单介绍 ndarray 的一些特性和使用方法。为了使用 NumPy 包所提供的功能，必须先导入该模块。

```
IDLE 2.7.9
>>> import numpy as np
```

表10-2　ndarray的属性

ndarray.ndim	多维数组的秩
ndarray.shape	多维数组的维度形状
ndarray.dtype	多维数组中数据的类型，可以是Python标准数据类型或者为NumPy所定义的新数据类型
ndarray.size	多维数组中数据的总个数

10.1.1　创建数组

NumPy 提供了多种生成数组的方式，最为基本的一种就是使用标准 Python 下的列表来生成对应的 NumPy 数组，在生成的过程中我们也可以定义当前 NumPy 数组要使用的数据类型。

```
>>> a = np.array([[1,2,2],[1,2,3]],dtype=float)
>>> print a
[[ 1.  2.  2.]
 [ 1.  2.  3.]]
```

我们可以使用点操作查看该数组对象的一些属性值。

```
>>> print a.shape
(2, 3)
>>> print a.dtype
float64
>>> print a.size
6
```

除了上面的这种基本的数组创建方式外，NumPy 还提供了一些简洁的数组生成函数，见表 10-3。

表10-3　ndarray函数式生成方法

numpy.arange(a,b,i)	生成a,b之间间隔为i的数字组成的数组
numpy.linspace(a,b,N)	生成在a,b之间等距生成的N个数字组成的数组
numpy.ones((m,n),dtype)	生成(m,n)维数组，数据全为1
numpy.zeros((m,n),dtype)	生成(m,n)维数组，数据全为0
numpy.empty((m,n),dtype)	生成(m,n)维数组，数据随机生成

比如：

```
>>> np.linspace(10, 40, 6)
array([ 10.,  16.,  22.,  28.,  34.,  40.])
>>> np.arange(10, 40, 5)
array([10, 15, 20, 25, 30, 35])
>>> np.zeros((3,2), dtype=np.int64)
array([[0, 0],
       [0, 0],
       [0, 0]], dtype=int64)
```

```
>>> np.ones((2,4), dtype=np.int64)
array([[1, 1, 1, 1],
       [1, 1, 1, 1]], dtype=int64)
>>> np.empty((2,2), dtype=np.int64)
array([[100216293004807984, 100107510075254416],
       [100088955812103376, 133522722289010]], dtype=int64)
```

10.1.2 数组操作

我们可以使用 reshape 函数来改变数组的形状，reshape 得到的新数组只是原数组的一个视图（View），它们共享一份相同的数据区，当其中一个的数据被修改后也会影响另外一个。

```
>>> a = np.linspace(10,80,8)
>>> a
array([ 10., 20., 30., 40., 50., 60., 70., 80.])
>>> a.reshape((2,4))  #并未改变数组a的形状，仅仅是利用原数据形成了一个新数组。
array([[ 10., 20., 30., 40.],
       [ 50., 60., 70., 80.]])
>>> a
array([ 10., 20., 30., 40., 50., 60., 70., 80.])
>>> a [3]=0  #数组a和b共享数据，当a中的元素被修改后，b中对应的元素也发生变化
>>> a
array([ 10., 20., 30., 0., 50., 60., 70., 80.])
>>> b
array([[ 10., 20., 30., 0.],
       [ 50., 60., 70., 80.]])
```

和标准 Python 库中序列的切片操作类似，NumPy 数组也提供了切片操作。与 reshape 操作相同，数组切片获取的新数组仅仅是原始数组的一个视图，当原数组中数据变化后，切片得到的数组中数据也会发生相应的变化。

```
>>> a = np.linspace(1,16,16).reshape(4,4)
>>> a
array([[  1.,  2.,  3.,  4.],
       [  5.,  6.,  7.,  8.],
       [  9., 10., 11., 12.],
       [ 13., 14., 15., 16.]])
>>> b = a[1:,:2]
>>> b
array([[  5.,  6.],
       [  9., 10.],
       [ 13., 14.]])
>>> b[0,0] = 50
>>> a # 当修改b[0,0]数值的时候，原数组a也被修改了
array([[  1.,  2.,  3.,  4.],
       [ 50.,  6.,  7.,  8.],
       [  9., 10., 11., 12.],
       [ 13., 14., 15., 16.]])
```

其中，切片操作 a[1:,:2] 中 1: 表示轴 1 从第 1 个下标（1）开始直到最后一个下标（3）；而 :2 表示轴 2 从第 1 个下标（0）开始直到第 2 个下标（1），因此最终的数组 b 如下图 10-1 中灰色区域所示。因而 b[0,0]

实际指向 a[1,0]，当修改其值时，原数组中 a[1,0] 也被修改了。

a[0,0]	a[0,1]	a[0,2]	a[0,3]
a[1,0]	a[1,1]	a[1,2]	a[1,3]
a[2,0]	a[2,1]	a[2,2]	a[2,3]
a[3,0]	a[3,1]	a[3,2]	a[3,3]

图10-1　数组切片示意图

10.1.3　数组运算

Python 标准库 math 模块中的数学函数大多都是接受单个或者多个数字完成计算返回对应的一个数值。NumPy 将其进行了扩展，扩展后的函数可以接受 NumPy 数组为输入，然后计算并返回对应的结果（数组或者数值）。

```
>>> a = np.linspace(0, 8, 3)
>>> a
array([ 0., 4., 8.])
>>> b = np.power(10, a)
>>> b
array([ 1.00000000e+00, 1.00000000e+04, 1.00000000e+08])
>>> np.mean(b)
33336667.0
```

多项式函数在 NumPy 中可利用函数 poly1d() 来生成，其输入参数就是多项式中各项的系数，比如函数 $f(x) = 2x^4 + 3.4x^2 + x + 1.2$ 就可以使用下面的语句来生成。

```
>>> a = np.array([2.0, 0.0,3.4,1.0,1.2])
>>> poly = np.poly1d(a)
>>> poly(0)
1.2
```

10.1.4　线性代数

NumPy 提供了对多维数组进行矩阵运算的函数，主要就是矩阵乘积（np.dot()，np.inner()，np.outer()）和线性方程求解（np.linalg.solve() 和 np.linalg.lstsq()）。

```
>>> a = b = np.ones((2,2))
>>> np.dot(a,b)
array([[ 2., 2.],
       [ 2., 2.]])
>>> A = np.array([[1, 2], [3,7]])
>>> xp = np.array([1, 1])
>>> y = np.dot(A, xp)
>>> x = np.linalg.solve(A,y)
>>> x
array([ 1., 1.])
```

除了 ndarray 外 NumPy 还提供了一种高级类 matrix，它提供了更丰富的矩阵方法，有兴趣的读者可以进一步查阅资料学习。

10.2 SciPy与数值计算

SciPy 需要和 NumPy 配合使用，主要用来进行常规的数值计算。该模块的安装程序可以从网站 www.scipy.org 下载。与 NumPy 相同，其使用前也需要先导入当前工作空间。

SciPy 提供了许多功能模块，从下表 10-4 所列出内容看 SciPy 的模块非常丰富，几乎涉及了所有常用的工程数学方法。

表10-4 SciPy的功能模块

scipy.cluster	聚类算法集Vector quantization / Kmeans
scipy.constants	数学物理常数Physical and mathematical constants
scipy.fftpack	傅立叶变换Fourier transform
scipy.integrate	数值积分Integration routines
scipy.interpolate	插值Interpolation
scipy.io	数据输入输出Data input and output
scipy.linalg	线性代数Linear algebra routines
scipy.ndimage	图像处理n-dimensional image package
scipy.odr	正交回归Orthogonal distance regression
scipy.optimize	优化和拟合Optimization
scipy.signal	信号处理Signal processing
scipy.sparse	稀疏矩阵处理Sparse matrices
scipy.spatial	图论模块Spatial data structures and algorithms
scipy.special	特殊数学函数Any special mathematical functions
scipy.stats	统计模块Statistics

这里我们不打算一一介绍，仅仅通过两个入门的例子来说明 SciPy 的使用方法。

10.2.1 插值

scipy.interpolate 提供了许多数据插值方法，其中最简单的就是 interp1d，它可以完成一维数据的插值任务，可以提供线性、二阶、三阶以及高阶的 B 样条插值结果。

case_10_1.py

```
1   # -*- coding:utf-8 -*-
2   import numpy as np
3   from scipy import interpolate as syip
4   x = np.linspace(0, 5, 10)
5   y = (x-2.5)**3
6   print x, y
7   result = syip.interp1d(x, y)
8   xx = np.linspace(0, 5, 100)
9   yy = result(xx)
```

第 7 行，使用 interp1d(x,y) 来插值原始数据（来自于函数 $f(x)=(x-2.5)^3$），使用默认的线性插值。Interp1d 插值完成后返回一个函数，我们可以像使用其他函数一样调用它计算出需要插值的点的函数近似值。

10.2.2 拟合

另一个常常与插值相联系的数学名词——拟合，可以使用 scipy.optimize 中的 curve_fit 函数来完成。

```
curve_fit(f, xdata, ydata, p0=None, sigma=None, **kw)
```

curve_fit 函数使用最小二乘法对当前数据（x,y）进行拟合，在拟合开始时需要给出一个参数迭代的初始估计值（p0）。在使用 curve_fit 函数进行拟合时，自变量只能保存在一个变量 xdata 中传入 curve_fit 函数中，因而对于二元函数或者多元函数拟合，我们需要在目标函数定义时确保输入的数据为数组而不是单个数值，同时在函数内部完成数组变量解析为单个变量的过程。

下面的例子用 curve_fit 函数完成了一个二元函数的拟合问题。

case_10_2.py

```
1   # -*- coding:utf-8 -*-
2   import numpy as np
3   from scipy import optimize as syop
4   
5   def f(v):
6       x, y = v
7       return (2.0*x**2 + 3.0*y**2)*(1.0+(np.random.random()-0.5)*0.2)
8   def f4fit(v, a, b):
9       x, y = v
10      return a*x**2 + b*y**2
11  #=====Fit the parameter of functoin from data.
12  N = 20
13  limit = 20
14  x = np.linspace(-1*limit, limit, N)
15  y = np.linspace(-1*limit, limit, N)
16  x , y = np.meshgrid(x,y)
17  v = np.vstack([x.flatten(),y.flatten()])
18  z = f(v)
19  guess = [1.0, 1.0]
20  params, params_con = syop.curve_fit(f4fit,v,z,guess)
21  print params
```

第 5 ~ 7 行，定义了产生数据的函数 f(v)，这个函数产生的数据夹杂 20% 噪声干扰，而需要拟合的目标值为 [2.0, 3.0]。

第 8 ~ 10 行，定义拟合的目标函数 f4fit(v,a,b)。两个函数定义的时候都考虑到了二元函数的情况，在函数体内部使用 x,y=v 完成变量的解析。

第 12 ~ 18 行，使用 numpy 提供的函数生成需要拟合的数据点 (v,z)。meshgrid() 根据输入的两组数组 (x,y) 生成覆盖二维平面的所有网格点坐标；而后 np.vstack() 函数被用来将生成的两组数组组合成一个数组，方便作为参数传入 curve_fit 函数。

该拟合的结果为：[1.93631602 2.90447403]，这个结果和真值 [2.0 3.0] 非常接近。

10.2.3 极值问题

工程问题中常常会遇到一些优化问题，我们需要从一个函数中求其极值点。在 scipy.optimize 中提供了许多算法来寻找函数的极值，下面我们采用类牛顿算法的函数 fmin_bfgs() 来计算一个函数的极值问题。

```
scipy.optimize.fmin_bfgs(f, x0, fprime=None, args=(), gtol=1e-05, norm=inf, epsilon=1.49e-08, maxiter=None, full_output=0, disp=1, retall=0, callback=None)
```

我们的目标函数为，

$$f(x,y) = (1-x)^2 + 100(y-x^2)^2$$

该函数的极值点在 (1.0,1.0) 处。为了更快地找到最小值，我们可以直接提供该函数的梯度函数 fprime 给 fmin_bfgs()，这样可以提高求解效率。

$$fprime : \begin{cases} \dfrac{\partial f}{\partial x} = 2x - 2 - 400x(y-x^2) \\ \dfrac{\partial f}{\partial y} = 200(y-x^2) \end{cases}$$

case_10_3.py

```
1   # -*- coding:utf-8 -*-
2   import numpy as np
3   from scipy import optimize as syop
4   
5   def f(v):
6       x, y = v
7       return (1.0-x)**2 + 100.0*(y-x**2)**2
8   def fprime(v):
9       x, y = v
10      dx = 2.0*(x-1.0)-400.0*x*(y-x**2)
11      dy = 200.0*(y-x**2)
12      return np.array((dx,dy))
13  #=====find the min point of the function.
14  guess = [0.0, 0.0]
15  result = syop.fmin_bfgs(f, guess, fprime)
16  print result
```

程序的输出结果为：

```
---------- Python ----------
Optimization terminated successfully.
        Current function value: 0.000000
        Iterations: 21
        Function evaluations: 26
        Gradient evaluations: 26
[ 1.00000001  1.00000002]
```

计算结果非常接近理论解（1.0,1.0）。

上面给的仅仅是一个非条件极值的例子，scipy.optimize 中也提供了求条件极值的方法。有兴趣的读者可以进一步从帮助文档中了解相关的函数用法。对于 scipy 的其他功能，读者也可以借助帮助文档继续研究其使用方法。

10.3 Matplotlib和图表绘制

为了更清晰地展示工程或者科学计算的结果，大多数的科学数据结果都需要以图表的形式体现出来，而 Matplotlib 无可争议地成为 Python 使用者最主要的绘图工具。Matplotlib 可以提供高质量的可供发表或者演示的图片，同时可以结合 NumPy/SciPy 编程完成一些复杂的科学或者工程计算问题。

为了完成绘图的功能，Matplotlib 在 3 个层次构建了代码：Backend 层、Artist 层和 Scripting 层。Backend 层主要定义了和底层目标格式交互的一些抽象接口以及绘图方法，如 FigureCanvas/Renderer/Event；Artist 层定义了一些绘图用的部件类，以及使用 Renderer 在 FigureCanvas 上画图的方法；Scripting 层主要是指 matplotlib.pyplot 模块，它将 Artist 层中的大部分绘图接口和对象封装起来达到类似 MATLAB 交互式绘图的目的。我们下面主要的绘图都会使用 pyplot 模块的函数来完成，其中会用到一些 Artist 的对象。完成一幅简单数据绘制需要的对象结构如下图 10-2 所示。

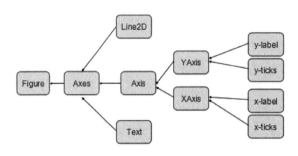

图10-2　Artist层的主要对象的结构

下面我们通过几个例子来说明如何使用 Matplotlib 的这些绘图对象和函数。

10.3.1　二维点线数据绘制

前面一节中我们使用 scipy.interpolate 对一组数据进行了插值，现在我们就使用 Matplotlib 来绘制出我们的插值效果图，这里会用到 matplotlib.pyplot.plot 函数：它用来绘制各种线或者点图。

```
matplotlib.pyplot.plot(*args, **kwargs)
```

*args 一般是数据 + 线型颜色设置，而 **kwargs 被用来完成一些其他绘制属性的设置。

case_10_4.py

```
10  import matplotlib.pyplot as plt
11  plt.plot(x, y, 'bo', label="Origin")
12  plt.plot(xx, yy, '-r', lw=2, label="linear interp")
13  plt.xlabel("x/xx")
14  plt.ylabel("y/yy")
15  plt.legend()
16  plt.show()
```

第 10 行，用来将 matplotlib.pyplot 导入当前工作空间并命名为 plt；

第 11 行，将原始数据绘制为点，x/y 是要绘制的数据，bo 中 b 表示颜色 blue，而 o 表示输出的形状圆点，label 是数据名称；

第 12 行，绘制插值数据并用线连接起来，xx/yy 是要绘制的数据，- 表示使用实线连接数据点，r 表示颜色 red，lw 参数被用来指定线宽，label 为数据名称；

第 13 ~ 14 行，为 x 和 y 坐标轴添加一个说明的标题；

第 15 行，使得各个数据的标签在图中显示出来；

第 16 行，将绘制的图形在当前桌面显示出来。

程序最终输出图 10-3 所示。

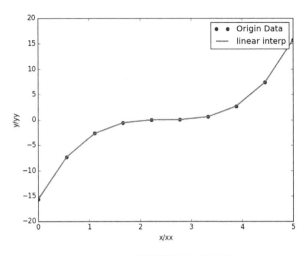

图10-3　数据线性拟合的结果

10.3.2　辅助散点和线图绘制

除了画点线图外，在 Matplotlib 中我们可以使用 matplotlib.pyplot.scatter 函数来画散点图，具体形式如：

```
matplotlib.pyplot.scatter(x, y, s=20, c='b', marker='o',...,**kwargs)
```

其中几个主要的参数：x,y 是要绘图的数据；s 是绘制点的大小，c 为绘制的颜色，marker 代表点的形状。在绘制图形时我们常常需要绘制平行于或者垂直于某个坐标轴的曲线，下面两个函数可以帮组我们实现这样的功能，

```
matplotlib.pyplot.axvline(x=0, ymin=0, ymax=1, hold=None, **kwargs)
matplotlib.pyplot.axhline(y=0, xmin=0, xmax=1, hold=None, **kwargs)
```

其中，x/y 参数表示需要画的直线出现的位置。

如果我们需要在图上做注释那么可以使用下面的函数，

```
matplotlib.pyplot.annotate(*args, **kwargs)
```

其中，*args 主要代表参数是注释内容 s（字符串类型）和注释点坐标 xy（元组类型）；**kwargs 包含：注释点坐标类型 xycoords，注释文字坐标 xytext，注释文字坐标类型 textcoords 以及箭头图形参数 arrowprops。

为了减小书写量，Matplotlib 中提供了许多参数的简写：Matplotlib 内置的颜色，形状和线型的一些简写总结如表 10-5 所示。

表10-5　Matplotlib内置的颜色形状和线型的简写

颜色		形状		线型	
'b'	蓝色	'o'	圆圈	'-'	实线
'g'	绿色	'v'	角向下	'--'	虚线
'r'	红色	'^'	角向上	'-.'	点划线
'c'	青色	's'	方形	':'	点线
'm'	紫色	'*'	星号		
'y'	黄色	'+'	加号		
'k'	黑色	'x'	X标号		
'w'	白色	'D'	钻石标记		

而内置参数名称的简写如表 10-6 所示。

至此我们了解了几个常用的数据绘图方法，下面我们尝试使用 Matplotlib 来解决一个工程中常常遇到的问题：焊接疲劳寿命预测。对于常见的钢构件，由于焊接后材料的疲劳特性比较难于获得，工程中常用的方法是使用国际焊接学会（IIW）所推荐的疲劳曲线和应力分析方法来预测寿命。

表10-6　Matplotlib内置参数名简写

'lw'	linewidth
'ls'	linestyle
'c'	color
'fc'	facecolor
'ec'	edgeclor

一般的流程是依据实际情况和推荐方法来准备有限元模型进行应力分析，得到构件在使用过程中的应力范围值；根据当前情况来选择合适的疲劳特性曲线（使用不同的 FAT 值来表示）；从图上求出当前构件的疲劳寿命预测值。下面的程序展示了如何使用 Matplotlib 完成数据结果绘图。

case_10_5.py

```
 1  # -*- coding:utf-8 -*-
 2  import matplotlib.pyplot as plt
 3  import numpy as np
 4  #=====================define the function========================
 5  def rangeCal(FAT,*cycles):
 6      rangeC=FAT*1.0
 7      rangeD=rangeC*(2.0/5.0)**(1.0/3.0)
 8      rangeL=rangeD*(5.0/100.0)**(1.0/5.0)
 9      range =[]
10      temp1 =(2.0e6)**(1.0/3.0)*rangeC
11      temp2 =(5.0e6)**(1.0/5.0)*rangeD
12      for N in cycles:
13          if N<=5e6:
14              range.append(temp1/(N**(1.0/3.0)))
15          elif N<=1e8:
16              range.append(temp2/(N**(1.0/5.0)))
17          else:
18              range.append(rangeL)
19      print "Detail category: "+str(rangeC)
20      print "Constant amplitude fatigue limit: "+str(rangeD)
21      print "Cut-off limit: "+str(rangeL)
22      return {"PointsFAT":[rangeC,rangeD,rangeL],"Data":range}
23  #=====================calculate the data=========================
24  FatNum1 = 90.0 #define Fatigue category of the situation
25  nCycle1 = [10**(i+j/10.0) for i in range(5,10) for j in range(1,10)]
26  Data1   = rangeCal(FatNum1, *nCycle1)
27  sRange1 = Data1["Data"] #calculate the S-N curve data
28  CSrange1= 90.0 #define the current stress range obtained from FEA
29  #========================Plot the data===========================
30  FATLabel1='FAT'+str(int(FatNum1))
31  plt.plot(nCycle1, sRange1, c='k', lw=2, label=FATLabel1)
32  CSLabel= "stressRange="+str(int(CSrange1))+ "Mpa"
33  plt.axhline(y=CSrange1, lw=2, c='r', ls='--', label=CSLabel)
34  plt.scatter(2e6, 90, s=50, c='b',marker='s')
```

```
35    plt.annotate('result: (2e6, 90)', (2e6, 90),  xycoords='data',
36        xytext=(2e7, 130), textcoords='data',
37        arrowprops=dict(arrowstyle="->",
38        connectionstyle="angle3,angleA=0,angleB=-90"),)
39    plt.ylabel("Stress range in Mpa --->")
40    plt.xlabel("Number of cycles  --->")
41    plt.title('Fatigue evaluation according to IIW standard')
42    plt.xscale('log')
43    plt.legend()
44    plt.grid(True, which='both')
45    plt.show()
```

第5～22行，完成疲劳曲线数据生成函数的定义，它接受一组载荷次数的数据，返回对应的疲劳应力范围值；

第24～28行，用来生成对应FAT90的疲劳曲线数据；

第31行，在画布上绘制FAT90疲劳曲线；

第33行，使用axhline()函数绘制平行于x轴的直线，代表当前实际应力范围；

第34～35行，分别使用函数scatter()和annotate()来绘制结果数据点并做出注释；

第39～44行，对画布坐标轴进行设置。

程序最终的输出图形如图10-4所示。

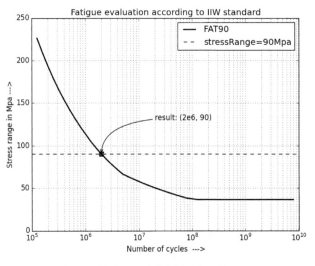

图10-4 疲劳实例输出结果

10.3.3 简单三维数据可视化

上面这两个绘图的例子都是二维的线图，Matplotlib也提供了简单的三维绘图函数，这样也避免为了简单的三维绘图而去学习复杂的其他工具。

要绘制三维数据图形，我们需要使得Matplotlib知道目标是绘制三维图形，因此需要在图10-2中的Axes对象声明中就引入参数projection='3d'，然后使用函数，

```
plot_surface(X, Y, Z, *args, **kwargs)
```

来绘制对应的三维曲面。

case_10_6.py

```
22  #======Generate the data for further plot
23  x1 = np.linspace(-1*limit, limit, N*2)
24  y1 = np.linspace(-1*limit, limit, N*2)
25  x1 , y1 = np.meshgrid(x1,y1)
26  v1 = np.vstack([x1.flatten(),y1.flatten()])
27  zfit = f4fit(v1, *params)
28  zfit = zfit.reshape((N*2,N*2))
29  #======Visualize the data
30  import matplotlib.pyplot as plt
31  from mpl_toolkits.mplot3d import Axes3D
32  from matplotlib import cm
33  fig = plt.figure()
34  ax = fig.add_subplot(111,projection='3d')
35  ax.scatter(x, y, z, c='y', marker='^')
36  surf = ax.plot_surface(x1,y1,zfit, rstride=1, cstride=1, cmap=cm.cool,
37          linewidth=0, antialiased=False)
38  fig.colorbar(surf, shrink=0.5, aspect=5)
39  ax.set_xlabel('X Label')
40  ax.set_ylabel('Y Label')
41  ax.set_zlabel('Z Label')
42  plt.show()
```

第 25 行，使用 np.meshgrid() 生成在 x-y 面内的网格点；

第 27 行，使用拟合后的函数来生成 z 数据值；

第 31 行，导入三维绘图工具 Axes3D；

第 35 行，绘制原始数据点 (x,y,z)；

第 36 行，使用 plot_surface() 函数绘制拟合后的曲面函数；

第 38 行，绘制当前图形的色标。

程序最终输出形如图 10-5 所示。

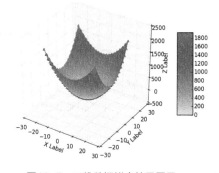

图 10-5 三维数据拟合结果展示

上面的介绍都是如何使用 Matplotlib 完成对代数数据的可视化，对于统计数据，Matplotlib 也提供了丰富的函数和对象来完成其绘制，有兴趣的读者可以进一步参考 Matplotlib 的官方文档。

◆ Tips：

Matplotlib 官方网站上的实例库（http://matplotlib.org/gallery.html）中包含有许多使用 Matplotlib 绘制的图形。当需要绘制特定效果的图形时，我们可以从实例库中查找相近的图形，通过修改其代码得到我们自己的代码。

10.4 Xlrd/xlwt与读写Excel

由于 Windows 操作系统的普及，Excel 一直以来都是非常重要而且通用的数据处理工具。有时候我们需要使用 Python 来操作 Excel 表格读取或者写入数据，尤其是当需要把大量计算结果写入到 Excel 中时编程几乎是唯一的出路。对于熟悉 VBA 编程的读者这可能并不困难，但是 Python 使用者完全可以借助第三方库来读写 Excel，其中 Xlrd/xlwt 就是一款非常有用的类库。Xlrd 模块用来从现有 Excel 文件中读取数据，而 xlwt 则方便我们将已有的数据写入到 Excel 文件中去。在使用前我们需要到 Xlrd/xlwt 的官网（http://www.Python-Excel.org/）下载最新的软件版本并按照本章开头所示的方法安装。

10.4.1 读取Excel文件

在示例之前，我们需要确保有如下内容的名为 modelData.xlsx 的 Excel 文件存在于 Python 默认的工作目录下①，如图 10-6 所示。

	A	B	C	D
1	width	height	length	
2	10	20	30	
3				
4				

图10-6 示例Excel文件内容

```
IDLE 2.7.9
>>> import xlrd # 导入 xlrd 库
>>> data = xlrd.open_workbook('modelData.xlsx') # 打开 Excel 文件
>>> sh = data.sheet_by_name('Sheet1')# 获得需要的表单
>>> print sh.cell_value(1,1)# 打印表单中 B2 值
20.0
>>> print sh.cell_value(0,0)# 打印表单中 A1 值
Width
```

从上面语句可以看出，使用 Xlrd 读取 Excel 文件中的内容非常简单，基本流程就是使用 open_workbook() 函数打开文件，然后调用其成员函数 sheet_by_name() 得到对应的表单，然后使用函数 cell_value() 来获取对应表单中特定位置的数据。

10.4.2 写入Excel数据

如果要写入一组数据，那么我们需要使用 xlwt 模块来操作了。下面的例子就可以将一连串数字写入 Excel 文件 example.xls 中。

case_10_7.py

```
# -*- coding:utf-8 -*-
import sys, os.path
from xlwt import Workbook
path = sys.path[0]
w = Workbook()
ws = w.add_sheet('test')
for i in xrange(10):
    ws.write(i,2,i)
localPath = os.path.join(path, 'example.xls')
```

① 否则就需要使用绝对路径来引用文件，比如如果该 Excel 文件在 C:\\Python27\\'modelData.xlsx，那么就必须使用 data = xlrd.open_workbook(C:\\Python27\\'modelData.xlsx') 来打开对应的文件。

```
10  w.save(localPath)
```

第3行，导入 xlwt.Workbook；

第5行，创建一个新的 Workbook；

第6行，向该 Workbook 中添加一个表单名为 test；

第7～8行，使用 write() 函数将数据添加到表单 test 中；

第10行，使用 save() 函数将上述数据操作保存到对应文件中，必须注意的是，在该步前面的各项操作都没有产生实质性的数据保存操作，只有调用了 save() 函数才能将上述数据保存到对应的文件中。

10.5　Reportlab和PDF

PDF 在工作和生活中使用越来越多，它以较小的文件，提供高质量的显示效果，而且用于处理中文时可以避免不同操作系统下文件乱码的问题。很幸运，Python 社区为我们提供了一个开源的 PDF 生成类库，Reportlab。我们可以使用它所提供许多类和方法将我们的数据整合生成对应的 PDF 形式的报告。从 Reportlab 的官网（http://www.reportlab.com/）下载适合自己系统的安装包并安装，就可以使用。

Reportlab 中最基本的生成 PDF 的接口就是 pdfgen，利用 pdfgen 中的 canvas 类及其相关的 draw 方法我们可以完成基本的报告生成任务。

```
IDLE 2.7.9
>>> from reportlab.pdfgen import canvas  # 导入 reportlab.pdfgen.canvas
>>> c = canvas.Canvas("hello.pdf")  # 建立名为 hello.pdf 的 canvas
>>> c.drawString(100,700,"Hello World")  # 在给定位置上写入字符串 Hello World
>>> c.showPage()  # 保存当前页
>>> c.save()  # 保存文件
```

通过上面的程序段我们就可以建立一个新的 PDF 文件，该文件仅有一页，页面中的内容为 Hello World。从这个过程我们大概可以看到使用 Reportlab 输出 PDF 文件的流程为：建立以文件名命名的画布（Canvas），使用类的成员函数在画布上绘制数据，保存文件。

在 Canvas 中绘制图形或者文字，我们需要使用坐标，该坐标数值对应的默认坐标原点是当前页面的左下角，x 值增大意味着绘图位置向右移动，而 y 值增大意味着绘图位置向上移动。Reportlab 提供了函数 translate() 来修改坐标原点的位置：

canvas.translate(x, y) 将原点移动到（x,y）处。

Canvas 常用于绘制的成员函数如表 10-7 所示。

表10-7　Canvas中常用的绘图函数

函数	说明
canvas.line(x1, y1, x2, y2)	在两点之间画线
canvas.rect(x, y, width, height, stoke=1, fill=0)	绘制长方形
canvas.circle(x_cen, y_cen, r, stroke=1, fill=0)	绘制圆
canvas.drawString(x, y, text)	在特定位置嵌入文字
textobject = canvas.beginText(x, y) canvas.drawText(textobject)	在特定位置嵌入文字
canvas.drawImage(self, image, x, y, width=None, height=None, mask=None)	在特定位置嵌入图片
canvas.showPage()	结束当前页的编辑

了解了 Canvas 的基本函数后，我们就可以尝试使用它们完成简单的 PDF 报告的输出任务。在下面的例子中我们将一副图片和一段说明性的文字输出到一个 PDF 报告。

case_10_8.py

```python
1   # -*- coding:utf-8 -*-
2   import sys, os.path
3   import matplotlib.pyplot as plt
4   from reportlab.pdfgen import canvas
5   from reportlab.lib.pagesizes import letter, A4
6   from reportlab.lib.units import inch
7   path = os.path.abspath('')
8   localPath = os.path.join(path, 'hello.pdf')
9   c = canvas.Canvas(localPath, pagesize=A4)
10  c.translate(inch,inch)
11  tOb = c.beginText()
12  tOb.setTextOrigin(inch*0.5, inch*3.5)
13  tOb.setFont("Times-Roman", 15)
14  tOb.textLines("""
15  This is a picture for the stress at P1 and P2 along with the loading process.
16  """)
17  c.drawText(tOb)
18  data1 = [0.0,5.0,9.0,2.0,10.0,15.0]
19  data2 = [2.0,3.0,6.0,9.0,10.0,16.0]
20  t = [1,2,3,4,5,6]
21  fig = plt.figure(figsize=(5, 4))
22  ax = fig.add_subplot(1,1,1)
23  ax.plot(t, data1, 'bo', lw=2, label="S11@P1")
24  ax.plot(t, data2, '-r', lw=2, label="S11@P2")
25  ax.legend()
26  ax.set_ylabel("Stress (Mpa)")
27  ax.set_xlabel("Time (s)")
28  cFig = fig.savefig('xxx.png')
29  c.drawImage('xxx.png', 0.0, inch*4)
30  c.showPage()
31  c.save()
```

第 4～6 行，导入 Reportlab 相关的模块；

第 9～10 行，创建一个新的画布 c，并使用其 Translate 函数修改原点；

第 11～16 行，建立格式化的文字对象 tOb；

第 17 行，将 tOb 对象写入画布 c 中；

第 18～28 行，使用 Matplotlib 生成一个图片并保存在当前目录下；

第 29 行，将生成的图片嵌入到画布 c 的特定位置处。

上面介绍的方法是使用最基本的 pdfgen 来输出 PDF 文件，而 Reportlab 还有其他几个高级的内容，比如布局管理器 PLATYPUS（结合一些组件，比如 Tables、Paragraph 等可以完成模块化排版），再如类似于 Matplotlib 的画图组件 Graphics 等。有兴趣的读者可以进一步从 Reportlab 的官网上学习对应的内容。

10.6　联合使用类库

很多情况下我们需要使用一个或者多个类库来协助我们完成特定的任务。这里给出一个拟合塑料蠕变实验数据的例子。

热塑性材料在高温下，力学性能往往都会明显下降[①]，具体表现为应力不变的情况下，应变持续增加直到破坏。为了描述该种行为，常常采用现象学模型拟合实验数据的方法来表征和预测。我们采用如下的数学模型来拟合某一恒定工作温度下的蠕变实验数据，

$$\varepsilon_{cr} = \frac{C_1 \sigma^{C_2} t^{C_3+1}}{C_3+1} + C_5 \sigma^{C_6} t$$

被拟合数据来自于 CAMPUS PLASTICS 中的 Noryl GFN1630V 在 80℃下的蠕变实验数据，具体数据如图 10-7 所示。我们先使用其他工具软件从图片中离散出原始的数据值，并输出到文本文件中，文本文件的内容见附件。

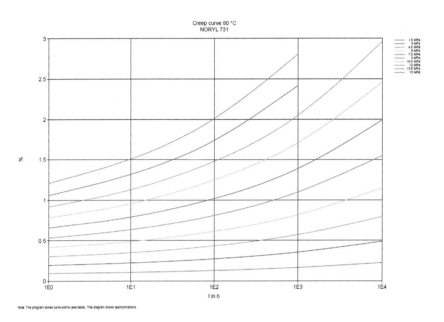

图10-7　蠕变数据图

做好上面的准备工作我们就可以使用 Python 脚本来完成接下来的拟合作图输出报告过程。限于篇幅，我们仅仅列出了程序的核心框架，完整的程序可以查看附件中的文件 case_10_9.py[②]。

case_10_9.py

```
1    # -*- coding: utf8 -*-
18   def creepF(para, t, S, Tc):
26   def residF(para, strain, t, S, Tc):
33   class creepProcessing:
35       def __init__(self, dataPath=""):
49       def settingData(self, t, Tc, S, strain, dataList, dataNum):
59       def splitStr(self, StressTemp):
69       def dataPre(self):
106      def cfFun(self, iniPara, residFun):
113      def creepPlot(self, Para, creepF):

142      def reportGenerate(self, iniPara0, residFun):
143          self.dataPre()
144          pp, success = self.cfFun(iniPara0, residF)
145          self.creepPlot(pp, creepF)
```

[①] 几乎所有材料都会有蠕变现象，但是在温度不高的情况下，大部分材料的蠕变表现并不明显。
[②] 注意不要使用中文路径

```
146         pp2out = ['%.3e'%i for i in pp]
147         c = canvas.Canvas(reportPath, pagesize=A4)
148         c.setFont('Times-BoldItalic',20)
149         c.drawString(inch, 10.0 * inch,
150             "Summary of creep data fitting at %d oC" %(self.Tc[-1]-273.15))
151         c.setFont('Times-Roman',10)
152         c.drawCentredString(4.135 * inch, 0.75 * inch,
153             'Page %d' % c.getPageNumber())
154         c.drawImage(figPath, 0.0, inch*3)
155         c.setFont('Times-Roman',12)
156         c.drawString(inch*0.5, 2.5*inch, 'Fitting result: %s' % str(pp2out))
157         c.drawString(inch*0.5, 2.0*inch, 'Fitting flag: %i' % success)
158         c.setLineWidth(2)
159         c.setStrokeColorRGB(0,0,0)
160         c.showPage()
161         c.save()
162 if __name__ == '__main__':
164     dataPathcreep = os.path.join(path, '80_Noryl 731 Campus data.txt')
165     iniPara0 = [0.0,3.0,-0.9,0.0,0.0]
166     myCreepFitting = creepProcessing(dataPathcreep)
167     myCreepFitting.reportGenerate(iniPara0, residF)
```

第 18 ~ 26 行，定义拟合函数；

第 33 ~ 113 行，定义 creepProcessing 类及其成员函数（数据处理，拟合和作图）

第 142 ~ 161 行，定义类成员函数 reportGenerate；在该函数内部，逐一调用数据处理函数 dataPre()、参数拟合函数 cfFun() 以及绘图函数 creepPlot()；使用 reportlab 库将结果以特定的格式输出为 PDF 报告。

第 162 ~ 167 行，函数的调用执行。

程序执行后，将自动生成该材料蠕变模型参数的拟合报告，其中包含了拟合结果和拟合效果图，如图 10-8 所示。

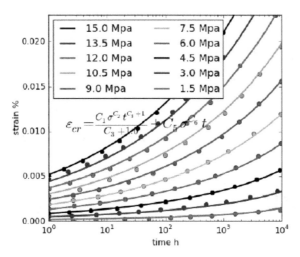

图10-8　输出报告内容

第11章 Python编程中的效率问题

Python 功能非常强大，但是对于科学工作者尤其是常常面对的是海量数据处理的工程师来说，效率往往是第一位的。Python 语言由于其本身的解释特性，在使用相同的算法下性能往往不如编译类语言 C/C++。因此为了能更好地使用 Python 完成自己的功能，常常需要在写程序时注意一些细节问题，提高程序运行的效率。

在介绍具体的问题之前，先介绍一个可以帮助我们计算程序运行时间的 Python 标准模块 timeit。使用之前我们需要先使用 timeit.Timer([stmt='pass'[, setup='pass'[, timer=<timer function>]]]) 来构造一个计时对象，然后再使用该对象的计时函数 timeit([number=1000000]) 来完成对程序执行时间的计算。其中，stmt 就是我们要计算执行时间的函数或者表达式；setup 是执行的预设；timer function 是由当前系统决定的，常常缺省；number 是表达式或者函数 stmt 需要执行的次数。下面就是一个来自于官方帮助文档上的例子，

case_11_1.py

```
1   # -*- coding: utf-8 -*-
2   def test():
3       "Stupid test function"
4       L = []
5       for i in range(100):
6           L.append(i)
7
8   if __name__=='__main__':
9       from timeit import Timer
10      t = Timer("test()", "from __main__ import test")
11      print t.timeit(number=1000)
```

程序输出为该函数 test() 运行 1000 次所需要的时间，单位是秒。

---------- Python ----------
0.108435599719

好了，在知道了这个测试工具之后我们可以说说编程时为了提高效率而需要注意的问题。

11.1 时间成本优化

11.1.1 使用内建函数（built-in Function）

经过测试 Python 内建函数一般都会有比较高的执行效率，因此尽量选用内建函数来完成自己的程序是

一个比较好的习惯。

case_11_2.py

```
1    # -*- coding: utf-8 -*-
2    def test1():
3        "built-in function"
4        aList = range(100)
5        return sum(aList)
6    def test2():
7        "home-code function1"
8        aList = range(100)
9        return reduce(lambda x,y:x+y, aList)
10   def test3():
11       "home-code function2"
12       temp = 0
13       for i in range(100):
14           temp = temp +i
15       return temp
16   if __name__=='__main__':
17       from timeit import Timer
18       t1 = Timer("test1()", "from __main__ import test1")
19       t2 = Timer("test2()", "from __main__ import test2")
20       t3 = Timer("test3()", "from __main__ import test3")
21       print "built-in function consume:"+ str(t1.timeit(number=10000))+' s'
22       print "home code function1 consume:"+ str(t2.timeit(number=10000))+' s'
23       print "home code function2 consume:"+ str(t3.timeit(number=10000))+' s'
```

程序定义了 3 个函数，都是完成列表中数字求和的功能。

第 2～5 行，定义函数 test1()，使用内建函数 sum；

第 6～9 行，定义函数 test2()，使用了匿名函数和 reduce 关键字；

第 10～15 行，定义函数 test3()，使用 for 循环；

第 16～23 行，利用 timeit 模块提供的功能测试上述 3 个函数在调用 10000 次时所消耗的时间。

程序运行的结果如下[①]：

```
---------- Python ----------
built-in function consume:0.12489988119 s
home code function1 consume:0.979093800254 s
home code function2 consume:0.376915812592 s
```

从程序运行结果可以看出效率最高的是内建函数，这主要得益于内建函数大多都是 C 语言编写并且经过精心优化的。

11.1.2 循环内部的变量创建

对于 Python 解释器来说创建新的变量并赋值意味着新的内存分配和数据写入，这一过程往往会消耗相当大的时间成本。

这一点在前面讲字符串操作的时候提到过，使用 s1+s2 操作的时候由于字符串的不可变特性导致这一

[①] 本章中的程序由于和运行时计算机的具体负荷、计算机配置以及操作系统有关，因此不同计算机不同时候运行此程序输出会有差别，但横向比较结果还是有意义的。

过程需要创建一个新的变量并为其分配内存,如果这一过程仅仅需要完成一次这一影响并不会很明显,但是如果循环内部需要做多次字符串相连的操作,直接使用 + 操作符是极其不可取的,此时应该用 join 函数来代替。

case_11_3.py

```
1   # -*- coding: utf-8 -*-
2   def test1():
3       "function join"
4       tempS = ['str']*1000
5       return ''.join(tempS)
6   def test2():
7       "operate +"
8       tempS = ['str']*1000
9       tempS0=''
10      for i in tempS:
11          tempS0 = tempS0 + i
12      return tempS0
13  if __name__=='__main__':
14      from timeit import Timer
15      t1 = Timer("test1()", "from __main__ import test1")
16      t2 = Timer("test2()", "from __main__ import test2")
17      print "function join consume:"+ str(t1.timeit(number=10000))+' s'
18      print "operate + consume:"+ str(t2.timeit(number=10000))+' s'
```

程序定义两个函数:

第 2 ~ 5 行,利用 join 方法将 1000 个字符串 'str' 连接起来;

第 6 ~ 12 行,利用 for 循序使用 + 操作符将 1000 个字符串 'str' 连接起来。

程序运行结果如下:

```
---------- Python ----------
function join consume:0.758573374457 s
operate + consume:8.51138851019 s
```

结果显而易见,使用 + 操作符连接字符串的效率非常低下。但是由于 + 操作符书写方便直观,若是该操作不出现在循环中则不会引起很严重的效率问题。

另外一种情况就是尽量避免循环内部一些函数或者变量的创建,比如下面的例子。

case_11_4.py

```
1   # -*- coding: utf-8 -*-
2   def test1():
3       temp = 0
4       for i in range(500):
5           temp = (lambda x,y:x+y)(temp, i)
6       return temp
7   def test2():
8       temp = 0
9       outLoop = lambda x,y:x+y
10      for i in range(500):
11          temp = outLoop(temp, i)
12      return temp
13  if __name__=='__main__':
14      from timeit import Timer
```

```
15      t1 = Timer("test1()", "from __main__ import test1")
16      t2 = Timer("test2()", "from __main__ import test2")
17      print "Function in Loop consume:"+ str(t1.timeit(number=10000))+' s'
18      print "Function out Loop consume:"+ str(t2.timeit(number=10000))+' s'
```

程序定义两个函数：

第 2~6 行，在循环内部使用匿名函数；

第 7~12 行，将匿名函数放到循环体外定义，在循环内使用引用来调用。

程序运行结果如下：

```
---------- Python ----------
Function in Loop consume:8.00858649761 s
Function out Loop consume:5.23765720783 s
```

与生成新变量相同，该结果差异也是因为在循环体内每次都需要完成对匿名函数的创建以及内存分配导致的。

11.1.3 循环内部避免不必要的函数调用

Python 语言中的函数调用的时间开销也是比较大的，因此如果很在意效率的时候尽量不要选择函数调用的方式。

case_11_5.py

```
1    # -*- coding: utf-8 -*-
2    def myADD (a, b):
3        return a + b
4    def test1():
5        temp = 0
6        for i in range(500):
7            temp = temp + i
8        return temp
9    def test2():
10       temp = 0
11       for i in range(500):
12           temp = myADD(temp, i)
13       return temp
14   if __name__=='__main__':
15       from timeit import Timer
16       t1 = Timer("test1()", "from __main__ import test1")
17       t2 = Timer("test2()", "from __main__ import test2")
18       print "No Funcall consume:"+ str(t1.timeit(number=10000))+' s'
19       print "Call fromF consume:"+ str(t2.timeit(number=10000))+' s'
```

程序定义两个测试函数：

第 4~8 行，在循环内部直接使用表达式；

第 9~13 行，先将操作封装到函数 myADD() 中，再从 test2() 中调用 myADD()。

程序运行结果如下：

```
---------- Python ----------
No Funcall consume:1.74919298298 s
Call fromF consume:5.22787142669 s
```

从结果可以明显得出 Python 中函数调用的时间开销比较大,尤其是当需要从循环中多次调用外部函数时这个开销就十分明显。但是全部代码写在一个主函数中往往会降低程序的可读性,因此在程序编制的时候需要在可读性与性能之间做出一些权衡。

11.1.4 使用列表解析

Python 语言中的循环往往是程序性能优化的着眼点,而列表解析往往是比普通列表 for 循环更为高效的选择。

case_11_6.py

```
1   # -*- coding: utf-8 -*-
2   def test1():
3       temp = [i**2 for i in range(100) if i%3==0]
4       return temp
5   def test2():
6       temp = []
7       for i in range(100):
8           if i%3==0:
9               temp.append(i**2)
10      return temp
11  if __name__=='__main__':
12      from timeit import Timer
13      t1 = Timer("test1()", "from __main__ import test1")
14      t2 = Timer("test2()", "from __main__ import test2")
15      print "List comprehension consume:"+ str(t1.timeit(number=10000))+' s'
16      print "Normal list-For loop consume:"+ str(t2.timeit(number=10000))+' s'
```

程序运行结果如下:

```
---------- Python ----------
List comprehension consume:0.821062165471 s
Normal list-For loop consume:1.05134766459 s
```

11.1.5 尽量减少IO读写

Python 语言中的 IO 读写操作非常耗时,循环中使用 IO 读写必须十分小心。使用 readlines() 函数得到文件全部内容的列表,往往比多次使用 readline() 函数要高效得多。

case_11_7.py

```
1   # -*- coding: utf-8 -*-
2   import os
3   dir_ = os.getcwd()
4   path_ = os.path.join(dir_, 'Tensile.inp')
5   def test1():
6       f = open(path_)
7       x = ''
8       for line in f.readlines():
9           x = line
10          if not x:
```

```
11          break
12      f.close()
13  def test2():
14      f = open(path_)
15      x = ''
16      while 1:
17          x = f.readline()
18          if not x:
19              break
20      f.close()
21  if __name__=='__main__':
22      from timeit import Timer
23      t1 = Timer("test1()", "from __main__ import test1")
24      t2 = Timer("test2()", "from __main__ import test2")
25      print "Readlines consume:"+ str(t1.timeit(number=100))+' s'
26      print "Readline  consume:"+ str(t2.timeit(number=100))+' s'
```

程序定义两个测试函数：

第 5 ～ 12 行，利用 readlines() 函数通过 for 循环来读取 Tensile.inp 文件的内容。注意，其中 10 ～ 11 行的判断语句不是必须的，这里仅仅是为了和下面 test2() 函数的形式保持统一，便于比较。

第 13 ～ 20 行，使用 while 循环用 readline() 函数从 Tensile.inp 文件中读取内容。使用 if 判断语句用来确定是否达到文件结尾。

程序运行结果如下：

```
---------- Python ----------
Readlines consume:0.701469757339 s
Readline  consume:1.62673513669 s
```

11.1.6 使用优秀的第三方库

一些第三方库模块往往由于算法不同或者底层语言的差别而具有比较高的效率，这些常常可以作为我们优化自己程序的一个捷径。比如对于大型矩阵操作或者运算，Numpy 肯定是一个首选。

case_11_8.py

```
1   # -*- coding: utf-8 -*-
2   import numpy as np
3   row = 100
4   col = 100
5   def test1():
6       x = [[1 for j in xrange(col)] for i in xrange(row)]
7       return x
8   def test2():
9       x = np.ones((row,col), np.int)
10      return x
11  if __name__=='__main__':
12      from timeit import Timer
13      t1 = Timer("test1()", "from __main__ import test1")
14      t2 = Timer("test2()", "from __main__ import test2")
```

```
15      print "Home-code consume:"+ str(t1.timeit(number=1000))+' s'
16      print "Numpy     consume:"+ str(t2.timeit(number=1000))+' s'
```

程序运行结果如下：

```
---------- Python ----------
Home-code consume:0.803475216176 s
Numpy     consume:0.0109297381457 s
```

11.1.7 其他

（1）区别对待 List 和 Dict：由于 List 是序列，其查找单个元素的时间复杂度为 O(N)，而 Dict 是使用哈希表存储的，其查找单个元素的时间复杂度为 O(1)；另外在插入删除等操作上，List 也不如 Dict 高效。因此程序设计时应该优先考虑使用 Dict 而不是 List。

（2）对于在循环中重复计算的表达式，可以先使用一个变量将其结果缓存起来，在循环中调用。这样可以避免不必要的计算指令，提高程序执行效率。

（3）在一些对性能要求非常高的情景中使用 C\C++\Fortran 来编写程序的核心部分，然后将其嵌入 Python 程序中使用是比较好的解决方法，当然这种做法也相对比较复杂。

11.2 空间成本优化

在当前的计算机硬件条件下，往往对于空间成本，也就是程序运行时内存的要求并不多。但是在一些特殊条件下，内存也会成为一个限制条件。程序设计中最为常用的一个方法就是把本来需要一次性载入内存的数据，分多次载入，这样就可以避免过高的内存占用[1]。下面的几个例子中我们使用了 sys 模块中的一个函数 sys.getsizeof()，使用它我们可以得到当前空间中的任意一个对象的内存占用大小。

11.2.1 使用xrange处理长序列

在循环时候我们常常使用 range() 来快速构建一个列表，然而对于数目比较大的列表，Python 标准库推荐使用 xrange() 来完成列表的构建。

```
IDLE 2.7.9
>>> import sys
>>> a = range(100000)
>>> b = xrange(100000)
>>> print sys.getsizeof(a), sys.getsizeof(b)
400036 20
```

实际上 xrange() 并没有直接生成数组列表，而是生成了该列表的一个类似于迭代器的对象，它仅仅在用户访问其中某个对象的时候才"计算"出对应的元素。也正是因为如此，使用 xrange 要比 range 函数更为节省内存。

---

[1] 时间成本会有所提高，这时候往往需要程序员权衡两者的利弊。

同样的情况在文件输入输出中也适用,从 IO 流中获得内容的方法有许多种,readline()、readlines()、xreadlines() 等,其中 xreadlines() 在兼顾执行效率和内存使用方面是最好的选择。

case_11_9.py

```
1   # -*- coding: utf-8 -*-
2   import sys, array, os
3   path = os.path.join(sys.path[0], 'Tensile.inp')
4   f = open(path)
5   c = f.readlines()
6   f.seek(0)
7   d = f.xreadlines()
8   f.seek(0)
9   e = f.readline()
10  f.close()
11  print "readlines: comsume %i byte"%sys.getsizeof(c)
12  print "xreadlines:comsume %i byte"%sys.getsizeof(d)
13  print "readline:  comsume %i byte"%sys.getsizeof(e)
```

程序执行结果为:

```
---------- Python ----------
readlines: comsume 24236 byte
xreadlines:comsume 84 byte
readline:  comsume 33 byte
```

11.2.2 注意数据类型的使用

Python 中不同的数据类型存储需要的空间是不一样的,比如整型 int 就比浮点型 float 需要的字节少,而字典类型需要的内存也要多于对应的序列类型。

case_11_10.py

```
1   # -*- coding: utf-8 -*-
2   import sys, array
3   a = [1,2,3,4,5]
4   b = (1,2,3,4,5)
5   c = {1:1,2:2,3:3,4:4,5:5}
6   x = array.array('l',a)
7   print "tuple: comsume %i byte"%sys.getsizeof(b)
8   print "list : comsume %i byte"%sys.getsizeof(a)
9   print "dict : comsume %i byte"%sys.getsizeof(c)
10  print "array: comsume %i byte"%sys.getsizeof(x)
```

程序输出结果为:

```
---------- Python ----------
tuple: comsume 48 byte
list : comsume 56 byte
dict : comsume 140 byte
array: comsume 28 byte
```

可以看出 Python 标准库中为数值所提供的特殊数据类型 array 所占用内存比其他几种常见数据类型所用内存都小。因此在写程序时并不一定要使用高级数据类型,最简单的最适合当前情况的数据类型就是最好。

11.2.3 使用iterator

在 Python 中使用 generator 可以产生一个迭代器 iterator。最简单的迭代器生成方法就是使用类似列表解析的方式。由于迭代器没有直接生产全部对象，因此也是空间成本优化的方向。

```
>>> import sys
>>> a = (i**2 for i in xrange(1000) if i%7==0)
>>> b = [i**2 for i in xrange(1000) if i%7==0]
>>> sys.getsizeof(a)
72
>>> sys.getsizeof(b)
1248
```

第三部分

Abaqus/Python基础

这一部分介绍 Abaqus 中开发脚本的流程和一些基础知识，包括：
- 认识日志文件 .rpy；
- Abaqus/Python 数据类型；
- Session、Mdb 和 Odb 数据对象；
- 脚本开发中的常见问题。

第12章 Abaqus Script入门

前面我们了解的都是标准的 Python 模块中的内容，其规则都是 Python 使用的通用规则或者方法。我们在 Abaqus 中也可以使用前面提到的各种类、方法或者对象。当然 Abaqus 中的 Python 是不同于标准版本的，它是经过达索公司再开发的版本，其中有许多新类的定义。这一章以及后面几章，我们将从如何从 Abaqus 界面操作过程中获得脚本到 Abaqus 脚本编写的基础来逐一展开。这一章我们先从一个简单的例子来看看如何进行最简单的二次开发。

12.1 GUI操作Vs rpy脚本日志

大多数情况下的 Abaqus/Python 二次开发就是对一个 CAE 分析过程的脚本化。Abaqus 系统不仅仅提供给使用者一个 CAE 分析工具，也提供给使用者自编程的接口，更方便的是几乎每一步 CAE 操作都可以在执行日志文件（.rpy）中找到对应的语句。这成为了使用者学习二次开发语言和使用二次开发语言的绝佳的路径：先在 CAE 里面操作，然后从日志文件 .rpy 中学习或者获取对应的程序段。

在讲述如何利用 rpy 文件之前，我们需要先解决一个问题：rpy 文件一般存放在哪里呢？答案就是"当前工作目录"或者"current work directory"。在 Abaqus 安装时需要设置一个工作目录，该目录就是 Abaqus 的默认工作目录。所有的 Abaqus 文件都会保存在这个目录下。我们需要的 rpy 文件也在其中，一般命名为 abaqus.rpy。

> ◆ Tips：
>
> 可以使用两种方法来改变工作目录：
> （1）在 CAE 界面中，我们可以选择 File->Set Work Directory 来修改默认的工作路径，如图 12-1 所示。
>
>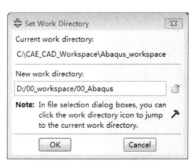
>
> 图12-1 修改默认工作目录
>
> （2）使用 Abaqus Command 先将目录切换到目标目录后，再使用 abaqus cae 命令来打开 CAE 界面。

下面针对一个简单的悬臂梁问题（见图12-2）来说明如何从rpy日志文件获得对应的脚本文件，并进行简单的Abaqus二次开发。我们会将每一个模块下的GUI操作以及其对应的rpy文件内容逐一展示出来。

实例：悬臂梁的脚本文件

图12-2 悬臂梁问题示意图

GUI 操作 如图12-3所示，打开Abaqus Command命令框，使用dos命令切换到目标目录下，键入CAE命令：Abaqus cae后按Enter键，即可打开Abaqus/CAE窗口。此时在对应的工作目录下就产生了这一章的主角：日志文件Abaqus.rpy。

图12-3 打开Abaqus/CAE界面

Python 脚本 此时打开abaqus.rpy文件，其中的内容类似如下（行数是后加上）：

```
1   # -*- coding: mbcs -*-
2   #
3   # Abaqus/CAE Release 6.14-1 replay file
4   # Internal Version: 2014_06_05-06.11.02 134264
5   # Run by sujinghe on Mon Apr 06 20:24:51 2015
6   #
7
8   # from driverUtils import executeOnCaeGraphicsStartup
9   # executeOnCaeGraphicsStartup()
10  #: Executing "onCaeGraphicsStartup()" in the site directory ...
11  from abaqus import *
12  from abaqusConstants import *
13  session.Viewport(name='Viewport: 1', origin=(0.0, 0.0), width=171.5625,
14      height=91.6300002336502)
15  session.viewports['Viewport: 1'].makeCurrent()
16  session.viewports['Viewport: 1'].maximize()
17  from caeModules import *
18  from driverUtils import executeOnCaeStartup
19  executeOnCaeStartup()
20  session.viewports['Viewport: 1'].partDisplay.geometryOptions.setValues(
21      referenceRepresentation=ON)
22  Mdb()
23  #: A new model database has been created.
24  #: The model "Model-1" has been created.
25  session.viewports['Viewport: 1'].setValues(displayedObject=None)
```

上面这些脚本主要被用来对 Abaqus/CAE 进行一些初始化设置。

第 13 ~ 16、20 ~ 21、25 行，生成 Viewport:1 用于显示；

第 11、12、17、18 行，导入必须的模块 abaqus/abaqusConstants/caeModules；

第 22 行，生成模型数据对象 mdb。

GUI 操作 在 CAE 中的 part 模块中，使用 Create Part 建立长为 1000mm 的 3D 悬臂梁模型，如图 12-4 所示，将该部件命名为 beam。

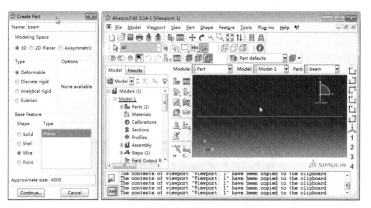

图 12-4 建立梁模型

Python 脚本 此过程中产生的脚本文件如下：

```
26  s = mdb.models['Model-1'].ConstrainedSketch(name='__profile__',
27      sheetSize=4000.0)
28  g, v, d, c = s.geometry, s.vertices, s.dimensions, s.constraints
29  s.setPrimaryObject(option=STANDALONE)
30  s.Line(point1=(0.0, 0.0), point2=(1000.0, 0.0))
31  s.HorizontalConstraint(entity=g[2], addUndoState=False)
32  p = mdb.models['Model-1'].Part(name='beam', dimensionality=THREE_D,
33      type=DEFORMABLE_BODY)
34  p = mdb.models['Model-1'].parts['beam']
35  p.BaseWire(sketch=s)
36  s.unsetPrimaryObject()
37  p = mdb.models['Model-1'].parts['beam']
38  session.viewports['Viewport: 1'].setValues(displayedObject=p)
39  del mdb.models['Model-1'].sketches['__profile__']
40  session.viewports['Viewport: 1'].partDisplay.setValues(sectionAssignments=ON,
41      engineeringFeatures=ON)
42  session.viewports['Viewport: 1'].partDisplay.geometryOptions.setValues(
43      referenceRepresentation=OFF)
```

上面这几句脚本中，

第 26 ~ 31 行，建立草绘图对象 s；

第 32 ~ 36 行，使用草绘图 s 生成三维线部件 p；

第 40 ~ 43 行，将部件 p 显示到当前窗口中。

GUI 操作 切换到 property 模块中，使用 Create Material 工具建立材料模型（见图 12-5a）；使用工具 Create Profile 建立梁截面形状，宽 a 为 50，长 b 为 20（见图 12-5b）；使用 Create Section 工具建立梁截面属性（见图 12-5c）；使用 Assign Section 工具给 beam 赋予截面属性（见图 12-5d）；使用工具 Assign Beam Orientation 给 beam 指定梁截面形状在空间的走向（见图 12-5e）。

图12-5a 定义材料模型

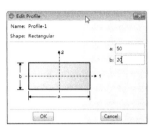

图12-5b 定义矩形梁截面形状

图12-5c 定义矩形梁截面属性

图12-5d 给部件beam赋予梁截面属性

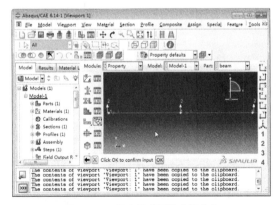

图12-5e 设定梁截面的空间方向

Python 脚本 此过程中产生的脚本文件如下:

```
44  mdb.models['Model-1'].Material(name='steel')
45  mdb.models['Model-1'].materials['steel'].Density(table=((7.8e-09, ), ))
46  mdb.models['Model-1'].materials['steel'].Elastic(table=((210000.0, 0.3), ))
47  mdb.models['Model-1'].RectangularProfile(name='Profile-1', a=50.0, b=20.0)
48  mdb.models['Model-1'].BeamSection(name='Section-1', profile='Profile-1',
49      integration=DURING_ANALYSIS, poissonRatio=0.0, material='steel',
```

```
50        temperatureVar=LINEAR)
51   p = mdb.models['Model-1'].parts['beam']
52   e = p.edges
53   edges = e.getSequenceFromMask(mask=('[#1 ]', ), )
54   region = regionToolset.Region(edges=edges)
55   p = mdb.models['Model-1'].parts['beam']
56   p.SectionAssignment(region=region, sectionName='Section-1', offset=0.0,
57       offsetType=MIDDLE_SURFACE, offsetField='',
58       thicknessAssignment=FROM_SECTION)
59   p = mdb.models['Model-1'].parts['beam']
60   e = p.edges
61   edges = e.getSequenceFromMask(mask=('[#1 ]', ), )
62   region=regionToolset.Region(edges=edges)
63   p = mdb.models['Model-1'].parts['beam']
64   p.assignBeamSectionOrientation(region=region, method=N1_COSINES, n1=(0.0, 0.0,
65       -1.0))
66   #: Beam orientations have been assigned to the selected regions.
```

该过程中，

第 44 ~ 46 行，生成名为 steel 的材料模型；

第 47 行，生成名为 Profile-1 的 50×20 的矩形截面形状；

第 48 ~ 50 行，生成名为 Section-1 的梁截面属性；

第 51 ~ 58 行，将截面属性 Section-1 赋予部件 beam；

第 59 ~ 66 行，为 beam 部件设定梁截面形状的空间方向。

GUI 操作 Assembly 模块中使用 Instance Part 工具生成 beam 的实例 beam-1。

图 12-6　生成 instance

Python 脚本　此过程中产生的脚本文件如下：

```
67   a = mdb.models['Model-1'].rootAssembly
68   session.viewports['Viewport: 1'].setValues(displayedObject=a)
69   a = mdb.models['Model-1'].rootAssembly
70   a.DatumCsysByDefault(CARTESIAN)
71   p = mdb.models['Model-1'].parts['beam']
72   a.Instance(name='beam-1', part=p, dependent=ON)
73   session.viewports['Viewport: 1'].assemblyDisplay.setValues(
74       adaptiveMeshConstraints=ON)
```

第 69 ~ 73 行，完成从部件 beam 生成 instance 的过程。

GUI 操作　Step 模块中使用 Create Step 工具建立静力分析步，如图 12-7 所示。

Python 脚本 此过程中产生的脚本如下：

```
75  mdb.models['Model-1'].StaticStep(name='Step-1', previous='Initial', nlgeom=ON)
```

图12-7　建立静力分析步

GUI 操作 Load 模块中使用 Create Boundary Condition 工具为梁（0,0,0）一端设定固支边界条件（见图12-8a）；使用 Create Load 工具为梁（1000,0,0）端加载集中力 5000N（见图12-8b）。施加边界和载荷后的效果如图 12-8c 所示。

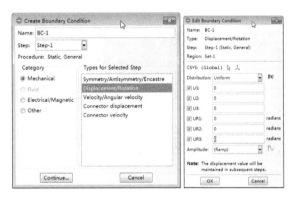

图12-8a　建立固支边界

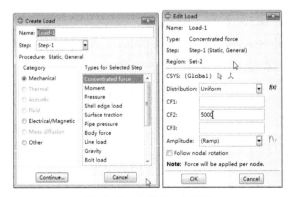

图12-8b　加载集中力载荷

Python 脚本 Load 模块操作过程中产生的脚本如下：

```
76  session.viewports['Viewport: 1'].assemblyDisplay.setValues(step='Step-1')
77  session.viewports['Viewport: 1'].assemblyDisplay.setValues(loads=ON, bcs=ON,
78      predefinedFields=ON, connectors=ON, adaptiveMeshConstraints=OFF)
```

```
79  a = mdb.models['Model-1'].rootAssembly
80  v1 = a.instances['beam-1'].vertices
81  verts1 = v1.getSequenceFromMask(mask=('[#1 ]', ), )
82  region = regionToolset.Region(vertices=verts1)
83  mdb.models['Model-1'].DisplacementBC(name='BC-1', createStepName='Step-1',
84      region=region, u1=0.0, u2=0.0, u3=0.0, ur1=0.0, ur2=0.0, ur3=0.0,
85      amplitude=UNSET, fixed=OFF, distributionType=UNIFORM, fieldName='',
86      localCsys=None)
87  a = mdb.models['Model-1'].rootAssembly
88  v1 = a.instances['beam-1'].vertices
89  verts1 = v1.getSequenceFromMask(mask=('[#2 ]', ), )
90  region = regionToolset.Region(vertices=verts1)
91  mdb.models['Model-1'].ConcentratedForce(name='Load-1', createStepName='Step-1',
92      region=region, cf2=5000.0, distributionType=UNIFORM, field='',
93      localCsys=None)
94  session.viewports['Viewport: 1'].assemblyDisplay.setValues(mesh=ON, loads=OFF,
95      bcs=OFF, predefinedFields=OFF, connectors=OFF)
96  session.viewports['Viewport: 1'].assemblyDisplay.meshOptions.setValues(
97      meshTechnique=ON)
```

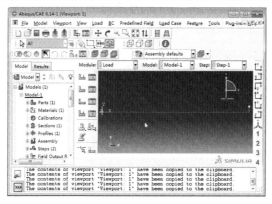

图12-8c 边界和载荷

其中，

第 79～86 行，在梁的原点端定义了固支边界条件；

第 87～93 行，在另一端加载 5000N 的集中力。

GUI 操作 Mesh 模块中使用 Seed Edges 工具对部件 beam 布置种子（见图 12-9a）；使用 Assign Element Type 对部件 beam 指定目标单元类型（见图 12-9b）。

图12-9a 布置网格种子

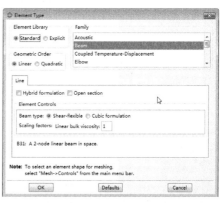

图12-9b 设定网格单元类型

Python 脚本 Mesh 模块的上述操作过程会产生如下的脚本：

```
98  p = mdb.models['Model-1'].parts['beam']
99  session.viewports['Viewport: 1'].setValues(displayedObject=p)
100 session.viewports['Viewport: 1'].partDisplay.setValues(sectionAssignments=OFF,
101     engineeringFeatures=OFF, mesh=ON)
102 session.viewports['Viewport: 1'].partDisplay.meshOptions.setValues(
103     meshTechnique=ON)
104 p = mdb.models['Model-1'].parts['beam']
105 e = p.edges
106 pickedEdges = e.getSequenceFromMask(mask=('[#1 ]', ), )
107 p.seedEdgeByNumber(edges=pickedEdges, number=50, constraint=FINER)
108 elemType1 = mesh.ElemType(elemCode=B31, elemLibrary=Standard)
109 p = mdb.models['Model-1'].parts['beam']
110 e = p.edges
111 edges = e.getSequenceFromMask(mask=('[#1 ]', ), )
112 pickedRegions =(edges, )
113 p.setElementType(regions=pickedRegions, elemTypes=(elemType1, ))
114 p = mdb.models['Model-1'].parts['beam']
115 p.generateMesh()
116 a = mdb.models['Model-1'].rootAssembly
117 session.viewports['Viewport: 1'].setValues(displayedObject=a)
118 a1 = mdb.models['Model-1'].rootAssembly
119 a1.regenerate()
```

其中，

第 104 ~ 107 行，对给定的边布置网格种子；

第 108 ~ 113 行，将指定的单元类型（B31）赋予部件 beam；

第 114 ~ 115 行，执行网格生成命令；

第 118 ~ 119 行，更新模型用于后续的分析。

GUI 操作 Job 模块中使用 Create Job 工具生成一个分析任务 Job-1，并提交该任务进行计算，如图 12-10 所示。

图 12-10 创建分析任务

Python 脚本 Job 模块的操作过程对应如下脚本：

```
120 session.viewports['Viewport: 1'].assemblyDisplay.setValues(mesh=OFF)
121 session.viewports['Viewport: 1'].assemblyDisplay.meshOptions.setValues(
122     meshTechnique=OFF)
123 mdb.Job(name='Job-1', model='Model-1', description='', type=ANALYSIS,
```

```
124        atTime=None, waitMinutes=0, waitHours=0, queue=None, memory=50,
125        memoryUnits=PERCENTAGE, getMemoryFromAnalysis=True,
126        explicitPrecision=SINGLE, nodalOutputPrecision=SINGLE, echoPrint=OFF,
127        modelPrint=OFF, contactPrint=OFF, historyPrint=OFF, userSubroutine='',
128        scratch='', multiprocessingMode=DEFAULT, numCpus=1)
129 mdb.jobs['Job-1'].submit(consistencyChecking=OFF)
130 #: The job input file "Job-1.inp" has been submitted for analysis.
131 #: Job Job-1: Analysis Input File Processor completed successfully.
132 #: Job Job-1: Abaqus/Standard completed successfully.
133 #: Job Job-1 completed successfully.
```

其中，

第 123 ~ 128 行，用来创建名为 Job-1 分析任务；

第 129 行，用来提交计算。

GUI 操作 计算完成后，切换到 Visualization 模块中，使用 File->Open 命令打开对应的结果文件（Job-1.odb），并显示 Y 方向的位移 U2 云图，具体如图 12-11 所示。

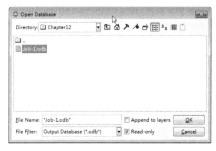

图12-11a 打开结果文件

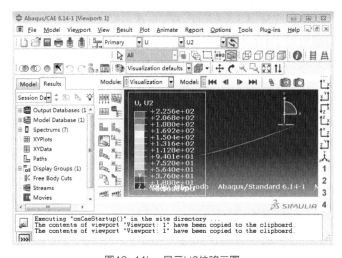

图12-11b 显示U2位移云图

Python 脚本 Visualization 模块的上述操作过程会产生如下的脚本：

```
135 o1 = session.openOdb(
136     name='D:/abaqus_workspace/AbaqusPython_Book/Chapter12/Job-1.odb')
137 session.viewports['Viewport: 1'].setValues(displayedObject=o1)
138 #: Model: D:/abaqus_workspace/AbaqusPython_Book/Chapter12/Job-1.odb
139 #: Number of Assemblies:         1
140 #: Number of Assembly instances: 0
141 #: Number of Part instances:     1
```

```
142 #: Number of Meshes:              1
143 #: Number of Element Sets:        1
144 #: Number of Node Sets:           1
145 #: Number of Steps:               1
146 session.viewports['Viewport: 1'].odbDisplay.display.setValues(plotState=(
147     CONTOURS_ON_DEF, ))
148 session.viewports['Viewport: 1'].view.setValues(cameraPosition=(520.979,
149     -41.9581, 3679.52), cameraUpVector=(0, 1, 0))
150 session.viewports['Viewport: 1'].odbDisplay.setPrimaryVariable(
151     variableLabel='U', outputPosition=NODAL, refinement=(INVARIANT,
152     'Magnitude'), )
153 session.viewports['Viewport: 1'].odbDisplay.setPrimaryVariable(
154     variableLabel='U', outputPosition=NODAL, refinement=(COMPONENT, 'U2'), )
155 session.viewports['Viewport: 1'].view.fitView()
```

其中，

第 135 ~ 136 行，用来打开结果文件；

第 137 行，显示网格化的模型；

第 146 ~ 155 行，显示计算结果：U2 位移云图。

从上面的介绍我们可以知道几乎每一步 CAE 操作都有对应的脚本程序，并且我们可以在 rpy 日志文件中找到对应的脚本。为了使得脚本文件可以运行，我们只需要将文件扩展名 rpy 改为 py 即可，上面所讲述的全过程的脚本文件可以在附件中找到（case_12_1_beam.py）。

◆ Tips：

推荐一个非常有用的工具，PythonReader（可以从 Simwe 论坛 Abaqus 版面搜索到最新版本）。该软件类似于一个文本查看器，不过由于小巧精炼，以浮动的形式把 rpy 文件的内容显示在当前窗口，使用者可以边操作边学习，非常方便高效。

12.2 对脚本进行简单的二次开发

有了脚本文件的模板，我们就可以直接运行脚本[①]完成计算了：选择 File -> Run script，但是直接运行只是重复了我们上一小节的分析过程，我们还需要做一些工作来完成二次开发的功能。

首先需要定义功能性的参量，对于图 12-2 所示的悬臂梁问题，我们选择如下几个参数作为参量：梁的几何尺寸（长 L=1000mm，宽 a=50mm，高 b=20mm）和集中力（F=5000N）。我们可以发现上面几个参量在脚本中的出现位置为：

```
30  s.Line(point1=(0.0, 0.0), point2=(1000.0, 0.0))
.....
47  mdb.models['Model-1'].RectangularProfile(name='Profile-1', a=50.0, b=20.0)
.....
91  mdb.models['Model-1'].ConcentratedForce(name='Load-1', createStepName='Step-1',
92      region=region, cf2=5000.0, distributionType=UNIFORM, field='',
93      localCsys=None)
.....
```

[①] 需要使用上一小节中 CAE 的工作目录才能得到正确的结果。

我们需要做的就是完成 1000.0->L、50.0->a、20.0->b、5000.0->F 的替换即可[①]：

```
7    beamL = 1000.0
8    beamA = 50.0
9    beamB = 20.0
10   CForce = 5000.0
30   s.Line(point1=(0.0, 0.0), point2=(beamL, 0.0))
.....
47   mdb.models['Model-1'].RectangularProfile(name='Profile-1', a=beamA, b=beamB)
.....
91   mdb.models['Model-1'].ConcentratedForce(name='Load-1', createStepName='Step-1',
92       region=region, cf2=CForce, distributionType=UNIFORM, field='',
93       localCsys=None)
.....
```

这时候我们就可以使用该脚本完成对该类型所有问题的分析，只需要根据实际情况修改参量的数值即可。

至此我们完成了一个简单的二次开发问题，但是这样得到的脚本也有许多问题：一是往往不能顺利运行，需要我们修改其中某些语句；二是不适合复杂的开发需求。为了能够更好地使用二次开发的功能，我们需要对 Abaqus 所提供的对象和类有一个基本的了解，下面几章我们将会逐一介绍 Abaqus 的 Python 对象和类。

[①] 为了避免变量名冲突，尽量不要使用特别简单的变量名，如 a, b 等。这里我们在程序中使用 beamA、beamB、beamL 和 CForce 来代替 a、b、L 和 F。

第13章 Abaqus/Python基础

达索公司对 Python 做了许多拓展，增加了大约 500 多个对象模型。每个对象模型都有自己的成员函数和成员对象。这一节我们将对这些对象模型进行详细的描述和解释。

13.1 Abaqus/Python中的数据类型

在 Python 基础篇中我们所讲的所有的数据类型在 Abaqus 中都可以使用，这一节我们主要讲述 Abaqus/Python 中比较特别的 5 个数据类型。

13.1.1 符号常值（SymbolicConstants）

Abaqus/Python 中有许多函数需要使用一些默认的参数，比如对于弹性材料对象的参数种类可能是如下的几个中的一个：ISOTROPIC、ORTHOTROPIC、ANISOTROPIC、ENGINEERING_CONSTANTS、LAMINA、TRACTION 或者 COUPLED_TRACTION。这些参数都是以符号常值的形式定义的。

Abaqus/Python 中定义的符号常值变量的所有字母均为大写字母，其中大部分 SymbolicConstant 都是在模块 AbaqusConstants 中定义的，另外还有一部分对象定义在 Abaqus 模块中。在使用之前需要先将其导入到当前的工作空间中。

```
from AbaqusConstants import *
from SymbolicConstants import *
```

13.1.2 布尔值（Booleans）

我们知道在 Python 中存在布尔值，True 和 False，其类型为(bool)。Abaqus 提供了一种自定义的布尔对象：它是常值对象的子类，可以有 ON 和 OFF 两个值。在 Abaqus 中这两个布尔值与 Python 中的布尔值是通用的，比如如下的两个命令表达相同的含义。

命令1：
```
newModel = mdb.ModelFromInputFile(name='test', inputFileName=test)
newModel.setValues(noPartsInputFile=False)
```

命令2：
```
newModel = mdb.ModelFromInputFile(name='test', inputFileName=test)
newModel.setValues(noPartsInputFile=OFF)
```

在 KCLI 中使用判断语句时也可以发现两者是通用的[①]：

```
>>> print (ON==True)
True
```

但是这两种形式的存在，常常会导致一些混淆。因此在当前的版本中 Abaqus 官方也推荐用户在自己的脚本中使用 Python 的标准布尔值 True 或 False，以后可能会取消 ON 和 OFF 的使用。

13.1.3 特有的模型对象

Abaqus 中有许多特有对象。大的有模型数据相关对象（MDB）、结果数据相关对象（ODB）和视图对象相关对象（Session）；模块级别的对象有部件对象（Part）、材料对象（Material）、载荷步对象（Step）等；细节级别的对象有几何节点（Vertex）、几何边（Edge）、几何面（Face）、几何块（Cell）、表面（Surface）、网格节点（Node）、网格单元（Element）等。

使用 type 函数可以查询某个对象的类型，比如：

```
>>> mdb.models['Model-1'].Material(name='Steel')
mdb.models['Model-1'].materials['Steel']
>>> type(mdb.models['Model-1'].materials['Steel'])
<type 'Material'>
```

以这些对象为基础就可以组成各种有限元模型和结果数据模型。在后面几节中本书会对这些对象的使用进行详细的说明。

13.1.4 序列（Sequences）

Abaqus 中的序列可以分为 4 种：数据序列、几何序列、网格序列和表面序列。

数据序列（table）

Abaqus 中许多函数需要使用浮点序列的序列或者整数序列的序列来作为输入参数（sequence of sequences of Floats/Ints）。比如当我们在 CAE 界面下为模型 Model-1 中的材料对象 Material-2 输入塑性强化曲线数据的时候，相当于运行了如下的命令：

```
mdb.models['Model-1'].materials['Material-2'].Plastic(table=((200.0, 0.0), (210.0, 0.05), (220.0, 0.15), (230.0, 0.3)))
```

如果我们使用 type 函数来查看这个对象，

```
>>> type(mdb.models['Model-1'].materials['Material-2'].plastic.table)
<type 'tuple'>
>>> type(mdb.models['Model-1'].materials['Material-2'].plastic.table[0])
<type 'tuple'>
```

我们可以看出这个数据序列就是标准 Python 模块提供的二维元组，而下面的 3 种就是 Abaqus 所特有的数据类型。

几何序列（GeomSequence）

这里的几何包括点（Vertex）、边（Edge）、面（Face）和体（Cell）。对象名字分别为：VertexArray、

[①] 本章以及后续章节中类似的短程序都是在 Abaqus 界面下的命令行 KCLI 中运行的。

EdgeArray、FaceArray 和 CellArray。这几种几何序列存在于部件或者其实例中。它们常常作为设定边界条件和载荷，划分网格以及赋予材料截面属性等函数的主要输入。

Abaqus 中提供了几种强大的方法可以根据一个集合序列生成一个新的几何序列，见表 13-1。具体详细的使用方法我们会在后续章节中慢慢介绍。

表13-1　几何序列的生成和操作方法

方法	说明
findAt(...)	使用一组坐标来查找并生成满足条件的几何序列
getSequenceFromMask(...)	使用压缩序列生成几何序列
getByBoundingBox(...)	生成在指定方形区域中的几何组成的几何序列
getByBoundingCylinder(...)	生成在指定圆柱区域中的几何组成的几何序列
getByBoundingSphere(...)	生成在指定圆形区域中的几何组成的几何序列
getBoundingBox()	获得某个几何序列的坐标界限

网格序列（MeshSequence）

这类序列就是由一系列网格节点（node）、单元（element）以及其表面和边所组成序列。MeshNodeArray、MeshElementArra、MeshFaceArray 和 MeshEdgeArray 就属于这一类序列，见表 13-2。

表13-2　网格序列的生成和操作方法

方法	说明
getSequenceFromMask(...)	使用压缩序列生成网格序列
getByBoundingBox(...)	生成在指定方形区域中的网格或者节点组成的网格序列
getByBoundingCylinder(...)	生成在指定圆柱区域中的网格或者节点组成的网格序列
getByBoundingSphere(...)	生成在指定圆形区域中的网格或者节点组成的网格序列
sequenceFromLabels(...)	通过指定网格或者节点的编号来建立对应的网格序列
getBoundingBox()	获得某个网格序列的坐标界限

表面序列（SurfaceSequence）

表面序列是一种特殊的复合序列，其中的元素可以是边、面、单元或者节点。该类型中面需要考虑方向，因此其参数中常常包含一个用来指定方向的参数。比如对于一般的部件表面，存在两个参数 side1Faces/side2Faces 来指明面的取向；而对于六面体网格其 6 个面分别用 face1Elements/face2Elements 等来指定具体的面。

13.1.5　仓库（Repositories）

仓库是 Abaqus/Python 环境中最重要的概念之一。Abaqus 中有许多对象都是以仓库的形式存储的。当我们打开 CAE 新建一个分析模型时，程序就自动会创建一个对象叫 mdb.models，它里面包含了该 CAE 文件中所有的分析模型，如 mdb.models['Model-1']；所有的部件 Part 也会存储于类似的对象 mdb.models['Model-1'].parts 中。

仓库类型类似于标准模块中的字典（dict）的映射类型，我们可以通过仓库中每个对象的名字来引用它，如 mdb.models['Model-1'] 就可以用来引用当前 CAE 文件中的名为 Model-1 的分析模型。当然如下 keys() 的使用也是有效的，但是由于仓库类型是散列存储的，因此没有顺序，使用 keys() 来逐一访问每个对象的方法并不被官方推荐。针对仓库类型数据的处理方法列在表 13-3 中。

图13-1　Model-1的载荷步设置

表13-3 仓库对象的方法

方法	说明
keys()	返回键名形成的列表
has_key()	判断仓库中是否包含某个键值
values()	返回键值数据形成的列表
items()	返回（键名、键值）组成的列表
changeKey(fromName, toName)	修改某个键值

```
>>> mdb.models['Model-1'].steps.keys()
['Initial', 'Step-1', 'Step-2', 'Step-3']
```

从上面的几个例子也可以看出 Abaqus 中的仓库和标准 Python 的字典类型的第一个区别：与字典类型不同，仓库类中的每个元素都要求有相同的类型，或者都是模型数据 model，或者都是部件 part，或者都是载荷步 step 等。它们两者的另一个区别就是创建方法不同：Python 标准模块提供了许多创建字典类型的方法，而 Abaqus 中的仓库类只能通过特有的构造函数来创建和修改。

几乎所有需要在模型中用到的仓库类都在模型创建的同时被创建了，只不过大部分仓库初始是空的。每次调用一个特定的对象构造函数，Abaqus 就会自动将所创建的对象存储在对应的仓库中。我们以对象 mdb.models 来说明这一过程。

在每次我们打开 CAE 的时候，Abaqus 默认帮我们建立一个 Mdb 对象，并在其基础上创建一个名为 Model-1 的模型对象（mdb.models['Model-1']），并将其存储于仓库 mdb.models 中。在 KCLI 命令输出框中输入：

```
>>> type(mdb)
<type 'Mdb'>
>>> type(mdb.models)
<type 'Repository'>
>>> type(mdb.models['Model-1'])
<type 'Model'>
```

如果我们使用模型创建的构造函数 mdb.Model() 创建一个名为 Model-2 的新模型对象，那么该模型对象会被自动纳入仓库 mdb.models 中，下面的几句命令可以说明这一点：

```
>>> model2 = mdb.Model('Model-2')
The model "Model-2" has been created.
>>> print mdb.models.keys()
['Model-1', 'Model-2']
```

Abaqus 中的绝大多数仓库对象都有上面的特征：该仓库对象由 Abaqus 程序自动创建，用户使用特定的构造函数创建新的元素对象，而 Abaqus 会自动更新对应仓库对象。此时我们就不难理解下面的过程了：

```
>>> print session.viewports.keys()
['Viewport: 1']
>>> session.Viewport('Viewport: Top')
session.viewports['Viewport: Top']
>>> session.Viewport('Viewport: Below')
session.viewports['Viewport: Below']
>>> print session.viewports.keys()
['Viewport: Below', 'Viewport: Top', 'Viewport: 1']
```

13.2 Abaqus/Python的对象的访问和创建

以我们最先接触的对象 Mdb 为例，使用我们在 Python 基础知识部分讲到的 __members__ 对象，我们可以打印出 Mdb 对象的所有成员变量；使用 __methods__ 对象我们可以打印出 Mdb 对象的所有成员。

```
>>> print mdb.__members__
['acis', 'adaptivityProcesses', 'annotations', 'coexecutions', 'jobs', 'lastChangedCount',
'meshEditOptions', 'models', 'pathName', 'version']
>>> print mdb.__methods__
['AdaptivityProcess', 'Annotation', 'Arrow', 'Coexecution', 'Job', 'JobFromInputFile',
'Model', 'ModelFromAnsysInputFile', 'ModelFromInputFile', 'ModelFromNastranInputFile',
'ModelFromOdbFile', 'Text', 'close', 'closeAuxMdb', 'copyAuxMdbModel', 'getAuxMdbModelNames',
'openAcis', 'openAuxMdb', 'openCatia', 'openEnf', 'openIges', 'openParasolid', 'openProE',
'openStep', 'openVda', 'save', 'saveAs', 'setValues']
```

上面列出的这些成员变量和成员函数就是我们访问 Abaqus 数据库对象 Mdb 和创建模型 Model 数据对象的基础。

13.2.1 对象的访问

Abaqus/Python 是基于面向对象开发的，对象中的成员对象需要通过：对象名.成员名 的方法来访问。

图 13-2 中给出的例子就是访问模型 Model-1 的部件 Part-1 的第 1 个面的方法。一般情况下访问数据都是为了使用，因此将该数据对象赋值给变量 face0，这样可以方便后续使用。

模型数据库对象 Mdb 有许多对象，其中 Models 是我们最常用的一个。它包含了该数据库中所有的有限元模型。使用 type() 函数可以看出 Models 是一个仓库类型的数据对象。

```
>>> type(mdb.models)
<type 'Repository'>
```

我们需要使用特有的方式来访问其中的元素，mdb.models['Model-1']。同样的道理，对象 parts 也是仓库，使用 mdb.models['Model-1'].parts['Part-1'] 来访问。

```
>>> type(mdb.models['Model-1'].parts['Part-1'].faces)
<type 'FaceArray'>
```

部件 Part-1 的 faces 对象的数据类型是面序列，因此需要使用下标的方式来访问其中的元素。所有这些放到一起就组成了图 13-2 中的逐层访问方式。

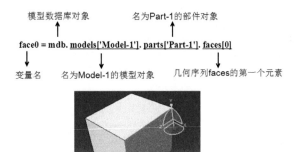

图13-2 Abaqus/Python对象访问示意图

◆ Tips：

Abaqus 中每个对象的访问方法我们也可以通过查找网页版的帮助文档中的脚本手册 abaqus scripting

reference manual 来获得，如图 13-3 所示。

图13-3　帮助文档查找示意

然后可以在左边的目录树中看到相关的对象名称信息，如图 13-4 所示，需要查看某个对象时单击即可在右边的信息框中获得对应的信息。

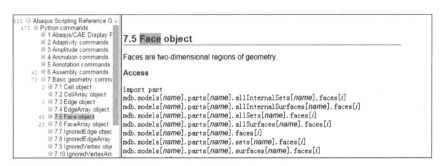

图13-4　查询结果及目录树

可以看出 face 对象可能出现在许多对象中，因此可以得到很多可能的访问路径，使用者需要根据自己的具体情况来选择合适的访问路径。比如我们上面的例子中是查找 parts 部件中的 face，因此我们使用的的路径就是：

```
mdb.models[name].parts[name].face[i]
```

13.2.2　对象数据的修改

对象的访问目的不仅仅是查看，也有可能是修改编辑。但是需要注意的是 Abaqus 中对象的成员变量不能通过简单赋值的方法任意修改其值，必须通过 Abaqus 自身所提供的函数 setValues() 来修改。

```
>>> shellSection = mdb.models['Model-1'].HomogeneousShellSection(
        name='Steel Shell', thickness=1.0, material='Steel')
>>> print 'Original shell section thickness = ', shellSection.thickness
Original shell section thickness =  1.0
>>> shellSection.setValues(thickness=2.0)
>>> print 'Final shell section thickness = ', shellSection.thickness
Final shell section thickness =  2.0
```

13.2.3　对象的创建

以面向对象方式开发的对象体系中，大部分对象的创建需要通过调用其特定的构造函数来完成。

使用 mdb.__method__ 查看得到的以大写开头的函数都是可以生成特定对象的构造函数，调用其可以生成对应的对象。下面的语句可以创建新的模型数据对象 Model-2 以及文本对象 myTest。

```
>>> model2 = mdb.Model('Model-2')
The model "Model-2" has been created.
>>> text = mdb.Text(name='myText',text='Example')
```

然而有部分对象并没有特定的构造函数，其需要通过其他对象的某些函数来创建。比如 feature 类的对象都没有自己的构造函数，但是其可以通过调用 part 类所提供的函数来创建。

```
>>> f = mdb.models['Model-1'].parts['Part-1'].DatumPointByCoordinate((1,1,1))
>>> p = mdb.models['Model-1'].rootAssembly.DatumPointByCoordinate((1,1,1))
```

上面的语句可以帮助我们为部件 Part-1 在坐标（1,1,1）处建立一个特征数据点，如图 13-5 所示。

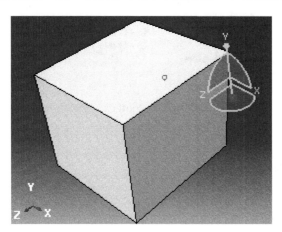

图13-5 特征数据点的建立

正如我们在前面讲解仓库（Repositories）时提到的，无论使用哪一种方法建立的对象都会被存入特定的仓库中。使用 Model 创建的名为 Model-2 的模型数据对象将会被自动存入 mdb.models 仓库中；使用 part 类函数创建的 feature 类将被放入 mdb.models['Model-1'].parts['Part-1'].features 中；使用 Assembly 类的函数创建的 feature 类对象会放入 mdb.models['Model-1'].rootAssembly.features 中。

```
>>> print mdb.models
{'Model-1': 'Model object', 'Model-2': 'Model object'}
>>> print mdb.models['Model-1'].parts['Part-1'].features
{'Solid extrude-1': 'Feature object', 'Datum pt-1': 'Feature object'}
>>> print mdb.models['Model-1'].rootAssembly.features
{'Datum pt-1': 'Feature object'}
```

这种做法的好处是在后续的调用中 Abaqus 可以清楚地知道当前模型中各种对象存储的位置。

13.3　Abaqus/Python中的主要对象概况

前面两节讲述了 Abaqus/Python 系统中基本的对象和数据结构，本节我们将对 Abaqus/Python 中的主要对象进行进一步的说明。正如我们前面提到的一样，Abaqus\Python 的对象模型中的 3 个根对象（Mdb，Odb 和 Session）是最顶层的对象，其他数据对象都是来完善这 3 个对象的内容的。

Abaqus Scripting User's Manual 使用如图 13-6 所示的图例来说明这 3 个根对象的组成和结构。

图表中容器（container）可能是仓库类（repository）或者序列类（sequence）之一。每一层的对象或者是由多个对象组成的容器对象，或者是单个对象。两个层级对象之间都是对象（object）和成员（member）的关系。以 Session 根对象为例，Session 为根对象，fieldReportOptions 和 viewports 就是该对象的一个成员。fieldReportOptions 是单个对象（Singular object），而 viewports 是一个仓库类对象，它是由一个或者多个 viewport 对象组成的。

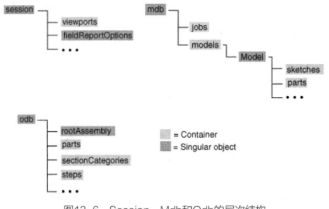

图13-6　Session、Mdb和Odb的层次结构

13.3.1 Abaqus中的Session对象

会话（session）对象是存在于一次 Abaqus 会话中的对象，它并不能保存在 CAE 文件或者 ODB 文件中。Session 对象并没有对应的构造函数，用户不能从脚本中创建一个 Session 对象。当用户开启一个新的 Abaqus 窗口就称为打开了一个新的会话，它会建立一套新的会话对象。

Abaqus 中的对话（Session）对象包含许多成员对象，如图 13-7 所示。其中比较常用的几个对象及其作用如列表 13-4 所示。

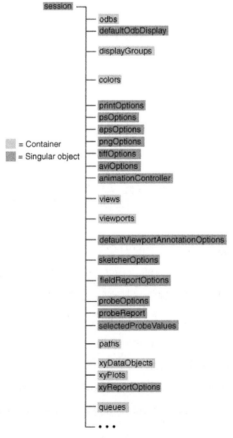

图13-7　Session对象结构层次

表13-4　session对象中的常用成员对象

对象	类型	作用
odbs	数据仓库	存放当前session打开的odb文件对象
views	数据仓库	存放设定观察视角、位置等参数的对象（view）
viewports	数据仓库	存放模型的显示参数设置对象（viewport）
paths	数据仓库	存放由一系列点组成的路径对象（path）
xyPlots	数据仓库	存放图表对象（xyPlot）
fieldReportOptions	对象	设置场变量输出参数

除了成员对象，Session对象也有自己的成员函数，表13-5列出了最常用的几个。

表13-5　session对象中的成员函数

函数	作用
printToFile()	使用PrintOptions对象中的设置，将当前的窗口画布打印输出为图形文件，目前可选择的图形格式包括ps、eps、png、tif、svg和svgz
printToPrinter()	使用PrintOptions和PageSetupOptions对象（对PostScript打印机是PsOptions对象）参数将当前画布打印到Windows打印机或者PostScript打印机

我们可以通过帮助文档来查询各个成员对象和成员函数：在 Abaqus Scripting User's Manual 中输入要查询的对象即可得到相关信息。比如我们想了解 Session 对象中的 XYPlots 仓库所存储的 XYPlot 对象的信息，通过在帮助文档中搜索 XYPlot 关键字，我们可以知道 XYPlot 对象是用来显示 Chart 对象的，其成员对象信息如表 13-6 所示。

表13-6　XYPlot对象中成员信息

成员类型	名称	作用
成员函数	XYPlot()	生成一个空的XYPlot对象
	fitCurves()	缩放当前XYPlot对象的所有图表到当前画布中
	setValues()	设置XYPlot对象的参数
	……	……
成员变量	area	用来设置XYPlot对象的位置背景和边界参数的对象
	title	用来设置XYPlot标题的对象
	charts	用来存储chart对象的仓库
	curves	用来存储XYCurve对象的仓库
	……	……

13.3.2　Abaqus中的Mdb对象

Mdb 对象是存放 Abaqus 有限元模型的根对象，与 Session 对象不同，Mdb 对象可以被保存，可以在下一次打开时使用。

我们每次打开 CAE 界面时，就会调用 Mdb 对象的构造函数 Mdb()，自动创建一个名为 Mdb 的 Mdb 对象实例。Mdb 对象包括两个成员变量：Model 对象的仓库 models 和 Job 对象的仓库 jobs；同时 Mdb 对象也提供了多个有用的成员函数。表 13-7 给出了 Mdb 对象的成员信息。

Model对象

Models 是仓库类型，其存储的每个元素都为 Model 对象。图 13-8 展示的是 Model 对象的层次结构。和 Session 对象类似，Model 对象也有许多成员对象，比如 parts、rootAssembly、loads 以及 steps 等。大部分成员对象我们都可以通过其名称来判断其作用，比如 loads 就是存放载荷边界条件的对象仓库，steps 就是存放所有载荷步的对象仓库，而 rootAssembly 就是用来存放各种组装模型设置的对象。

表13-7 Mdb对象信息

成员类型	名称	作用
构造函数	Mdb()	生成一个新的Mdb对象，用于分析模型和任务信息的存放
成员函数	openMdb()	打开现有的模型数据库（.CAE文件）
	openCatia()	从现有的Catia几何文件生成一个AcisFile对象
	openIges()	从现有的IGES几何文件生成一个AcisFile对象
	openStep()	从现有的Stp几何文件生成一个AcisFile对象
	close()	关闭模型数据库（并不保存）
	save()	保存当前模型数据库到Mdb.pathName指定的路径
	saveAs()	保存当前模型数据库到某一指定的路径
	……	……
成员变量	jobs	当前模型数据库的任务仓库，包括所有分析的任务列表和返回信息
	models	当前模型数据库的模型仓库，保存了所有分析模型
	……	……

作为 Model 对象的一个子对象，Part 对象也有着自己特有的结构层次系统，如图 13-9 所示。Part 对象的成员对象包括一些几何或者网格序列，比如 cells、faces、edges、vertices、elements、nodes、sets 等。在二次开发过程中，常常需要对模型的某一部分赋予材料属性或者截面方向，Part 的几何特征就是该操作的基础。

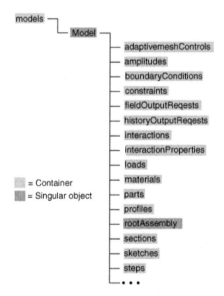

图13-8 Model对象的结构层次

另外一个比较重要的成员对象是 rootAssembly，它是 Assembly 类的一个实例对象。图 13-10 展示的就是 rootAssembly 的部分成员对象的结构层次。部件实例（PartInstance）是该对象的一个重要成员，其中包含了可以用来设置边界条件或者加载载荷条件的几何元素，比如 cells、elements、referencePoints 等。

Job对象

Mdb 对象的另一部分是 jobs 仓库，它存放 Job 对象。Job 对象的成员变量都是 Python 通用数据类型（字符串、整型、浮点等），用来设定提交计算的参数。Job 对象的几个特别有用的成员函数如表 13-8 所示，在第 15 章我们会对其进行详细的说明。

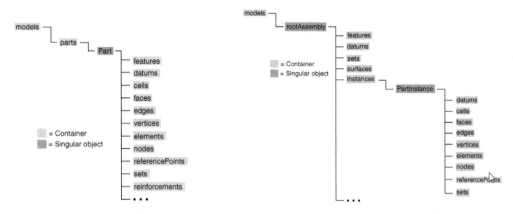

图13-9　Part对象的结构层次　　　　图13-10　rootAssembly对象的结构层次

表13-8　Job对象的成员函数

函数	作用
submit()	将当前任务提交分析计算
kill()	将当前分析任务停止
writeinput()	写入用于计算的INP文件
waitForCompletion()	暂停当前脚本的执行，直到当前的计算任务终止（完成或者出错退出）再开始继续后续脚本的执行

13.3.3　Abaqus中的Odb对象

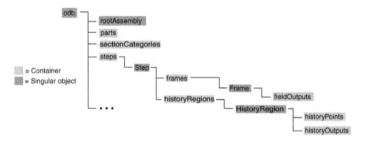

图13-11　odb对象的结构层次

如图 13-11 所示，Odb 对象具有和 Model 对象相似的成员对象，因为两者都需要有部分对象来描述模型信息，但由于 Odb 对象主要用来记录分析结果数据，因此两者的成员对象又有不同的地方，在第 16 章我们将会对其进行详细的描述。

第14章 Session对象的使用

Session 对象并非模型数据或者结果数据的载体，但是它是模型可视化、结果可视化的完成者。利用 Session 可以对象完成模型结果的可视化，完成图片的输出，也可以完成数据的可视化工作。

为了更清晰地解释各个对象如何使用，本章的选择一个 CAE 实例——Hertz 接触来讲解如何使用 Session 对象群来可视化该模型数据。

该例子中我们使用轴对称模型来分析使用 300N 的集中力将半径为 5mm 的钢珠压在钢块上的应力分布情况。经典的 Hertz 理论是针对无摩擦情况的，因此这个例子中钢珠和钢块之间也设置为无摩擦的接触。具体的模型和结果如图 14-1 所示。CAE 模型存储为 HertzContact.cae，结果文件命名为 HertzContact.odb。下面的操作中我们将该文件直接放置在 Abaqus 的当前工作目录中，方便调用。

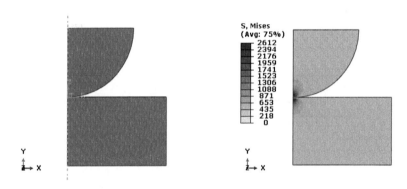

图14-1　Hertz接触模型和结果

从后处理可视化模块（visualization）我们可以打开 odb 文件并建立对应的 Odb 对象，这一过程需要使用到一个特殊的 Odb 命令 openOdb。Session 中可以使用的 session.openOdb(name='NAME'[,readonly=True]) 来完成。该命令的另一个作用就是会将新创建的 Odb 对象加入当前 session 的成员对象仓库 odbs 中。比如下列语句就可以打开当前工作目录下的结果文件 HertzContact.odb。

```
>>> o = session.openOdb(name='HertzContact.odb',readOnly=False)
>>> print session.odbs
{'D:/00_workspace/00_Abaqus/Chapter14/HertzContact.odb': 'Odb object'}
```

还有一个命令 openOdbs 可以用来同时打开多个文件，例如下面的语句可以同时打开当前工作目录下的结果文件 HertzContact0.odb 和 HertzContact1.odb。

```
>>> oo = session.openOdbs(names=('HertzContact0.odb','HertzContact1.odb'))
>>> print session.odbs
{'D:/00_workspace/00_Abaqus/Chapter14/HertzContact0.odb': 'Odb object',
'D:/00_workspace/00_Abaqus/Chapter14/HertzContact1.odb': 'Odb object'}
```

在上面这两个 Odb 命令的帮助下我们就可以使用 Session 对象对某个结果文件进行后处理。

14.1 Viewport及其相关对象

Session 对象群的主要功能在于可视化，Viewport 和 View 对象是最重要的两个成员。Viewport 对象管理 CAE 软件的各种显示窗口的具体设置：需要多大的窗口，哪一个窗口作为活动窗口，在窗口中显示什么内容等；而 View 对象则是在某一个具体的显示窗口中如何显示，它将告诉 Viewport 从什么位置从什么角度观察要显示的内容等。

表 14-1 列出了 Viewport 相关成员函数和对象的具体名称和功能。

表14-1 Viewport对象信息

成员类型	名称	作用
构造函数	Viewport()	生成一个新的窗口（Viewport）对象，用于模型显示
成员函数	sendToFront()	将该窗口（Viewport）对象放在前端显示
	getActiveElementLabels()	以字典的形式返回当前活动的窗口（Viewport）中的单元编号信息
	getActiveNodeLabels()	以字典的形式返回当前活动的窗口（Viewport）中的节点编号信息
	getPrimVarMinMaxLoc()	返回当前显示结果变量的最大值和最小值的位置信息：节点、单元、部件等。若当前窗口并未显示任何结果文件，返回空值None
	makeCurrent()	将该窗口对象设置为当前窗口
	sendToBack()	将该窗口对象置于后端
	setValues()	设置当前Viewport对象的显示对象
	……	……
成员变量	displayedObject	用来代表当前Viewport要显示的对象，可能的对象有Part、Assembly、ConstrainedSketch、Odb、PlyStackPlot、XYPlot；如果displayedObject为None，那么当前Viewport显示一个空的界面
	view	用来记录当前Viewport图形显示参数的对象
	odbDisplay	用来设定Odb对象的显示参数的对象
	partDisplay	用来设定Part对象的显示参数的对象
	assemblyDisplay	用来设定Assembly对象的显示参数的对象
	viewportAnnotationOptions	用来设定当前Viewport注释说明文字如何显示的对象
	annotationsToPlot	用来设定需要输出到当前窗口（Viewport）中的注释对象
	……	……

下面我们利用本章节开始所介绍的 Hertz 接触例子来说明 Viewport 和 View 对象的常用方法[①]。

首先我们需要打开 Abaqus/CAE 软件包，可以看到在 CAE 软件打开以后当前 Session 就会有一个名为 viewport 的对象。

```
>>> print session.viewports
{'Viewport: 1': 'Viewport object'}
```

下面我们利用 Viewport 对象的构造函数创建一个名为 myViewport 的新窗口对象 myViewport，后面的模型数据可视化工作都将会在这个新窗口中进行。

下面第 1 行命令中 name 参数定义了新对象存储时的关键字，并且设定不显示边框，而这个窗口标题为 Viewport Example: Hertz Contact。

```
>>> myViewport = session.Viewport(name='myViewport',border=ON,titleBar=ON,
titleStyle=CUSTOM,customTitleString='Viewport Example: Hertz Contact')
>>> print session.viewports
{'myViewport': 'Viewport object', 'Viewport: 1': 'Viewport object'}
```

---
① 本小节中所有的代码都是在 KCLI 窗口中运行的，运行完就会附上结果来说明运行效果。

默认的窗口 Viewport：1 是当前窗口，我们先使用 minimize() 函数将 Viewport：1 对象最小化，然后使用 restore 命令将 myViewport 窗口还原。

```
>>> session.viewports['Viewport: 1'].minimize()
>>> myViewport.restore()
```

初始窗口的大小取默认值 120×80，我们使用 setValue 命令将其修改为 150×100，并移动原点使得窗口处于合适的位置，最终的效果如图 14-2 所示。

```
>>> myViewport.setValues(width=150,height=100,origin=(0,-30))
```

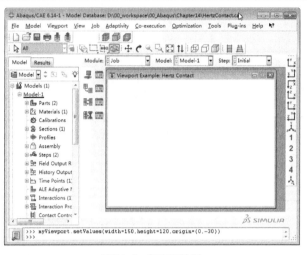

图14-2　新窗口效果

使用我们上面提到的 openOdb() 函数我们可以在新窗口中打开 Hertz 接触计算结果文件 HertzContact.odb。

```
>>> o = session.openOdb(name='HertzContact.odb',readOnly=True)
```

我们发现上面的命令虽然顺利执行，但是当前窗口 myViewport 并没有显示任何东西。因为显示并非自动完成的，Viewport 对象仅仅显示其成员对象 displayedObject 所指向的对象，而在 myViewport 建立初始，displayedObject 为 None。我们需要将刚打开的 odb 对象 o 赋给 displayedObject 即可。下面的命令执行效果如图 14-3 所示。

```
>>> myViewport.setValues(displayedObject=o)
```

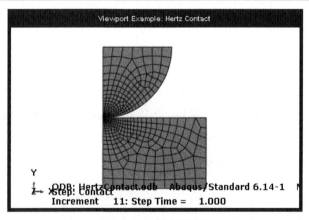

图14-3　结果文件显示

为了进一步显示应力云图，我们需要用到 myViewport 的 odbDisplay 成员对象，表 14-2 列出了 odbDisplay 对象的一些常用成员函数和成员变量。

表14-2 odbDisplay对象信息

成员类型	名称	作用
构造函数		无构造函数，CAE导入Visualization模块时自动创建一个默认的defaultOdbDisplay对象，并将其传入新创建的Viewport对象中以供使用
成员函数	setDeformedVariable()	设置显示量为某节点变量（比如位移）
	setFrame()	设置显示结果的载荷步时间
	setPrimaryVariable()	设定显示量为某场变量（比如应力）
	setStatusVariable()	设定是否隐藏显示某数据范围的单元
	……	……
成员变量	display	为DisplayOptions对象，其用来设定当前云图显示未变形网格还是变形后的网格
	contourOptions	用于设置云图色标的各种属性
	commonOptions	用于设置与云图外观相关的大多数属性
	……	……

为了显示Von-Mises应力云图，我们需要使用odbDisplay.setPrimaryVariable()函数。变量名称为S，其他可能的名字还有U（位移）、E（应变）等；outputPosition需要选择INTEGRATION_POINT，因为应力应变都默认记录在积分点上的，其他常用的选择还有NODAL（节点量）；refinement是选择变量的具体分量，可以是某个等效量INVARIANT也可以是某个分量COMPONENT。最终的效果如图14-4所示。

```
>>> from abaqusConstants import *
>>> myViewport.odbDisplay.setPrimaryVariable(variableLabel='S', outputPosition=
... INTEGRATION_POINT,refinement=(INVARIANT, 'Mises'))
>>>myViewport.odbDisplay.display.setValues(plotState=(
... CONTOURS_ON_DEF, ))
```

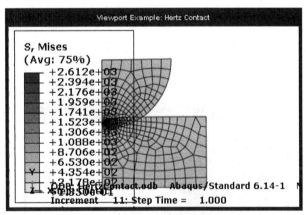

图14-4 von-Mises应力显示结果：初始效果

上面的云图显示中存在几点不足：

（1）色标的科学计数法占用太多位置，外边框太大；色标数值显示也不合理，放眼望去模型似乎全是处于低应力状态，不能突出高应力区的情况。

（2）两个部件之间似乎产生"穿透现象"，而这实际上是由于变形显示的缩放系数太大导致的。

（3）模型的下端的描述性文字可以去掉，使得图片更清爽。

针对这几点我们使用下面几行语句来解决这些问题。

```
>>> myViewport.odbDisplay.contourOptions.setValues(intervalType=LOG,
... spectrum='White to black')
>>> myViewport.odbDisplay.commonOptions.setValues(
... deformationScaling=UNIFORM, uniformScaleFactor=1,visibleEdges=FEATURE)
>>> myViewport.viewportAnnotationOptions.setValues(triad=ON,
```

```
... state=OFF, annotations=OFF,title=OFF,legendDecimalPlaces=0,
... legendNumberFormat=FIXED,legendBox=OFF)
```

第 1 句使用 Viewport 对象的 contorOptions 对象来设置色标数值为对数型，使得高应力区可以更明显一些，并采用灰度色标；第 2 句使用 commonOptions 对象把变形系数设置为 1；第 3 句使用 viewportAnnotationOptions 对象来设置色标卡的外形和去掉一些不必要的信息：注释、标题和状态条。最终效果如图 14-5 所示。

我们也可以使用命令将当前活动窗口打印输出为图片文件，这一过程需要用到 Session 对象的函数：printToFile()。文件名可以包含绝对路径，如 C:\Mises 就会将图形文件输出到 C 驱动器；输出格式 format 可以选择 PNG/EPS/TIFF/SVG/PS 等任一种；而 canvasObjects 是指需要打印的组件（每个 session 可能会有多个窗口）。

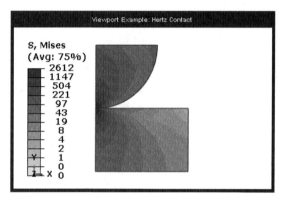

图14-5　von-Mises应力显示结果：修改后效果

```
>>> session.printToFile(fileName='Mises', format=PNG, canvasObjects=(myViewport, ))
```

对于轴对称问题我们还可以使用扩展显示的方式来获得如图 14-6 所示的 3D 结果，具体命令如下：

```
>>> myViewport.odbDisplay.basicOptions.setValues(
... sweepElem=ON,sweepStartAngleElem=10, sweepEndAngleElem=120)
```

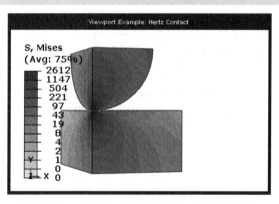

图14-6　von-Mises应力显示结果：扩展显示效果

为了便于观察模型的各个方面，我们常常需要或者缩放显示模型，或者旋转模型，或者平移模型，有时候我们需要让模型自适应地充满整个画布。这些过程都需要借助于 Viewport 对象的成员 View 来设置。表 14-3 给出的是 View 对象的一些成员信息。

rotate 命令将帮助我们实现模型的旋转操作。下面的语句使得模型绕着 y 轴旋转 30°，如图 14-7 所示。

```
>>> myViewport.view.rotate(yAngle=30)
>>> myViewport.view.fitView()
```

表14-3 View对象信息

成员类型	名称	作用
构造函数	View()	生成一个新的视图（View）对象，设定模型显示方式
成员函数	fitView()	根据当前窗口大小来缩放当前显示的对象
	rotate()	在当前窗口中旋转所显示的对象
	setRotationCenter()	用来设置视图的旋转中心
	setValues()	更改视图对象的属性
	setViewpoint()	更改视图观察点
	zoom()	缩放当前视图对象
	zoomRectangle()	放大矩形框中的显示部分到当前窗口中
	……	……
成员变量	displayedObjectScreenWidth	显示区域的宽度
	displayedObjectScreenHeight	显示区域的高度
	……	……

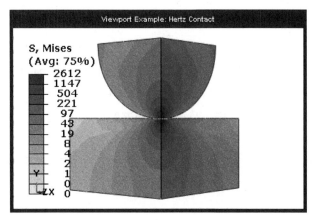

图14-7 借助View对象旋转模型

同样的，使用 rotate 命令我们可以绕着任意一个坐标轴旋转给定的角度值。可以想象，如果我们将这一段程序放在循环中使用，就可以看到模型随着程序执行而定时旋转一定的角度的动态效果。rotate() 函数的其他参数的使用方法可以通过查看帮助文档来获得详细信息。

View 对象中 setViewpoint() 函数的作用是改变观测角度，通过设置 viewVector 参数我们会得到不同的观测角度的模型结果，下面的命令会在图 14-7 的基础上得到如图 14-8 所示的显示效果。

```
>>> myViewport.view.setViewpoint(viewVector=(1,1,1))
>>> myViewport.view.fitView()
```

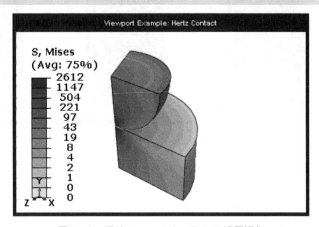

图14-8 借助view.setViewPoint()设置视角

上面主要讲述了 Odb 文件的可视化方法，一般的模型数据（Mdb）也必须利用 Session 对象才可以可视化，其需要使用对象 PartDisplayOptions 和 AssemblyDisplayOptions 来设置显示方式。我们会在后续介绍 Mdb 对象群的时候介绍这两者的使用方法。

Viewport 和 View 对象的其他函数，比如 view.zoom()，viewport.setColor()，viewport.forceRefresh() 等在 GUI 操作中使用更为方便，而脚本开发中并不常用，有兴趣的读者可以进一步查阅帮助文档。

14.2　Path对象

Path 是后处理中经常需要用到的一个对象，无论是直线或者曲线的 path，Abaqus 都可以给出沿着其路径上的应力或者其他变量的结果。

Path 对象比较简单，只有一个函数 session.Path()：path 类的构造函数。Path() 函数被用来生成新的路径，而生成后的路径会保存在 session.paths 数据仓库中。

最简单的也是使用最多的路径定义方式就是选择网格节点的方式来定义 Path，比如对于我们的 Hertz 模型，下面的语句通过逐个拾取的方式定义了一条沿着接触法线方向的路径 path0，如图 14-9 左图所示。

```
>>> path0 = session.Path(name='Path-0', type=NODE_LIST, expression=(('BASE-1', (2, '26:16:-1', )), ))
```

这种方式好处是路径我们可以任意给定，只要我们知道处在路径上的节点的编号即可。对于复杂的模型路径上节点的编号很难获取，我们很难从编程的角度建立对应的路径，但是如果利用 Path 构造函数的另一个参数 type=RADIAL 或者 CIRCUMFERENTIAL，我们可以方便地使用程序构造出我们期望的直线或者环形路径。下面的两个语句就是利用这一特性构造出的直线路径 path1 和环形路径 path2，如图 14-9 中、右图所示。

```
>>> path1 = session.Path(name='Path-1', type=RADIAL, expression=((0, 0, 0), (0, 0, 1),
(0, -1.0, 0)), circleDefinition=ORIGIN_AXIS, numSegments=20,          radialAngle=0, startRadius=0,
endRadius=CIRCLE_RADIUS)
>>> path2 = session.Path(name='Path-2', type=CIRCUMFERENTIAL, expression=((0, 0, 0),
(0, 0, 1), (0, -1.0, 0)), circleDefinition=ORIGIN_AXIS, numSegments=20, startAngle=0, endAngle=360,
radius=CIRCLE_RADIUS)
```

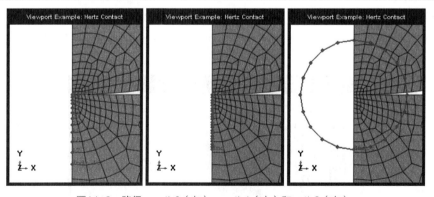

图14-9　路径：path0（左），path1（中）和path2（右）

实际上该方法中 expression 参数中的前两个坐标 (0, 0, 0), (0, 0, 1) 定义了 1 个坐标轴，第 3 个坐标（0,-1.0,0）给定了圆的半径方向。当 type=RADIAL 时，命令在该半径方向上 startRadius 和 endRadius 之间产生 numSegments 个节点；当 type=CIRCUMFERENTIAL 时，命令在该圆环上角度在 startAngle 和 endAngle 之间产生 numSegments 个节点。很显然，这些"节点"都不是原本网格上的节点，获取这些"节点"对应的应力值时 Abaqus 需要做一些插值处理。

紧接着为了获取展示沿着路径的应力或者变形结果 XYData，XYCurve 和 XYPlot 是我们需要知道的几个重要对象。

14.3 XYData对象

表 14-4 给出的是 XYData 对象的具体信息，其几个函数的作用都是使用不同的数据源生成一个数据对象 XYData。

表14-4 XYData对象信息

成员类型	名称	作用
构造函数	XYData()	利用一组数组或者一个XYData对象生成一个新的XYData对象
	XYDataFromFile()	利用ASCII文件中的数据生成XYData对象
	XYDataFromHistory()	利用结果文件ODB中的时间历程数据生成XYData对象
	xyDataListFromField()	利用结果文件ODB中的场变量数据生成一组XYData对象
	XYDataFromShellThickness()	利用结果文件ODB中的壳单元截面点数据生成一组XYData对象
	XYDataFromPath()	从路径信息生成XYData对象
成员函数	setValues()	修改XYData对象的属性
	……	……
成员变量	sourceType	用来指示XYData数据来源的常量，可能值有FROM_ODB、FROM_KEYBOARD、FROM_ASCII_FILE、FROM_OPERATION和FROM_USER_DEFINED
	fileName	记录数据源文件名的字符串
	……	……

下面的语句帮助我们以现有的二维数组（(1,2)，(2,4)，(3,6)，(4,8)）为基础创建一个 XYData 对象。

```
>>> xyData1 = session.XYData(data=((1,2),(2,4),(3,6),(4,8)),name='Data1',
legendLabel='Data1',xValuesLabel='X',yValuesLabel='Y')
>>> print session.xyDataObjects
{'Data1': 'xyData object'}
```

如果数据源是现有的文本文件，我们可以利用 session.XYDataFromFile() 来生成对应的 XYData 对象，比如文本文件 dataFile.txt 包含如图 14-10 所示的内容。

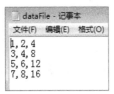

图14-10 数据文件内容

如下的代码就可以利用第 1 列和第 3 列数据生成一个新的 XYData 对象。

```
>>> xyData2 = session.XYDataFromFile(fileName='dataFile.txt',name='Data2',
xField=1,yField=3)
>>> print session.xyDataObjects['Data2'].data
((1.0, 4.0), (3.0, 8.0), (5.0, 12.0), (7.0, 16.0))
```

当然在 Abaqus 中最常见的是使用函数从结果数据文件 Odb 中生成 XYData 对象。下面我们还是以 Hertz 接触的 Odb 文件为例子来说明提取数据的方法。首先确保 HertzContact.odb 已经打开，下面的语句可以提取如图 14-11 所示的几个单元的 Mises 应力随加载时间变化的数据。

```
>>> myDatas = session.xyDataListFromField(odb=o, outputPosition=INTEGRATION_POINT,
...     variable=(('S', INTEGRATION_POINT, ((INVARIANT, 'Mises'), )), ),
...     elementLabels=(('BALL-1', (16, 17, )), ('BASE-1', (46, 91, )), ))
```

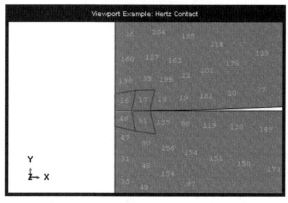

图14-11　单元位置示意

其中，elementLabels 参数用来指定要查询应力的对象，根据不同的单元所属的部件实例对象来书写，('BALL-1', (16, 17,)) 就表示部件实例 BALL-1 上编号为 16 和 17 的单元。

除了上述方法外，沿路径的结果数据也可以使用函数提取，比如下面的语句就可以帮助我们提取沿着路径 myPath 的 Mises 应力数据。

```
>>> myPath = session.Path(name='myPath', type=RADIAL, expression=((0, 0, 0), (0, 0, 1), (0,
...     -3.0, 0)), circleDefinition=ORIGIN_AXIS, numSegments=20,
...     radialAngle=0, startRadius=0, endRadius=CIRCLE_RADIUS)
>>> myData = session.XYDataFromPath(path=myPath, shape=UNDEFORMED, labelType=
...     TRUE_DISTANCE, includeIntersections=True, name='myData', variable=
...     (('S', INTEGRATION_POINT, ((INVARIANT, 'Mises'), )), ))
```

XYDataFromPath() 函数的参数中，includeIntersections 参数可以控制是否对路径与单元边或者面的交点的数据插值计算。若其为 False 则仅仅记录 myPath 路径上的 21 个点的应力数据；若其为 True 则会记录包括插值点在内的 37 个点的应力数据。

提取得到的 XYData 对象中的数据都是以数组的形式存放，比如上面 myData 中的数据如下：

```
>>> myData.data
((0.0, 1024.65600585938), (0.0, 1321.88549804688), (0.0465461611747742, 1563.67700195313),
(0.101051464676857, 2029.0546875), (0.150000005960464, 2290.76196289063), (0.164876878261566,
2370.30224609375), (0.239616096019745, 2571.1123046875), (0.300000011920929, 2599.0478515625),
(0.327135294675827, 2611.60131835938), ...))
```

我们并不能直观的看出 Hertz 接触中 Mises 应力沿着法线方向的变化情况，二维图是数据可视化的最简单方案。

14.4　XYCurve和XYPlot对象

Abaqus 中提供的二维数据绘图功能是由对象 XYCurve 和 XYPlot 来完成的，两个对象的具体信息如表 14-5 和表 14-6 所示。

表14-5　XYCurve对象信息

成员类型	名称	作用
构造函数	Curve()	通过XYData对象生成对应的曲线
成员函数	setValues()	用于修改曲线显示属性
	……	……
成员变量	data	显示数据对象XYData
	lineStyle	用于曲线显示的设置
	……	……

表14-6　XYPlot对象信息

成员类型	名称	作用
构造函数	XYPlot()	生成一个空的XYPlot对象
成员函数	fitCurves()	使曲线布满当前画布
	setValues()	用于修改画布的大小和标题
	……	……
成员变量	charts	一个图表对象仓库
	curves	一个曲线对象仓库
	……	……

我们使用图14-12所示的图例来说明使用Abaqus可视化时候涉及的几个对象之间的关系。与Odb结果显示相同，二维图XYPlot的显示也是在某个Viewport对象基础上完成的，需要将Viewport.displayedObject设置为XYPlot；XYPlot对象需要用户自己创建，在创建XYPlot对象的同时程序会自动创建Chart对象并存储在XYPlot.charts数据仓库中；Chart对象可以将XYCurve对象嵌入XYPlot对象一起显示；XYCurve对象是以XYData对象的数据为基础使用session.Curve()函数生成的。

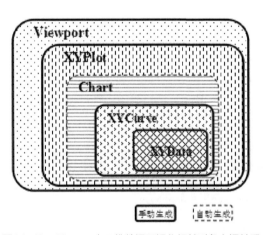

图14-12　Abaqus中二维数据可视化相关对象之间关系

下面的脚本可以被用来绘制上一节得到myData数据对象，它记录的是经典Hertz接触中沿着接触法线方向路径上Mises应力的变化情况，得到图14-13所示的曲线。

```
>>> myXYPlot = session.XYPlot(name='myXYPlot')
>>> chartName = myXYPlot.charts.keys()[0]
>>> chart = myXYPlot.charts[chartName]
>>> myCurve = session.Curve(xyData=myData)
>>> chart.setValues(curvesToPlot=(myCurve, ), )
>>> myViewport.setValues(displayedObject=myXYPlot)
```

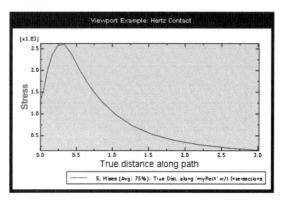

图14-13　Hertz接触中Mises应力在接触法线上的分布

我们还可以通过设置 XYPlot.title、XYCurve.lineStyle、XYCurve.symbolStyle、XYCurve.legendLabel 等属性修改图形的显示方式以满足特定的需求。

下面我们就以自定义的一组正弦曲线为数据，来展示如何自定义数据绘制如图 14-14 所示线图。

case_14_1.py

```
1   import math
2   from abaqusConstants import *
3   #=====================generate the data to plot=========================
4   xBase = range(0,50,1)
5   xData = [i*4.0*math.pi/50.0 for i in xBase]
6   y1Data = [math.sin(i) for i in xData]
7   y2Data = [math.cos(i) for i in xData]
8   sinData = zip(xData,y1Data)
9   cosData = zip(xData,y2Data)
10  sinData =   session.XYData(data=sinData,name='sinData',legendLabel='Sin(X)',
11      xValuesLabel='X',yValuesLabel='Y')
12  cosData =   session.XYData(data=cosData,name='cosData',legendLabel='Cos(X)',
13      xValuesLabel='X',yValuesLabel='Y')
14  #=====================generate the curve to plot=========================
15  sinCurve = session.Curve(xyData=sinData)
16  sinCurve.setValues(displayTypes=(LINE,), legendLabel='sin(x) curve',
17      useDefault=OFF)
18  sinCurve.lineStyle.setValues(style=SOLID,thickness=1.0,color='Black')
19  sinCurve.symbolStyle.setValues(show=OFF)
20  cosCurve = session.Curve(xyData=cosData)
21  cosCurve.setValues(displayTypes=(SYMBOL,), legendLabel='cos(x) curve',
22      useDefault=OFF)
23  cosCurve.symbolStyle.setValues(marker=HOLLOW_CIRCLE,size=2.0,color='Black')
24  #=====================generate picture==================================
25  scPlot = session.XYPlot(name='sin-cos-Plot')
26  scPlot.title.setValues(text='sin Vs. cos')
27  chartName = scPlot.charts.keys()[0]
28  chart = scPlot.charts[chartName]
29  chart.setValues(curvesToPlot=(sinCurve,cosCurve), )
30  chart.gridArea.style.setValues(color='White')
31  myViewport = session.Viewport(name='myViewport',border=OFF,
32      titleBar=OFF,titleStyle=CUSTOM,customTitleString=
33      'Viewport Example of XYPlot')
34  myViewport.setValues(width=120,height=80,origin=(0,-20))
```

```
35  myViewport.setValues(displayedObject=scPlot)
36  session.printToFile(fileName='sin_cos', format=TIFF, canvasObjects=(
37      myViewport, ))
```

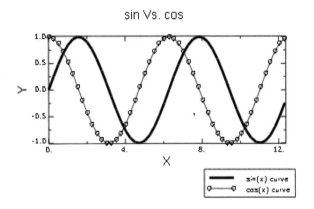

图14-14　使用XYPlot绘制曲线

其中，

第 4 ~ 13 行，使用 zip() 函数将两个一维数组合并成为 $2 \times N$ 维数组；一组的数值存储 sin 函数关系，另一组是 cos 函数关系；为这两组数值分别生成对应的 XYData 对象；

第 15 行，使用 Curve 函数生成曲线对象；

第 16 ~ 17 行，设置曲线 sinCurve 的显示方式和图例；

第 18 ~ 19 行，设置曲线显示的线型，并关闭标记显示；

第 25 行，生成 XYPlot 对象；

第 26 行，设置 XYPlot 的标题；

第 27 ~ 29 行，将曲线 sinCurve 和 cosCurve 加入绘图框；

第 30 行，将绘图区域颜色设置为白色；

第 31 ~ 35 行，生成窗口对象，并将 XYPlot 对象显示在窗口中；

第 36 ~ 37 行，打印图片。

在 CAE 界面下，选择 File->Run script 然后选择该程序，就可以得到如图 14-14 所示的曲线。在命令行下，通过运行 abaqus cae script=case_14_1.py 或者使用 abaqus cae noGUI=case_14_1.py 运行，也可以得到相应的结果。

14.5　writeXYReport和writeFieldReport函数

除了绘图外，Session 对象也提供了将 XYData 写入文本文件的方法：session.writeXYReport(fileName,xyData[,appendMode]) 函数，而输出文件的具体格式可以通过 session.XYReportOptions 对象（见表 4-17）来设定。

对于 XYData 对象 myData，下面的语句可以将其输出到对应的文件中，得到的文件结果如图 14-15 所示。

```
>>> myData = session.XYData(name='myData',data=((1,2),(2,4),(3,6),(4,8)))
>>> from abaqusConstants import *
>>> session.xyReportOptions.setValues(pageWidth=60,numDigits=6,totals=True,minMax=True,
pageWidthLimited=SPECIFY,numberFormat=ENGINEERING)
>>> session.writeXYReport(fileName='data.txt',xyData=myData)
```

表14-7 XYReportOptions对象信息

成员类型	名称	作用
成员函数	setValues()	用于修改XYReportOptions的成员变量
成员变量	pageWidth	整数值，定义每行最大字符数
	numDigits	整数值，定义每个数字的位数
	xyData	布尔值，定义是否将XY数据写入文件
	totals	布尔值，定义是否输出Y值的总计值
	minMax	布尔值，定义是否输出X和Y值的极值
	pageWidthLimited	常值，定义是否行宽有限制
	numberFormat	常值，定义数字表示方式，可选项有AUTOMATIC，ENGINEERING和SCIENTIFIC
	layout	常值，定义文件布局，可选项有SINGLE_TABLE和SEPARTATE_TABLES
	……	……

```
 1
 2                   X           myData
 3
 4              1.            2.
 5              2.            4.
 6              3.            6.
 7              4.            8.
 8
 9    TOTAL    10.           20.
10
11    MINIMUM   1.            2.
12    AT X =                  1.
13    MAXIMUM   4.            8.
14    AT X =                  4.
```

图14-15 writeXYReport输出的文本文件

对于一般Odb文件中的场变量数据的输出，我们可以借助于Session对象的另一个函数writeFieldReport()。它的作用是将当前显示的单元或者节点集合的数据按照类似于writeXYReport的方法写入到指定文件中。在使用之前需要先将当前的显示集合变为感兴趣的集合，这需要用到Abaqus中的显示组DisplayGroup对象，其相关信息如表14-8所示。

表14-8 DisplayGroup对象信息

成员类型	名称	作用
构造函数	DisplayGroup()	创建一个显示组对象
成员函数	add()	将特定项目加入当前显示组中
	remove()	将特定项目从当前显示组中去除
	replace()	用指定项目替换当前显示组中的内容
	intersect()	显示当前显示组和指定项目共有的内容
	……	……
成员变量	name	显示组的字典键值
	……	……

Abaqus专门定义了临时对象——leaf对象——来声明显示组函数使用的参数。在模型数据显示时，leaf对象需要从模块displayGroupMdbToolset导入使用；而在结果数据显示时，leaf对象来自于displayGroupOdbToolset模块。

displayGroupOdbToolset和displayGroupMdbToolset模块中对象的使用方法比较简单。下面我们以displayGroupOdbToolset.LeafFromModelElemLabels为例建立一个显示组对象。

```
>>> from abaqus import *
>>> from abaqusConstants import *
>>> vp = session.Viewport(name='myViewport',origin=(0,-30))
>>> o = session.openOdb(name='HertzContact.odb',readOnly=True)
```

```
>>> vp.setValues(displayedObject=o)
>>> import displayGroupOdbToolset as dGO
>>> myLeaf=dGO.LeafFromModelElemLabels(elementLabels=(('BALL-1', ('1:40;1',)),))
>>> vp.odbDisplay.displayGroup.replace(leaf=myLeaf)
>>> vp.view.fitView()
```

其中，elementLabels=(('BALL-1', ('1:40;1',)),) 指定了部件实例 Ball-1 中 1 ~ 40 编号的单元；在切换显示对象时，需要用到 displayGroup 中的方法 replace()。经过这些调整，当前窗口中仅仅显示了 Ball-1 中编号前 40 的单元，如图 14-16 所示。

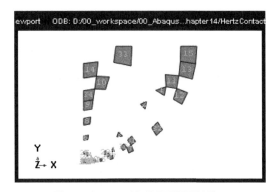

图14-16 leaf对象使用后显示的单元

我们此时可以利用 writeFieldReport() 函数将这 40 个单元的结果导入到文本文件中，如图 14-17 所示。

```
********************************************************************
Field Output Report, written Tue Apr 07 23:36:41 2015

Source 1
---------

    ODB: D:/00_workspace/00_Abaqus/Chapter14/HertzContact.odb
    Step: Contact
    Frame: Increment     11: Step Time =    1.000

Loc 1 : Integration point values from source 1

Output sorted by column "Element Label".

Field Output reported at integration points for part: BALL-1

            Element              Int          S.Mises
             Label               Pt           @Loc 1
-------------------------------------------------
                1                1          18.1827
                2                1          24.9035
                3                1          50.8267
```

图14-17 writeFieldReport的输出文本文件

```
>>> session.writeFieldReport(fileName='abaqus.rpt', append=OFF,
    sortItem='Element Label', odb=o, step=0, frame=6,
    outputPosition=INTEGRATION_POINT, variable=(('S', INTEGRATION_POINT, ((
    INVARIANT, 'Mises'), )), ))
```

其中，append 参数为 OFF 代表新数据会覆盖原来的数据；frame=6 代表输出变量值对应的数据输出点；step=0 表示第一步。这个脚本最终输出的文本文件名为 abaqus.rpt，其内容如图 14-17 所示。

至此，我们讲述了 session 模型中比较常用的几个对象和函数的使用方法，其他一些函数和对象，如果有需要，可以从帮助文档中查看学习。下面一章我们将开始涉及如何操作 Mdb 对象，如何使用脚本建立模型。

第15章 Mdb对象的使用

Mdb 模型数据库对象记录了 Abaqus 有限元分析模型和分析设置。所有的分析任务都从建立模型开始，因而大部分二次开发工作也是从建立 Mdb 对象开始的。表 15-1 列出了 Mdb 对象最常用的 5 个成员函数和两个成员对象。

表15-1 Mdb对象信息

成员类型	名称	作用
构造函数	Mdb()	生成一个新的Mdb对象，用于分析模型和任务信息的存放
成员函数	openMdb()	打开现有的模型数据库（.CAE文件）
	close()	关闭模型数据库（并不保存）
	save()	保存当前模型数据库到Mdb.pathName指定的路径
	saveAs()	保存当前模型数据库到某一指定的路径
	……	……
成员变量	jobs	当前模型数据库的任务仓库，包括所有分析的任务列表和返回信息
	models	当前模型数据库的模型仓库，保存了所有分析模型
	……	……

使用 Mdb() 函数我们就可以创建一个新的 Mdb 对象。从运行后的提示信息可以看出，创建 myMdb 后，会有一个新的模型对象 Model-1 自动创建。

```
>>> from abaqus import *
>>> myMdb = Mdb(pathName='Test.cae')
# 创建新的模型数据库对象 myMdb
# 同时 Abaqus 会自动创建一个名为 "Model-1" 模型数据对象
```

使用仓库类的 changeKey() 函数可以修改新模型对象的关键字。

```
>>> myMdb.models.changeKey(fromName='Model-1',toName='myModel')
```

使用 openMdb() 函数可以从一个已有的 CAE 文件来创建一个 Mdb 对象。下面的命令就可以打开上一章我们所建立的经典 Hertz 接触的 CAE 文件。

```
>>> hertzMdb = openMdb(pathName='HertzContact.cae')
# 打开现有的 CAE 文件创建新的模型数据对象
>>> hertzMdb.pathName
'D:\\abaqus_workspace\\HertzContact.cae'
```

saveAs() 可以用来将该文件保存到其他位置或者重命名。

```
>>> hertzMdb.saveAs(pathName='D:\\abaqus_workspace\\test\\HertzContact.cae')
The model database has been saved to "D:\abaqus_workspace\test\HertzContact.cae".
```

我们可以通过 Mdb 对象查看其包含的有限元模型以及任务信息。

```
>>> print hertzMdb.models
```

```
{'Model-1': 'Model object'}
>>> print hertzMdb.jobs
{'HertzContact': 'ModelJob object'}
```

下面我们逐一介绍几个关键的对象：Model 对象群和 Job 对象群。

15.1 Model类与有限元模型的建立

Model 对象中存储了几何结构、组装关系、网格划分、材料属性、边界载荷分布以及求解器设定的全部信息。表 15-2 列出了 Model 对象的成员函数和成员对象的名称和功能。

表15-2 Model对象信息

成员类型	名称	作用
构造函数	Model()	生成一个新的模型对象，并存储在mdb.models仓库
	ModelFromInputFile()	使用指定的inp文件来生成一个新的Model对象
	ModelFromOdbFile()	使用指定的odb文件来生成一个新的Model对象
成员函数	setValues()	用来修改Model对象的一些常用设置信息，比如玻尔兹曼常数、绝对零度、气体常数、重启动信息、子模型信息
	……	……
成员变量	name	字符串，模型对象的名称
	noPartsInputFile	布尔值，设置输出的inp文件中是否包含part和assembly信息
	rootAssembly	Assembly对象，描述模型的组装关系
	amplitudes	Amplitude对象仓库，包含该模型中所有幅值曲线
	profiles	Profile对象仓库，包含模型中所有截面特性
	boundaryConditions	BoundaryCondition对象仓库，包含模型中所有边界条件对象
	constraints	Constraint对象仓库，包含模型中所有Constraint对象
	interactions	Interaction对象仓库，包含模型中所有Interaction对象
	interactionProperties	InteractionProperty对象仓库
	loads	Load对象仓库
	materials	Material对象仓库
	sections	Section对象仓库
	sketches	ConstrainedSketch对象仓库
	parts	Part对象仓库
	steps	Step对象仓库
	timePoints	TimePoint对象仓库
	featureOptions	FeatureOptions对象，设置特征属性
	……	……

下面我们分别利用 HertzContact.inp 和 HertzContact.odb 文件构建新的模型对象[①]。

```
>>> import os
>>> print os.getcwd()
D:\abaqus_workspace
>>> modelINP = mdb.ModelFromInputFile(name='Model_INP',
inputFileName='HertzContact.inp')
# 利用现有的 INP 文件生成新的模型数据对象，命名为 Model_INP
>>> modelODB = mdb.ModelFromOdbFile(name='Model_ODB',
odbFileName='HertzContact.odb')
# 利用现有的 ODB 文件生成新的模型数据对象，命名为 Model_ODB
```

---

① 确保 HertzContact.inp 和 HertzContact.odb 文件都在当前工作目录下。

```
>>> print modelINP.noPartsInputFile
OFF
>>> modelODB.setValues(noPartsInputFile=True,absoluteZero=-273.15,universalGas=8.314)
```

os.getcwd() 函数被用来查看当前的工作目录；ModelFromInputFile() 函数和 ModelFromOdbFile() 的使用创建了两个模型对象：Model_INP 和 Model_ODB；而 Model.setValues() 函数被用来修改模型 ModelODB 对象的参数。图 15-1 展示的是构建出来的新模型对象的组装图，可以看出新模型是基于孤立网格的模型。

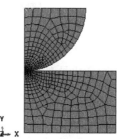

图15-1　从ODB文件中构造的Model对象

15.1.1 Sketch和Part对象

Sketch 和 Part 对象的构造很复杂，可以访问的成员对象很多，可以调用的函数更多。下面我们的介绍将从最简单最常用的信息入手，其他相关的函数或者信息可以参照帮助文档来学习。

Sketch对象

ConstrainedSketch 对象是 Part 的基础。它是由草绘图形基础几何元素对象 ConstrainedSketchGeometry "组装" 成的。Abaqus 中的 ConstrainedSketch 相关类的主要成员信息如表 15-3 所示。

表15-3　ConstrainedSketch成员信息

成员类型	名称	作用
构造函数	ConstrainedSketch()	生成一个新的草绘图对象
成员函数	assignCenterline()	指定某个辅助线作为旋转中心
	autoDimension()	为某个几何元素施加尺寸位置约束
	autoTrimCurve()	将选择的元素的特定部分删去
	linearPattern()	以线型位置复制生成多个指定几何元素
	setPrimaryObject()	将当前草绘图设置为窗口的初始显示对象，option为STANDALONE时，清空原窗口再显示草绘状态；若为SUPERIMPOSE，在原窗口上叠加显示草绘图状态
	Line()	利用两点生成线元素
	ConstructionLine()	利用两点生成辅助线元素
	Spot()	根据坐标生成点，并加入ConstrainedSketch的成员变量ConstrainedSketchVertexArray
	ArcByCenterEnds()	利用中心和始末点生成圆弧元素
	PerpendicularConstraint()	为指定几何元素添加垂直约束关系
	……	……
成员变量	constraints	ConstrainedSketchConstraint仓库，保存草绘图中的约束
	geometry	ConstrainedSketchGeometryArray对象，存储Sketch中的几何元素（直线，圆弧，圆和样条等）
	dimensions	ConstrainedSketchDimension仓库，保存草绘图中的尺寸约束
	……	

下面程序的作用就是利用上面几个函数建立如图 15-2 所示的两个 Sketch，该脚本可以直接在 CAE 中通过 Run Script 方式来运行。

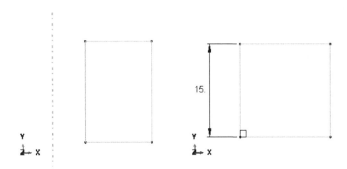

图15-2 旋转草绘图（左）和拉伸草绘图（右）

case_15_1.py

```
1   # -*- coding: mbcs -*-
2   from abaqus import *
3   from abaqusConstants import *
4   from caeModules import *
5   #===============Sketch: Revolve=======================
6   if mdb.models.has_key('myModel'):
7       m = mdb.models['myModel']
8   else:
9       m = mdb.Model(name='myModel')
10  Sr = m.ConstrainedSketch(name='Revolve', sheetSize=200.0)
11  g = Sr.geometry
12  Sr.setPrimaryObject(option=SUPERIMPOSE)
13  cline = Sr.ConstructionLine((0,20), (0,-20))
14  Sr.assignCenterline(line=cline)
15  line1 = Sr.Line(point1=(0.0, 15.0), point2=(15.0, 15.0))
16  line2 = Sr.Line(point1=(15.0, 15.0), point2=(15.0, 0.0))
17  line3 = Sr.Line(point1=(15.0, 0.0), point2=(0.0, 0.0))
18  line4 = Sr.Line(point1=(5.0,0.0), point2=(5.0,15.0))
19  Sr.autoTrimCurve(curve1=line1, point1=(0.0, 15.0))
20  Sr.autoTrimCurve(curve1=line3, point1=(0.0, 0.0))
21  Sr.unsetPrimaryObject()
22  #===============Sketch: Extrude=======================
23  Se = m.ConstrainedSketch(name='Extrude', sheetSize=200.0)
24  g, c = Se.geometry, Se.constraints
25  Se.setPrimaryObject(option=STANDALONE)
26  line1 = Se.Line(point1=(0.0, 15.0), point2=(15.0, 15.0))
27  line2 = Se.Line(point1=(15.0, 15.0), point2=(15.0, 0.0))
28  line3 = Se.Line(point1=(15.0, 0.0), point2=(0.0, 0.0))
29  line4 = Se.Line(point1=(0.0,0.0), point2=(0.0,15.0))
30  Se.PerpendicularConstraint(entity1=line3, entity2=line4)
31  Se.autoDimension(objectList=(line4,))
32  Se.unsetPrimaryObject()
```

其中，

第 6 ~ 9 行，使用 Model 构造函数建立名为 myModel 的模型数据对象，如果当前模型仓库中存在同名对象，则获得现有模型数据对象的引用；

第10行，使用构造函数建立一个ConstrainedSketch对象，其中sheetSize参数大小对二次开发无实际意义；

第12行，将当前草绘图设置为显示对象；

第13~14行，先使用ConstructionLine()函数构建辅助线，再利用assignCenterline函数将其设置为对称轴；

第19行，使用autoTrimCurve()函数删除多余的线段，注意该函数参数中的点坐标并不需要精确在要删除的线段上，只需要在要删除线段的附近就可以；

第30行，使用PerpendicularConstraint()函数帮助line3和line4建立垂直关系（仅仅为了演示用法，实际上由于坐标设定原因，两者本来就相互垂直）；

第31行，使用autoDimension()函数来对线段line4做尺寸约束；

第32行，去除草绘图的显示状态。

◆ Tips：

生成一个几何元素时立即将其赋值给某变量，这样可以方便后续调用。

Part对象

建立好的Sketch对象可以被用来生成Part对象，Part相关对象的信息如表15-4所列。

表15-4 Part对象成员信息

成员类型	名称	作用
构造函数	Part()	生成一个具有指定属性的Part对象
	PartFromBooleanCut()	使用布尔运算从一组部件实例中创建一个新的Part对象并将其放入parts仓库中
	PartFromOdb()	从Odb对象生成一个孤立网格部件
	Part2DGeomFrom2DMesh()	从2D网格模型中生成对应的几何模型
成员函数	setValues()	用来修改Part对象的节点和网格编号起点，以及设置Part对象的显示精度
	getAngle()	返回两个面或者两条线之间的夹角
	getCurvature()	返回给定边的最大曲率
	getLength()	返回给定边的边长（若给定一组边，则返回边长的和）
	getVolume()	返回给定体的体积（若给定一组体，则返回体积的和）
	getMassProperties()	返回给定体的质量信息
	regenerate()	用于在修改特征后更新模型
	PerpendicularConstraint()	为指定几何元素添加垂直约束关系
	……	……
成员变量	vertices	VertexArray对象，存储当前Part所有的模型节点
	edges	EdgeArray对象，存储Part中所有的边线
	faces	FaceArray对象，存储Part中所有的面
	cells	CellArray对象，存储Part中所有的体
	elements	MeshElementArray对象，存储Part中所有单元的序列
	nodes	NodeArray对象，存储Part中所有网格节点
	features	特征对象仓库，存储当前Part所有特征信息
	featuresById	特征对象仓库，以整数为关键字存储的所有特征信息
	datums	参考数据对象仓库，存储包括点、轴线或者基准面
	referencePoints	参考点对象仓库
	……	……

Abaqus中Part对象可以从现有部件的布尔运算得到，也可以从结果文件Odb中生成；对于二维模型也可以从二维的网格模型生成新的几何部件模型，最为常用的方式还是基于特征的几何模型生成方式。这涉及一组对象：feature对象。

Abaqus/CAE 使用的是基于特征的建模方法，feature 对象在建模时非常重要，几乎所有的对几何模型的操作都必须使用 feature 对象来完成，比如切割、拉伸、打孔、倒角等。另外，建模和模型修改使用的基准点、基准线或者基准面也都是使用 feature 对象的函数创建的。表 15-5 给出了 feature 对象的部分信息。

表15-5 与feature对象相关的Part函数

Part	作用
AnalyticRigidSurfRevolve()	创建一个feature对象，其可以绕y轴旋转特定的草绘图生成一个解析面
BaseSolidExtrude()	创建一个feature对象，其作用是通过拉伸给定的草绘图生成体
BaseSolidRevolve()	创建一个feature对象，其作用是通过旋转给定的草绘图生成体
BaseSolidSweep()	创建一个feature对象，其通过让给定的草绘图沿某个给定曲线扫过生成体
CutExtrude()	创建一个feature对象，其作用是利用指定的草绘图在某个现有Part上切除特定深度
Chamfer()	创建一个feature对象，其作用是为指定的边倒角
Round()	创建一个feature对象，其作用是为指定的边圆角
ExtendFaces()	创建一个feature对象，作用为将指定的面沿着其某个自由边延伸
DatumAxisByTwoPoint()	创建一个feature对象，其由两点生成一个基准轴对象
DatumPlaneByThreePoints()	创建一个feature对象，其由3点生成一个参考面对象
DatumPointByMidPoint()	创建一个feature对象，其由两点生成一个位于中点的基准点
PartitionCellByDatumPlane()	创建一个feature对象，其利用给定的基准面来分割体
PartitionCellByPatchNEdges()	创建一个feature对象，其利用给定的N条边组成的面来分割体
ReferencePoint()	创建一个feature对象，其在给定的坐标处生成参考点对象
WirePolyLine()	创建一个feature对象，其由一系列点生成一组空间线框
……	……

利用这些 feature 对象的函数，结合上面生成的草绘图，我们就可以生成对应的 Part 对象。由于要使用对应的草绘图，下面的命令必须在 case_15_1.py 之后运行。

```
>>> p1 = mdb.models['myModel'].Part(name='Part-1', dimensionality=THREE_D,
...     type=DEFORMABLE_BODY)
# 创建名为 Part-1 的三维实体对象 p1
>>> p1.BaseSolidExtrude(sketch=Se, depth=20.0)
# 调用 p1 的成员对象构造函数为 p1 对象添加特征对象信息：拉伸草图 Se
>>> p2 = mdb.models['myModel'].Part(name='Part-2', dimensionality=THREE_D,
...     type=DEFORMABLE_BODY)
>>> p2.BaseSolidRevolve(sketch=Sr, angle=90.0, flipRevolveDirection=OFF)
```

这 4 行命令可以以草绘图 Se 和 Sr 为基础生成对应的拉伸实体 Part-1 和旋转实体 Part-2，如图 15-3 所示。

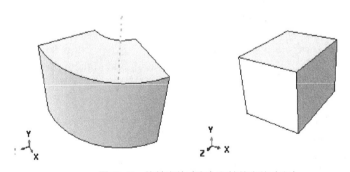

图15-3 旋转实体（左）和拉伸实体（右）

从上面的过程我们可以看出，Abaqus 中的几何体对象，例如 p1 和 p2，实际上是一个"容器"，其自身仅仅定义体的一般特征：三维还是二维（dimensionality），可变形体或是刚体（type）以及键名（name）。几何体的具体形状由其特征内容决定：使用不同的 Sketch 对象，调用不同的 feature 函数。

由此我们可以总结出 Abaqus 中建立特征几何体的一般流程：先建立草绘图 Sketch，再生成体对象 Part，最后应用合适的 feature 操作。

15.1.2 Material和Section对象

每个 part 部件都会有特定的材料属性。在分析中我们需要为每个部件建立合适的材料模型和截面属性，这里需要用到 Material 对象群和 Section 对象群。表 15-6 列出了 Material 对象的几个主要成员对象和函数。

表15-6　Material对象成员信息

成员类型	名称	作用
构造函数	Material()	生成一个新的材料数据对象，建立后的对象自动存入当前模型对象的materials仓库中
成员函数	materialsFromOdb()	利用结果文件中的数据建立材料数据对象
成员变量	density	Density对象，定义材料密度
	elastic	Elastic对象，定义材料弹性数据（弹性模量以及泊松比）
	plastic	Plastic对象，定义材料的塑性数据（屈服面，强化准则等）
	……	……

密度，弹性常数以及塑性作为最常用的 3 种属性，表 15-7 给出 Elastic 对象的成员信息，而 Material 对象的其他成员的构造函数与 Elastic 非常相似。

表15-7　Elastic对象成员信息

成员类型	名称	作用
构造函数	Elastic()	利用二维表格数据生成一个材料弹性数据对象
成员函数	setValues()	修改当前材料弹性数据对象中的属性值
成员变量	table	材料弹性数据值
	type	标识材料弹性模型类型的常量，最常用的类型有ISOTROPIC、ORTHOTROPIC、ANISOTROPIC等

从上面的 Material 对象的结构我们可以猜到建立 Material 对象的一般过程：使用构造函数建立新的材料数据模型，然后分别调用对应的成员对象的构造函数添加材料的具体属性。下面的语句就可以用来建立一个名为 Steel 的弹塑性材料模型。

```
>>> mdb.models['myModel'].Material(name='Steel')
# 定义名为 Steel 的材料对象，路径为 mdb.models['myModel'].materials['Steel']
>>> mdb.models['myModel'].materials['Steel'].Density(table=((7.8e-09, ), ))
# 调用材料对象的成员函数 Density，为其赋予密度属性
>>> mdb.models['myModel'].materials['Steel'].Elastic(table=((210000.0, 0.28), ))
mdb.models['myModel'].materials['Steel'].elastic
>>> mdb.models['myModel'].materials['Steel'].Plastic(table=((450.0, 0.0), (480.0,
...     0.05), (490.0, 0.15), (500.0, 0.3)))
mdb.models['myModel'].materials['Steel'].plastic
>>> mdb.models['myModel'].materials['Steel'].Expansion(table=((1e-05, ), ))
mdb.models['myModel'].materials['Steel'].expansion
```

有了材料模型后，我们还需要针对模型的具体情况建立合适的截面属性，Section 对象。实体单元，桁架单元，梁单元以及壳单元都需要各自不同的截面属性定义方法，以实体单元对应的截面类型 HomogeneousSolidSection 为例，其成员对象信息如表 15-8 所示。

表15-8　HomogeneousSolidSection对象成员信息

成员类型	名称	作用
构造函数	HomogeneousSolidSection()	利用指定的材料数据模型生成一个各向同性实体截面属性，建立后的对象自动存入当前模型对象的sections仓库中
成员函数	setValues()	修改当前实体截面属性对象中的属性值
成员变量	name	截面属性的名称
	material	截面属性所使用的材料模型名称

我们可以使用如下的语句来建立各向同性的实体截面属性。

```
>>> mdb.models['myModel'].HomogeneousSolidSection(name='Section-Steel',
...      material='Steel', thickness=None)
# 建立截面属性 mdb.models['myModel'].sections['Section-Steel']
```

下面我们需要将新建立的截面属性赋给对应的部件，我们需要先选择再赋值。对于实体部件。要选择的元素是体（cell），命令如下：

```
>>> c2 = p2.cells
>>> region2 = regionToolset.Region(cells=c2)# 选择部件p2的所有几何块
>>> p2.SectionAssignment(region=region2, sectionName='Section-Steel', offset=0.0,
...      offsetType=MIDDLE_SURFACE, offsetField='',
...      thicknessAssignment=FROM_SECTION)
# 调用p2的成员函数为region2中的所有块赋予名为Section-Steel的截面属性
```

其中，p2 就是我们上面所建立的拉伸体部件；c2 包含了 p2 中所有的体元素，通过 regionToolset.Region 函数创建基于选择的体元素的 Region 对象；调用 Part 对象的成员 SectionAssignment 的构造函数完成截面属性的赋值过程。

15.1.3 Assembly对象

下面的过程讲解如何使用命令将上面建立的两个部件（旋转体和拉伸体）组装成如图15-4所示的组装图。

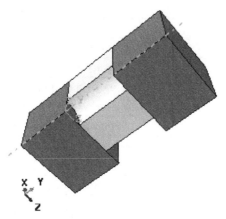

图15-4　结构组装图

这一部分需要用到的主要对象是 rootAssembly。在模型建立初始 Abaqus 自动建立的 Assembly 类的实例部件对象 rootAssembly，所有的模型组装都在这一对象群中完成。表15-9 给出的是 Assembly 对象群的几个比较常用的成员函数和对象信息。

表15-9 Assembly对象群信息

成员类型	名称	作用
构造函数	无	模型创建时由Abaqus自动创建对象rootAssembly
成员函数	getDistance()	查询当前装配图中两点、点线或者线线之间的最短距离
	translate()	将特定的实体平移特定的位移
	rotate()	将特定实体绕给定轴线旋转特定角度
	regenerate()	更新当前部件特征信息
	...	...
成员变量	instances	数据仓库,存储装配图中的零件
	datums	数据仓库,存储装配图中所有辅助点线面等特征对象
	sets	数据仓库,存储装配图中定义的所有集合对象
	referencePoints	数据仓库,存储装配图中的参考点对象
	...	...

在 Assembly 对象的框架下,我们还需要了解 PartInstance 对象,其信息如表 15-10 所示。

表15-10 PartInstance对象信息

成员类型	名称	作用
构造函数	Instance()	利用指定的部件生产零件实例部件对象,新生成的对象存入rootAssembly.instances仓库中
	InstanceFromBooleanCut()	对指定的部件进行布尔减操作来生成零件实例部件对象,新生成的对象存入rootAssembly.instances仓库中
	InstanceFromBooleanMerge()	对指定的部件进行布尔加操作来生成零件实例部件对象,新生成的对象存入rootAssembly.instances仓库中
	LinearInstancePattern()	将特定的部件对象进行线型阵列得到沿着线性分布的零件实例部件对象并存入rootAssembly.instances仓库中
	RadialInstancePattern()	将特定的部件对象进行圆周阵列得到沿圆周分布的零件实例部件对象并存入rootAssembly.instances仓库中
成员函数	translate()	将当前Instance对象移动指定的位移
	rotateAboutAxis()	将当前Instance对象绕指定轴旋转一定角度
	...	...
成员变量	name	对象引用名
	datums	数据仓库,存储装配图中所有辅助点线面等特征对象
	cells	CellArray对象,用来存储当前对象包含的所有几何块
	faces	FaceArray对象,用来存储当前对象包含的所有几何面
	edges	EdgeArray对象,用来存储当前对象包含的所有几何线
	vertices	VertexArray对象,用来存储当前对象包含的所有几何点
	nodes	MeshNodeArray对象,存储当前对象的所有网格节点
	elements	MeshElementArray对象,存储当前对象的所有网格单元
	...	...

有了上面这两个表中的内容,我们就可以使用命令来生成组装模型了:先使用函数 Instance 创建拉伸体的两个实例部件对象和旋转体的一个实例部件对象;然后使用移动命令将实例部件对象移动至合适的位置,具体的命令如下所示。

```
>>> a = mdb.models['myModel'].rootAssembly
>>> p11 = a.Instance(name='Part-1-1', part=p1, dependent=ON)
# 定义来自部件对象'Part-1-1'的一个非独立实例对象p11
>>> p12 = a.Instance(name='Part-1-2', part=p1, dependent=ON)
```

```
>>> p21 = a.Instance(name='Part-2-1', part=p2, dependent=ON)
>>> a.translate(instanceList=('Part-1-1', ), vector=(0.0, 15.0, 0.0))
# 将名称在列表 instanceList 中的实例对象沿着向量 vector 平移对应距离
>>> a.translate(instanceList=('Part-1-2', ), vector=(0.0, -15.0, 0.0))
```

Instance() 函数的 dependent 参量为 ON 时，其所创建的实例部件对象是依赖于原 Part 对象的。translate() 函数接受的是实例部件对象名称列表，而非实例变量名称，这意味着我们可以同时移动多个实例部件；其移动量的具体向量数值由建模时的参数设置所决定，需要针对每个情况单独计算。当然这个例子中我们也可以使用 PartInstance 对象自身所提供的平移函数来进行平移，此时移动命令如下所示。

```
>>> p11.translate(vector=(0.0, 15.0, 0.0))  # 平移当前对象 p11
>>> p12.translate(vector=(0.0, -15.0, 0.0)) # 平移当前对象 p12
```

15.1.4　Step对象

载荷步 Step 对象也是 Model 对象的一个成员对象，其常用信息如表 15-11 所示。

表15-11　Step对象群信息

对象	构造函数	作用
StaticStep	StaticStep()	创建静力分析步对象并自动加入Model.steps仓库中
ExplicitDynamicsStep	ExplicitDynamicsStep()	创建显式分析步对象并自动加入Model.steps仓库中
ModalDynamicsStep	ModalDynamicsStep()	创建基于模态叠加的动态响应分析步对象并自动加入Model.steps仓库中
HeatTransferStep	HeatTransferStep()	创建传热分析步对象并自动加入Model.steps仓库中
...	...	...

当创建载荷步之后，Abaqus 会自动创建一个输出配置对象，许多情况下我们需要重新设定输出量和输出频率，这里要涉及到的对象是 FieldOutputRequest，其部分信息如表 15-12 所示。

表15-12　FieldOutputRequest对象信息

成员类型	名称	作用
构造函数	FieldOutputRequest()	创建新的输出配置对象，自动存入Model的输出配置对象仓库mdb.models[key].fieldOutputRequests
成员函数	deactivate()	设置当前输出配置对象从某个载荷步开始失效
	suppress()	使某个输出配置对象失效
	resume()	重新激活某个失效的输出配置对象
	setValuesInStep()	重新配置当前对象，并且设定新配置从某特定载荷步生效
	setValues()	重新配置当前对象，新配置从该对象建立的第一步就生效
成员变量	region	设置要求输出结果的区域
	interactions	设定要输出特定结果的接触或者耦合的名称
	boltLoad	设定要输出螺栓力的载荷名称

了解了上面这两个表格，我们就可以理解如下的语句的作用。

```
>>> mdb.models['myModel'].StaticStep(name='myStep1', previous='Initial',
...     maxNumInc=1000, initialInc=0.1, minInc=0.001, maxInc=0.3, nlgeom=ON)
# 定义静力分析步 mdb.models['myModel'].steps['myStep1']
>>> FRes = mdb.models['myModel'].fieldOutputRequests
>>> FRes[FRes.keys()[0]].setValues(numIntervals=10, variables=('S', 'U'))
```

因为 Initial 载荷步在 Model 对象生成时自动创建，我们只需要在其后建立合适的分析步即可，比如本例中的 StaticStep；当建立一个载荷步后，abaqus 会自动建立一个默认的输出配置对象，它存放于 Model.fieldOutputRequests 仓库中，我们先用 FRes.keys()[0] 获取这个对象的键名，然后利用函数 setValues() 修改它的输出间隔和输出变量。

15.1.5 Region对象

为了加载边界条件和载荷，我们必须了解几种特殊对象：Set、Surface 和 Region。Region 对象时一种临时对象（和 leaf 对象相似），它的作用就是对模型做边界设定或者约束设置的，它并不会保存在 MDB 模型数据中；Set 对象可以包含任何几何对象和网格对象，比如一个 Set 对象可以由节点、单元、几何点、几何边、几何面、几何体甚至参考点中的一个或者几个组成；Surface 对象只能由几何面或者网格面中的一种组成。表 15-13 给出了 3 种对象的构造函数信息。

表15-13　相关对象信息

对象	构造函数	作用
Region	Region()	创建Region对象
Set	Set()	利用几何序列创建Set对象
	SetByMerge()	利用现有的Set序列创建Set对象
	SetFromElementLabels()	利用指定的网格单元序号来创建Set对象
	SetFromNodeLabels()	利用指定的网格节点序号来创建Set对象
Surface	Surface()	根据给定的面对象列表创建Surface对象，这一过程中注意区分面的方向
	SurfaceFromElsets()	根据给定的单元信息创建Surface对象，单元的不同的面使用不同的标识来区分

下面的例子中，我们使用 getByBoundingBox() 函数来选择几何面，其将位于所给的空间六面体框中的所有面组成一个 FaceArray 返回，具体的使用方法我们会在后面第 17 章中详细介绍。在此之后，我们就可以利用其建立 Set 和 Region 对象。

```
>>> f12 = p12.faces
>>> f11 = p11.faces
>>> f21 = p21.faces
>>> f1 = f12.getByBoundingBox(xMin=-1, xMax=1, yMin=-20, yMax=40, zMin=-1, zMax=25)
>>> f2 = f11.getByBoundingBox(xMin=-1, xMax=1, yMin=-20, yMax=40, zMin=-1, zMax=25)
>>> f3 = f21.getByBoundingBox(xMin=-1, xMax=1, yMin=-20, yMax=40, zMin=-1, zMax=25)
>>> setX = a.Set(name='setX', faces=f1+f2+f3)
>>> regionX = regionToolset.Region(faces=f1+f2+f3)
>>> surfaceX = a.Surface(name='surfaceX', side1Faces=f1+f2+f3)
```

建立之后我们可以从 Tools-Set-Manager 和 Tools-Surface-Manager 中发现我们使用命令建立的集合和面，如图 15-5 所示。由于 regionX 是临时对象，无法查看。

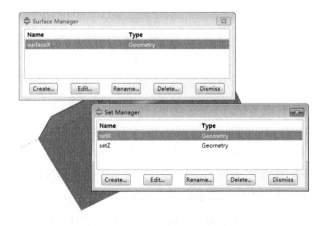

图15-5　Set和Surface建立

15.1.6 Constraint和Interaction对象

Constraint 和 Interaction 是内容非常丰富的两组对象群，这里我们仅仅对其中最常用的几个做简单的介绍。表 15-14 给出的是 Constraint 相关对象的解释信息。Constraint 对象是一个抽象对象，其自身不能被我们直接调用，可以供我们选择的是从它所衍生出来的几种子对象。

表15-14　Constraint相关对象信息

对象	函数	作用
Coupling	Coupling()	将在某一区域中的节点与一个参考点关联起来
Tie	Tie()	将两个面绑定在一起
	swapSurfaces()	交换绑定约束中的定义的主面和从面
Embedded-Region	EmbeddedRegion()	将模型的某个区域埋入另一个区域或者整个模型中
Equation	Euqation()	在一组自由度中建立线性约束
Multipoint-Constraint	MultipointConstraint()	定义参考点和某一区域内的节点的约束关系
RigidBody	RigidBody()	将给定区域内的所有节点的自由度约束到参考点上

表 15-15 列出了 Interaction 对象群中与接触设置（仅限于结构分析）有关的对象的信息。Interaction 对象群的大部分对象都是从抽象类 Interaction 中衍生出来的，它们可以完成各种各样的部件与部件或者部件与环境之间的交互属性设置。

表15-15　Interaction相关对象信息

对象	函数	函数作用
ContactProperty	ContactProperty()	建立接触属性对象，并存入仓库mdb.models[key].interactionProperties中
ContactTangentialBehavior	TangentialBehavior()	定义接触的切向行为属性
NormalBehavior	NormalBehavior()	定义接触的法向行为属性
ContactPropertyAssignment	changeValuesInStep()	在给定的载荷步修改已经定义的接触对的属性
	appendInStep()	在给定的载荷步为新的接触对赋属性
ContactStd	ContactStd ()	定义静力分析的通用接触对象
ContactExp	ContactExp()	定义显式分析的通用接触对象
SurfaceToSurfaceContactStd	SurfaceToSurfaceContactStd()	定义静力分析中的接触对对象
	swapSurfaces()	交换接触定义的主从面
	setValuesInStep()	设定接触延续性数据
SurfaceToSurfaceContactExp	SurfaceToSurfaceContactExp()	定义显式分析中的接触对对象
	swapSurfaces()	交换接触定义的主从面
	setValuesInStep()	设定接触延续性数据
SelfContactStd	SelfContactStd()	定义静力分析中的自接触对象
SelfContactExp	SelfContactExp()	定义显式分析中的自接触对象

我们可以利用上面的函数为本节的例子定义接触。为了简单起见，这里选择通用接触。与前面各小节所涉及的对象相同，我们需要先调用对应的构造函数定义对象，然后再调用该对象成员的方法来添加属性。

```
>>> mdb.models['myModel'].ContactProperty('IntProp-1')
# 创建接触属性对象，mdb.models['myModel'].interactionProperties['IntProp-1']
>>> mdb.models['myModel'].interactionProperties['IntProp-1'].TangentialBehavior(
...        formulation=FRICTIONLESS)
# 利用定义的对象的成员的函数 TangentialBehavior 来为该对象设置"切向属性"
>>> mdb.models['myModel'].ContactStd(name='Int-1', createStepName='Initial')
# 创建通用接触对象，名为 Int-1，从 Initial 步生效
```

```
>>> mdb.models['myModel'].interactions['Int-1'].includedPairs.setValuesInStep(
...     stepName='Initial', useAllstar=ON)
>>> mdb.models['myModel'].interactions['Int-1'].contactPropertyAssignments.appendInStep(
...     stepName='Initial', assignments=((GLOBAL, SELF, 'IntProp-1'), ))
# 调用 Int-1 对应的接触对象的函数来设置接触属性
```

15.1.7 Mesh函数

讲完了如何使用接触对象，下面就需要了解如何使用 Python 脚本对实体进行网格划分。这一过程需要用到两个网格相关的对象，一个是 ElemType 对象，另一个为 Part（Assembly）对象。

Part 和 Assembly 对象都有一些与网格划分相关的成员函数。上面建模中我们使用非独立实例，因此网格都是基于 Part 对象的。下面仅仅说明 Part 对象中与网格划分相关的函数和对象，具体信息如表 15-16 所示。

表15-16 与网格划分相关的Part函数

函数	作用
seedPart()	为当前对象的指定区域设定全局种子
seedEdgeByBias()	为当前对象的指定边布置随位置不同的疏密变化的种子
seedEdgeByNumber()	为当前对象的指定边布置均匀分布的一定数目的种子
seedEdgeBySize()	为当前对象的指定边布置具有设定距离的种子
deleteSeeds()	删除指定区域已经布置的种子
setElementType()	为指定的区域设置特定的单元类型
setMeshControls()	为指定区域指定特定的网格控制参数
setSweepPath()	为可扫掠或者可旋转区域指定扫略或者旋转的路径
generateMesh()	生成指定Part或者区域的网格
deleteMesh()	删除指定Part或者区域的网格
getUnmeshedRegions()	返回所有没有完全划分网格的区域
verifyMeshQuality()	检验当前Part的网格质量，返回质量差的单元
……	……

ElemType 对象是函数 setElementType() 的参数，它的构造函数为 ElemType() 其接受单元类型为参数。

在本节的例子中，几何模型比较简单，直接对整体布种子就可以得到高质量的网格。下面的命令就可以完成这一工作，划分好的网格如图 15-6 所示。

```
>>> elemType1 = mesh.ElemType(elemCode=C3D8R, elemLibrary=Standard,
...     kinematicSplit=AVERAGE_STRAIN, secondOrderAccuracy=OFF,
...     hourglassControl=DEFAULT, distortionControl=DEFAULT)
# 定义单元类型为一阶减缩积分单元 C3D8R
>>> p1.seedPart(size=1.5, deviationFactor=0.1)
# 为 Part 对象 p1 布置大小为 1.5 的全局种子
>>> c1 = p1.cells
# 获取 Part 对象 p1 的所有几何块
>>> p1.setElementType(regions=(c1,), elemTypes=(elemType1, ))
# 将定义好的单元类型对象 elemType1 赋予 p1 的所有几何块：注意 regions 参数需要的类型
# 为由几何序列组成的序列或者集合，而 elemTypes 参数应该为单元类型的序列。
>>> p1.generateMesh()
# 为 Part-1 划分单元：共 1300 个网格
>>> p2.seedPart(size=1.5, deviationFactor=0.1)
>>> c2 = p2.cells
```

```
>>> p2.setMeshControls(regions=c2, technique=SWEEP, algorithm=ADVANCING_FRONT)
# 为区域c2中所有几何块设定扫略的网格划分方法。
>>> p2.setElementType(regions=(c2,), elemTypes=(elemType1, ))
>>> p2.generateMesh()
>>> a.regenerate()
```

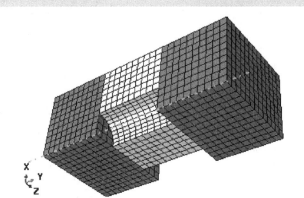

图15-6　网格划分结果

当然，我们也可以尝试调用命令来查看网格的质量，会得到平均的得分以及最差单元的情况。由于我们没有设定失效具体数值（threshold参数）因此结果中并没有出现失效单元集合。

```
>>> p2.verifyMeshQuality(criterion=ASPECT_RATIO)
{'numElements': 700, 'average': 1.46635282039642, 'worstElement':
  mdb.models['myModel'].parts['Part-2'].elements[140], 'worst': 1.91182446479797, 'naElements': ()}
```

15.1.8　BoundaryCondition和Load对象

Model对象群中最后一组内容就是Load模块相关的几个对象：Amplitude、Load和BoundaryCondition对象。

Amplitude对象比较简单，它主要用来设定载荷加载的历程。Amplitude对象群中几乎所有类都是由Amplitude类衍生出来的，具体的信息如表15-17所列。

表15-17　Amplitude对象信息

对象	函数	函数作用
DecayAmplitude	DecayAmplitude ()	建立指数衰减幅值对象，并存入仓库mdb.models[key].amplitudes中
EquallySpacedAmplitude	EquallySpacedAmplitude ()	建立从某时间点开始的等距幅值对象，并存入仓库mdb.models[key].amplitudes中
PeriodicAmplitude	PeriodicAmplitude ()	建立周期幅值对象，并存入仓库mdb.models[key].amplitudes中
SmoothStepAmplitude	SmoothStepAmplitude ()	建立光滑幅值对象，并存入仓库mdb.models[key].amplitudes中
TabularAmplitude	TabularAmplitude ()	从列表建立幅值对象，并存入仓库mdb.models[key].amplitudes中
SolutionDependent-Amplitude	SolutionDependentAmplitude()	建立结果依赖幅值对象，并存入仓库mdb.models[key].amplitudes中
...	...	...

Load对象群以抽象类Load和LoadState为基础，其他类都是该类的子类。与Interaction类相似，Load对象仅仅记录和设置与载荷步无关的参数，而每一个Load对象都对应了一个Load state对象，它设置了当前Load对象在载荷步之间的延续性质。表15-18给出的是常用的几个与结构分析相关的Load类信息。

表15-18 Load类结构相关对象信息

对象	函数	函数作用
BodyForce	BodyForce()	定义体力载荷对象
	setValues()	在对象建立步修改对象的属性数据
	setValuesInStep()	在特定载荷步修改对象的属性数据
BoltLoad	BoltLoad ()	定义螺栓预紧力载荷对象
	setValues()	在对象建立步修改对象的属性数据
	setValuesInStep()	在特定载荷步修改对象的属性数据
Concentrated-Force	ConcentratedForce ()	定义集中力载荷对象
	setValues()	在对象建立步修改对象的属性数据
	setValuesInStep()	在特定载荷步修改对象的属性数据
Gravity	Gravity ()	定义重力载荷对象
	setValues()	在对象建立步修改对象的属性数据
	setValuesInStep()	在特定载荷步修改对象的属性数据
Moment	Moment()	定义弯矩载荷对象
	setValues()	在对象建立步修改对象的属性数据
	setValuesInStep()	在特定载荷步修改对象的属性数据
Pressure	Pressure()	定义面压力载荷对象
	setValues()	在对象建立步修改对象的属性数据
	setValuesInStep()	在特定载荷步修改对象的属性数据
RotationalBody-Force	RotationalBodyForce()	定义离心力载荷对象
	setValues()	在对象建立步修改对象的属性数据
	setValuesInStep()	在特定载荷步修改对象的属性数据
SubmodelSB	SubmodelSB()	定义子模型驱动载荷对象
	setValues()	在对象建立步修改对象的属性数据
	setValuesInStep()	在特定载荷步修改对象的属性数据
SurfaceTraction	SurfaceTraction ()	定义面牵引力载荷对象
	setValues()	在对象建立步修改对象的属性数据
	setValuesInStep()	在特定载荷步修改对象的属性数据

类 BoundaryCondition 和类 BoundaryConditionState 位于 BoundaryCondition 对象群的顶端，其他类都是这两个类的子类：一个用来设定与载荷步无关的参数；另一个定义了边界随着时间延续或者变化的情况。表 15-19 给出常用的几个类的说明。

表15-19 BoundaryCondition类结构相关对象信息

对象	函数	函数作用
DisplacementBC	DisplacementBC()	定义位移边界对象
	setValues()	在对象建立步修改对象的属性数据
	setValuesInStep()	在特定载荷步修改对象的属性数据
SubmodelBC	SubmodelBC()	定义子模型位移边界对象
	setValues()	在对象建立步修改对象的属性数据
	setValuesInStep()	在特定载荷步修改对象的属性数据
VelocityBC	VelocityBC()	定义速度边界对象
	setValues()	在对象建立步修改对象的属性数据
	setValuesInStep()	在特定载荷步修改对象的属性数据
EncastreBC	EncastreBC()	定义固支边界对象
PinnedBC	PinnedBC()	定义铰接边界对象
XsymmBC	XsymmBC()	定义YZ平面对称边界对象
XasymmBC	XasymmBC()	定义YZ平面反对称边界对象
...	...	...

使用上面介绍的这些类我们就可以为我们的例子定义载荷和位移边界条件了，完成后的模型如图 15-7 所示。

```
>>> f12 = p12.faces
>>> f11 = p11.faces
>>> f21 = p21.faces
>>> f1x = f12.getByBoundingBox(xMin=-1, xMax=1, yMin=-20, yMax=40, zMin=-1, zMax=25)
>>> f2x = f11.getByBoundingBox(xMin=-1, xMax=1, yMin=-20, yMax=40, zMin=-1, zMax=25)
>>> f3x = f21.getByBoundingBox(xMin=-1, xMax=1, yMin=-20, yMax=40, zMin=-1, zMax=25)
>>> regionX = regionToolset.Region(faces=f1x+f2x+f3x)
>>> f1z = f12.getByBoundingBox(zMin=-1, zMax=1, yMin=-20, yMax=40, xMin=-1, xMax=25)
>>> f2z = f11.getByBoundingBox(zMin=-1, zMax=1, yMin=-20, yMax=40, xMin=-1, xMax=25)
>>> f3z = f21.getByBoundingBox(zMin=-1, zMax=1, yMin=-20, yMax=40, xMin=-1, xMax=25)
>>> regionZ = regionToolset.Region(faces=f1z+f2z+f3z)
>>> f4 = f12.getByBoundingBox(xMin=-1, xMax=25, yMin=-20, yMax=-10, zMin=-1, zMax=25)
>>> regionY = regionToolset.Region(faces=f4)
>>> f5 = f11.getByBoundingBox(xMin=-1, xMax=25, yMin=25, yMax=40, zMin=-1, zMax=25)
>>> regionYP = regionToolset.Region(side1Faces=f5)
# 上面几行语句都是为边界条件选择加载区域，其中用到了选择函数 getByBoundingBox()。
>>> mdb.models['myModel'].XsymmBC(name='BC-X', createStepName='Initial',
...       region=regionX)
# 为名为 myModel 的模型对象在区域 regionX 上创建 YZ 对称边界。
# 创建的对象将自动存入 mdb.models['myModel'].boundaryConditions 仓库中
>>> mdb.models['myModel'].ZsymmBC(name='BC-Z', createStepName='Initial',
...       region=regionZ)
>>> mdb.models['myModel'].DisplacementBC(name='BC-YFix', createStepName='Initial',
...       region=regionY, u1=UNSET, u2=SET, u3=UNSET, ur1=UNSET, ur2=UNSET,
...       ur3=UNSET, amplitude=UNSET, distributionType=UNIFORM, fieldName='',
...       localCsys=None)
# 为名为 myModel 的模型对象在区域 regionY 上创建位移边界：固定 u2。
# 创建的对象将自动存入 mdb.models['myModel'].boundaryConditions 仓库中
>>> mdb.models['myModel'].Pressure(name='Pressure', createStepName='myStep1',
...       region=regionYP, distributionType=UNIFORM, field='', magnitude=10.0,
...       amplitude=UNSET)
# 为名为 myModel 的模型对象在区域 regionYP 上创建面压力载荷对象。
# 创建的对象将自动存入 mdb.models['myModel'].loads 仓库中
```

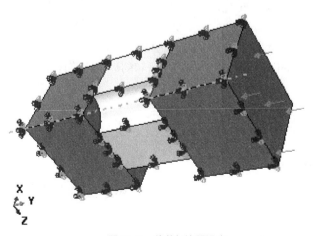

图15-7　载荷与边界设定

15.2 Job命令

在第 13 章中我们对 Job 类有简单的介绍。Job 类是 Mdb 类的内部类，它没有显式的构造函数，必须调用 Mdb 对象的方法来创建。Mdb 中有两个与 Job 对象创建相关的函数，如表 15-20 所示。

表15-20 Mdb中Job有关的函数

函数	作用
JobFromInputFile()	从现有的INP文件生成计算任务对象，并将其加入mdb.jobs仓库中
Job()	从当前Mdb模型仓库中的模型建立计算任务对象，并将其加入mdb.jobs仓库中

对于创建好的 Job 对象，其可以调用其自身的任一成员函数，如列表 15-21 所示。

表15-21 Job对象的成员函数

函数	作用
submit()	将当前任务提交分析计算
kill()	将当前分析任务停止
writeinput()	写入用于计算的INP文件
waitForCompletion()	暂停当前脚本的执行，直到当前的计算任务终止（完成或者出错退出）再开始继续后续脚本的执行

在前面的例子中我们建立了名为 myModel 的有限元模型，基于此我们可以建立计算任务对象并提交计算。

```
>>> mdb.Job(name='myJob', model='myModel', description='', type=ANALYSIS,
...     atTime=None, waitMinutes=0, waitHours=0, queue=None, memory=50,
...     memoryUnits=PERCENTAGE, getMemoryFromAnalysis=True,
...     explicitPrecision=SINGLE, nodalOutputPrecision=SINGLE, echoPrint=OFF,
...     modelPrint=OFF, contactPrint=OFF, historyPrint=OFF, userSubroutine='',
...     scratch='', multiprocessingMode=DEFAULT, numCpus=1)
# 从 myModel 建立计算模型，使用 1 个 CPU 进行计算。
>>> mdb.jobs['myJob'].submit()
# 提交计算任务 mdb.jobs['myJob']
```

为了在计算完成之后，我们可以调用一个音频信号来提示我们计算已经完成。这个过程中需要用到 Python 标准模块 winsound，利用其我们可以播放 Windows 提醒声音。

```
>>> import winsound
>>> winsound.PlaySound("SystemExit", winsound.SND_ALIAS)
```

然而如果我们直接运行下面的语句是无法达到计算完再播放的目的的。

```
>>> mdb.jobs['myJob'].submit()
>>> import winsound
>>> winsound.PlaySound("SystemExit", winsound.SND_ALIAS)
```

我们必须用到 waitForCompletion() 函数来暂停脚本语句的运行，等计算完成后再继续运行下一个脚本，下面的语句就是我们最终的脚本。

```
>>> mdb.jobs['myJob'].submit()
>>> mdb.jobs['myJob'].waitForCompletion()
>>> import winsound
>>> winsound.PlaySound("SystemExit", winsound.SND_ALIAS)
```

如果将本节的脚本放在一个 Python 文件中就可以获得 case_15_1 文件中所示的程序，直接运行就可以完成建模 - 设定 - 计算的全过程。

至此，我们基本上完成了一个模型的建立和提交计算的过程，其中主要用到 Mdb 对象群的内容。紧接着，我们需要对结果进行一些后处理，这个需要用到我们下一章的主角：Odb 对象。

第16章 Odb对象的使用

前面两章中我们获得了两个计算模型的结果：HertzContact.odb 和 myJob.odb。这一章中我们将主要以这两个结果文件为基础来演示如何使用 Odb 对象获得想要的信息以及如何做 Odb 数据后处理。

如果不考虑计算结果数据，Odb 对象和 Model 对象在一定程度上比较相似，它们都包含了有限元模型的大部分信息。Odb 对象的成员对象信息如表 16-1 所示。

表16-1 Odb对象成员信息

成员类型	名称	作用
构造函数	session.Odb()	创建新的Odb对象
	session.openOdb()	从现有的Odb文件创建Odb对象（CAE内打开Odb）
	odbAccess.openOdb()	从现有的Odb文件创建Odb对象（CAE外打开Odb）
成员函数	save()	将当前Odb对象的数据写入Odb文件中
	close()	关闭当前打开的Odb对象
	getFrame()	返回指定时间或者频率或者模态附近的数据帧
	……	……
成员变量	isReadOnly	当前Odb对象是否只读的标志
	interactions	interaction对象仓库
	interactionProperties	interactionProperty对象仓库
	amplitudes	Amplitude对象仓库
	rootAssembly	OdbAssembly对象
	parts	OdbPart对象仓库
	materials	Material对象仓库
	steps	Odbstep对象仓库
	sections	Section对象仓库
	profiles	Profile对象仓库

从表 16-1 的成员变量部分，我们可以看出 Odb 对象包括了建立几何模型所需要的所有信息：part、assembly、material、section、profiles 和 interaction。这也是为什么我们可以用 mdb.ModelFromOdbFile() 函数从 Odb 文件中建立 Model 对象的原因。

作为使用者，我们很少新建 Odb 文件，最常见的就是打开 Odb 文件。实质上打开 Odb 文件的过程就是将硬盘内的 Odb 文件数据转为内存里面的 Odb 对象的过程，下面的语句就可以打开当前目录下的 HertzContact.odb 文件并生成 Odb 对象。

```
>>> o = session.openOdb(name='HertzContact.odb', readOnly=False)
```

从图 16-1 可以看出 odb 的成员对象可以分为两个部分：存储计算结果数据的 steps 对象和存储模型数据的其他对象（rootAssembly、materials 和 sections）。下面的讲解分两部分进行。

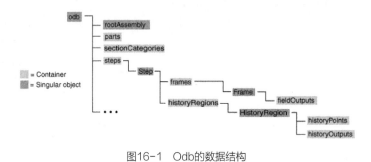

图16-1　Odb的数据结构

16.1　Odb对象中模型数据

Odb 文件中并不包含任何几何信息，对我们有用的信息可能包括：孤立网格数据、集合的定义和材料信息。

16.1.1　Material对象

与 Model 对象中的 Material 对象成员相同，我们也可以在 Odb 对象中建立新的材料模型，以来自 HertzContact.odb 的 Odb 对象为例，如下的语句可以帮助我们获取现有的材料模型数据。

```
>>> m = o.materials
>>> m0 = m[m.keys()[0]]
# 使用 m.keys() 获得材料模型的键值列表
>>> print m0.name, m0.density.table, m0.elastic.table, m0.elastic.type
STEEL ((7.9e-09,),) ((210000.0, 0.3),) ISOTROPIC
```

我们可以在 Odb 对象中建立新的材料模型。

```
>>> m1 = o.Material(name='NewSteel')
# 在 Odb 对象 o 中建立名为 NewSteel 的新材料对象
>>> m1.Density(table=((7.9e-09,),))
# 为新材料 NewSteel 添加密度对象参数
>>> m1.Elastic(table=((210000.0, 0.3),),type=ISOTROPIC)
# 为新材料 NewSteel 添加弹性对象参数
>>> print m.keys()
['NewSteel', 'STEEL']
```

16.1.2　孤立网格数据信息

前面我们提到过从 Odb 结果文件中也可以得到具有孤立网格部件的 Model 对象，这主要是由于 Odb 对象中也存储了模型的基本网格组织信息。Odb 对象中的孤立网格信息存在于 rootAssembly 对象中。rootAssembly 对象是 OdbAssembly 的实例对象，表 16-2 列出了其成员信息。

其中，我们最关心的有两部分，一部分是 instances 对象仓库，它存储了所有的部件的网格信息；另一部分就是 OdbSet 对象仓库（nodeSets、elementSets 和 surfaces）。OdbInstance 对象的具体成员信息如表 16-3 所示。

表16-2 rootAssembly对象成员信息

成员类型	名称	作用
成员函数	addElements()	使用现有的节点信息为Odb对象添加单元：odbAssembly层或者OdbInstance层
	addNodes()	为当前的rootAssembly对象添加新节点
	RigidBody()	定义OdbRigidBody
	……	……
成员变量	instances	OdbInstance对象仓库
	nodeSets	OdbSet对象仓库，用来存储节点集合
	elementSets	OdbSet对象仓库，用来存储单元集合
	surfaces	OdbSet对象仓库，用来存储面集合信息
	nodes	rootAssembly层的节点（一般就是参考点或者是链接单元的节点）
	elements	rootAssembly层的单元（一般都是连接单元）
	datumCsyses	OdbDatumCsys对象仓库，存储坐标系信息
	……	……

表16-3 OdbInstance对象成员信息

成员类型	名称	作用
构造函数	Instance()	从OdbPart对象创建新的Odbinstance对象
成员函数	getElementFromLabel()	通过指定单元编号得到对应单元的引用
	getNodeFromLabel()	通过指定节点编号得到对应节点的引用
	……	……
成员变量	name	当前对象的名称
	nodes	当前实例部件对象的所有节点
	elements	当前实例部件对象的所有单元
	……	……

我们要查询的节点或者单元信息分别存储在 OdbMeshNode 对象和 OdbMeshElement 对象中。它们没有成员函数，只有成员变量，具体如表 16-4 所示。

表16-4 Odb网格对象成员

类名	成员变量	作用
OdbMesh-Node	label	节点编号信息
	coordinates	全局坐标系下的节点坐标：用一元组表示
	instanceName	该节点所属instance的名字
OdbMesh-Element	label	单元编号信息
	type	单元类型
	connectivity	整数元组：由构成当前单元的所有节点编号组成
	instanceName	字符串元组：有Connectivity中各个节点所属的instance名称组成
	……	……

了解了上面这些关系后我们就可以从 HertzContact.odb 中读取对应的网格信息了。

```
>>> o = session.openOdb(name='HertzContact.odb', readOnly=False)
>>> p = o.parts
# 仓库p中存储了3个Part对象：'ASSEMBLY', 'BALL'和'BASE'
>>> p1 = p['BASE']
>>> print len(p1.nodes)
0
```

可以发现Odb对象中的part对象并没有存储任何网格信息，网格相关的信息存在于rootAssembly对象中。

```
>>> a = o.rootAssembly
>>> i = a.instances
```

```
>>> print i
{'ASSEMBLY': 'OdbInstance object', 'BALL-1': 'OdbInstance object', 'BASE-1': 'OdbInstance object'}
```

在 Odb 对象中所有的 instance 名称都会是大写的；同时除了 Model 对象中通常的 instantce 对象外，还有一个名为 ASSEMBLY 的 instance 对象。

```
>>> ia = i['ASSEMBLY']
>>> na = ia.nodes
>>> print len(na)
1
>>> print na
['OdbMeshNode object']
>>> print na[0].coordinates, na[0].label, na[0].instanceName
[  0.  10.   0.] 1 ASSEMBLY
>>> ea = ia.elements
>>> print ea
['OdbMeshElement object']
>>> print ea[0]
({'connectivity': (1,), 'instanceName': 'ASSEMBLY', 'instanceNames': ('',), 'label': 1,
'sectionCategory': 'SectionCategory object', 'type': 'IDCOUP2D'})
```

从上面的结果可以看出这个名为 ASSEMBLY 的对象，存储了一个位于（0.，10.，0.）处的节点和一个类型为 IDCOUP2D 的单元。这个节点就是参考点，而这个单元就是 coupling 的实现机理。当然我们更为关心的是对象 BASE 和 BALL 中的网格信息。

```
>>> ib = i['BASE-1']
>>> nb = ib.nodes
>>> print len(nb)
310
>>> eb = ib.elements
>>> print len(eb)
276
```

上面的语句读取了 instance 对象 BASE-1 中的所有节点和单元。节点和单元都是以列表的形式存储的，共有 310 个节点和 276 个单元，我们可以进一步查看其中某个节点和单元。

```
>>> print nb[0]
({'coordinates': array([0.0, -10.0, 0.0], 'd'), 'instanceName': 'BASE-1', 'label': 1})
>>> print eb[0]
({'connectivity': (194, 306, 230), 'instanceName': 'BASE-1', 'instanceNames': ('BASE-1',
'BASE-1', 'BASE-1'), 'label': 1, 'sectionCategory': 'SectionCategory object', 'type': 'CAX3'})
```

名为 BASE-1 的 instance 的节点列表中第 1 个节点坐标为（0.0,-10.0,0.0），编号为 1；而其单元列表中第 1 个单元编号为 1，单元类型为 CAX3，由节点（194,306,230）组成。

> ◆ Tips：
> 一般情况下，在 Abaqus 中建模并求解得到 Odb 对象，其 instance 的节点和单元都是按照节点或者单元编号来排列的：比如 nb[k] 的节点编号一般为 k+1。然后如果对节点进行了操作或者编号重排，或者来自第三方前处理软件的模型则不遵守这样的规律。

在 Odb 对象中查找节点或者单元信息的最通用的办法是使用 OdbInstance 所提供的函数：getElementFromLabel 和 getNodeFromLabel。

```
>>> node20 = ib.getNodeFromLabel(label=20)
```

```
>>> element40 = ib.getElementFromLabel(label=40)
>>> print node20.coordinates
[ 0.          -0.54962867  0.         ]
>>> print element40.type, element40.connectivity
CAX4R (35, 34, 100, 291)
```

上面的语句使用 getNodeFromLabel() 函数得到了编号为 20 的节点坐标信息；使用 getElementFromLabel() 函数得到编号为 40 的单元的类型（CAX4R）和其节点信息。

但是如果我们希望得到模型中所有节点信息时，上面这个函数的缺点就体现出来了：我们必须要知道节点的编号，否则只能从 1 开始遍历所有可能的编号，直到找出所有节点数目为止。为了解决这个问题，我们可以直接遍历 nodes 列表中所有节点对象，提取编号和坐标信息，然后根据编号排序即可获得当前模型的所有节点信息。下面的函数给出了该方法的具体实现。

case_16_2.py

```
1   # -*- coding: mbcs -*-
2   import os, os.path
3   from odbAccess import *
4   from abaqusConstants import *
5   def extractNodes(odbname, tname, tpath=None):
6       if tpath==None:
7           tpath = os.getcwd()
8       tname = tname + '.inp'
9       oname = odbname+'.odb'
10      tFile=os.path.join(tpath,tname)
11      oPath=os.path.join(tpath,oname)
12      f = open(tFile, 'w')
13      o = openOdb(path=oPath)
14      instes = o.rootAssembly.instances
15      for key in instes.keys():
16          labels, xyz = [], []
17          for node in instes[key].nodes:
18              labels.append(node.label)
19              xyz.append(node.coordinates)
20          cc = dict(zip(labels, xyz))
21          aa = sorted(labels)
22          bb = [cc[item] for item in aa]
23          f.write('*Instance '+instes[key].name+'\n')
24          for i in range(len(aa)):
25              tepS = str(aa[i])+', '+str(bb[i][0])+', '+str(bb[i][1])+', '+\
26                      str(bb[i][2])+'\n'
27              f.write(tepS)
28      f.close()
29      o.close()
30
31  if __name__=="__main__":
32      extractNodes(odbname='HertzContact', tname='hertzcontact')
```

第 15 ~ 19 行，遍历得到节点编号和坐标的数据并分别存入对应列表中；

第 20 ~ 22 行，借用字典和内置函数 zip 将所得到的数据按照节点编号排序并生成新列表。

这个函数接受 Odb 文件名和路径为参数，将 odb 文件中包含的节点信息按照 instance 分类并写入指定名称的 inp 文件中。读者们可以对比输出后的文件内容和原始的计算 inp 文件，节点信息基本一致。

16.1.3 集合对象

在大模型中，整体的应力分布或者变形往往不是分析的重点，常常是某些局部的应力应变或者是变形情况是问题关键。这就需要我们在 odb 文件中提取某些区域的结果，这种情况要求我们定义对应的集合（节点或者是单元）。像网格数据一样，定义的节点或者是单元集合信息也是保存在 rootAssembly 对象中的。

计算模型中设定的节点集合会出现在 rootAssembly.nodeSets 中；而单元集合会出现在 rootAssembly.elementSets 中。无论是节点集合或者是单元集合，其都是类 OdbSet 的实例对象。表 16-5 给出了 OdbSet 对象的具体信息。

表16-5　OdbSet对象成员信息

名称	作用
NodeSet()	创建新的节点集合对象：instance或者part层级的集合需要以节点对象列表为输入；assembly层级的集合需要以节点对象列表的序列为输入
NodeSetFromNodeLabels()	创建新的节点集合对象：instance或者part层级的集合需要以节点编号列表为输入；assembly层级的集合需要以节点编号列表的序列为输入
ElementSet()	创建新的单元集合对象：instance或者part层级的集合需要以单元对象列表为输入；assembly层级的集合需要以单元对象列表的序列为输入
ElementSetFromNodeLabels()	创建新的单元集合对象：instance或者part层级的集合需要以单元编号列表为输入；assembly层级的集合需要以单元编号列表的序列为输入
MeshSurface()	通过使用单元和面标识符创建表面集合
……	……
name	当前对象的键名
nodes	当前集合中所有节点的列表
elements	当前集合中所有单元的列表
faces	当前集合中所有单元表面对象
instances	存储当前集合包含的Instance对象序列，若当前集合为part或者instance层次集合，则该值为None

我们这里以上一章得到的结果文件 myJob.odb 为例，我们可以使用脚本命令查看其内部的信息。

```
>>> o = session.openOdb(name='myJob.odb', readOnly=False)
>>> session.viewports['Viewport: 1'].setValues(displayedObject=o)
#这里我们调用 Session 一节内容，将所打开的 Odb 对象设定为当前显示对象；
>>> a = o.rootAssembly
>>> ns = a.nodeSets
>>> es = a.elementSets
>>> print ns
{' ALL NODES': 'OdbSet object', 'SETX': 'OdbSet object', 'SETZ': 'OdbSet object'}
>>> print es
{' ALL ELEMENTS': 'OdbSet object', 'SETX': 'OdbSet object', 'SETZ': 'OdbSet object'}
#节点集合 SETX 和 SETZ 如图 16-2 所示。
>>> nsX = ns['SETX']
>>> nsXnodes = nsX.nodes
>>> print len(nsX.nodes)
3 #节点集合中节点对象是按照所属 instance 不同分别存储的：每个列表都来自一个 instance
>>> print nsX.nodes[0][0].instanceName
PART-1-1 #nsX.nodes 列表中第 1 个列表来自于 instance：PART-1-1
>>> print nsX.nodes[1][0].instanceName
PART-1-2 #nsX.nodes 列表中第 2 个列表来自于 instance：PART-1-2
```

```
>>> print nsX.nodes[2][0].instanceName
PART-2-1 #nsX.nodes 列表中第 3 个列表来自于 instance：PART-2-1
```

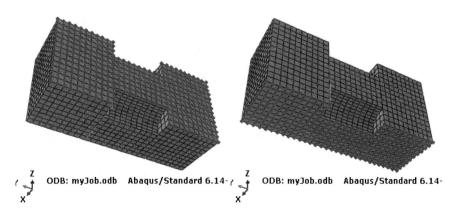

图16-2　节点集合：左图为集合SETX，右图为集合SETZ

许多后处理都要基于特定的集合，实际应用中常常会出现需要在后处理中建立新集合的情况。在 Abaqus/CAE 6.14 中并不能在后处理的时候直接建立集合，必须依赖表 16-5 中的函数利用脚本程序来完成。

```
>>> o = session.openOdb(name='myJob.odb', readOnly=False)
>>> instes = o.rootAssembly.instances
>>> print instes
{'PART-1-1': 'OdbInstance object', 'PART-1-2': 'OdbInstance object', 'PART-2-1': 'OdbInstance object'}
>>> inst1 = instes['PART-1-1']
>>> inst2 = instes['PART-1-2']
>>> inst3 = instes['PART-2-1']
>>> nodes1 = inst1.nodes[1:10]  # 获取 PART-1-1 的节点对象序列
>>> nodes2 = inst2.nodes[1:10]  # 获取 PART-1-2 的节点对象序列
>>> nodes3 = inst3.nodes[1:10]  # 获取 PART-2-1 的节点对象序列
>>> setOnInstance = inst1.NodeSet(name='setOnInst1', nodes=nodes1)
# 使用节点对象序列为参数，建立 instance 层次的节点集合
>>> setOnAssembly = o.rootAssembly.NodeSet(name='setOnAssembly',
... nodes=(nodes1,nodes2,nodes3))
# 使用节点对象序列的序列为参数，建立 rootAssembly 层次的节点集合
>>>o.close()
# 关闭当前 Odb 对象。实验发现必须先关闭当前 Odb，再次打开时才可以在模型树中看到
# 新建的集合
>>> o = session.openOdb(name='myJob.odb', readOnly=False)
>>> print o.rootAssembly.nodeSets
{' ALL NODES': 'OdbSet object', 'SETX': 'OdbSet object', 'SETZ': 'OdbSet object',
'setOnAssembly': 'OdbSet object'}
>>> inst1 = o.rootAssembly.instances['PART-1-1']
>>> print inst1.nodeSets
{'setOnInst1': 'OdbSet object'}
```

从上面的过程我们可以发现集合在建立以后会直接保存到 odb 文件中，即使不使用任何保存措施，直接关闭 Odb 对象，新建立的集合（setOnAssembly 和 setOnInst）仍然存在。如图 16-3 所示，在模型树中可以看到前面新建立的集合。

如果尝试建立一个已经存在的集合，程序会提示错误。因此一般在 Odb 中调用脚本函数建立新集合的时候，或者使用判断语句确认名字是否已存在或者考虑使用异常处理机制，捕获 OdbError 异常。

```
>>> setOnInstance = inst1.NodeSet(name='setOnInst1', nodes=nodes1)
OdbError: Duplicate set or surface name setOnInst1
```

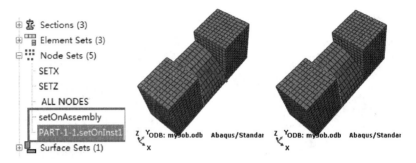

图16-3　左图为模型树，中间图为集合setOnAssembly，右图为集合PART-1-1.setOnInst1

除了上面所示范的使用节点对象序列建立集合外，我们还可以使用节点的编号来建立节点集合。下面给出一个使用节点编号建立 Assembly 层级集合的简单示例，其运行结果如图 16-4 所示。

```
>>> o = session.openOdb(name='myJob.odb', readOnly=False)
>>> setFromLabel = o.rootAssembly.NodeSetFromNodeLabels(name = 'setFromLabel', nodeLabels =
(('PART-1-1', (1,3,5,7,9)),('PART-1-2',(1,3,5,7,9))))
# 联系到节点集合中节点对象就是按照 instance 不同而分列表存储起来的。
>>>o.close()
>>> o = session.openOdb(name='myJob.odb', readOnly=False)
>>>session.viewports['Viewport: 1'].setValues(displayedObject=o)
```

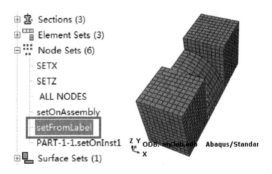

图16-4　新建节点集合：左图为模型树，右图为集合setFromLabel

❖ Quiz：

上面的例子都是建立节点集合的例子，读者可以仿照上面两个例子编写建立单元集合的脚本。

16.2　Odb对象中结果数据的读取

上一节讲述的是 Odb 对象中包含的模型数据，Odb 对象中另一重要部分是结果数据。如图 16-1 所示，Odb 对象的结果数据都保存在 steps 仓库中，可以分为场变量结果（fieldOutputs）和历史变量结果（historyOutputs）。表 16-6 为 OdbStep 对象成员信息。

我们可以尝试查看结果文件 myJob.odb 中的结果数据情况。为了能更清晰地看到对象的结构层次，这里我们使用 textRepr 模块的函数 prettyPrint() 来打印结构较复杂的对象。

表16-6 OdbStep对象成员信息

成员类型	名称	作用
构造函数	Step()	创建新的OdbStep对象
成员函数	getFrame()	通过指定结果帧特征值获得对应的OdbFrame对象
	getHistoryRegion()	通过指定历史区域得到对应的HistoryRegion对象
	setDefaultDeformedField()	设置用于默认显示的变形场变量
	setDefaultField()	设置用于默认显示的场变量
	……	……
成员变量	number	载荷步数
	frames	场变量对象OdbFrame序列
	historyRegions	历史结果对象HistoryRegion的仓库
	……	……

```
>>> from textRepr import *# 为了使用prettyPrint()函数
>>> o = session.openOdb(name='myJob.odb', readOnly=False)
# 如果当前session中没有打开myJob.odb文件，则需要打开；否则可以略过这一句
>>> session.viewports['Viewport: 1'].setValues(displayedObject=o)
>>> steps = o.steps
>>> print steps
{'myStep1': 'OdbStep object'}
#myJob.odb中仅仅包含一个载荷步数据
>>> step = steps['myStep1']
>>> frames = step.frames
>>> print len(frames)
11 # 当前step中共包含有11帧的数据结果
>>> f1 = frames[0]  # 从frames列表中取第1个OdbFrame对象
>>> f2 = step.getFrame(frameValue=0.0) # 利用函数获得帧特征为0.0的OdbFrame对象
>>> f1==f2
True # 两者指向同一对象
>>> prettyPrint(f1)
({'cyclicModeNumber': None,
  'description': 'Increment      0: Step Time =    0.000',
  'domain': TIME,
  'fieldOutputs': 'Repository object',
  'frameId': 0,
  'frameValue': 0.0,
  'frequency': None,
  'incrementNumber': 0,
  'isImaginary': False,
  'loadCase': None,
  'mode': None})
>>> HR = step.historyRegions #HR为仓库类型
>>> prettyPrint(HR[HR.keys()[0]])# 打印仓库HR中第1个对象信息
({'description': 'Output at assembly ASSEMBLY',
  'historyOutputs': 'Repository object',
  'loadCase': None,
  'name': 'Assembly ASSEMBLY',
  'point': 'HistoryPoint object',
  'position': WHOLE_MODEL})
```

上面使用了两种获得某一帧场变量结果数据的方法，一种是直接从step.frames列表中获取，这种方法

不需要事先知道帧特征值；另外一种就是利用 OdbStep 对象的函数 getFrame 通过指定帧特征值来获取。对于时间历程变量结果，我们可以从 step.historyRegions 仓库中获得。

我们最关心的计算结果都存储在 OdbFrame 对象的 fieldOutputs 仓库和 HistoryRegion 对象的 HistoryOutputs 仓库中，如表 16-7 所示。

表16-7　OdbFrame和HistoryRegion对象

类名	成员变量	作用
OdbFrame	fieldOutputs	存储场变量结果FieldOutput对象的仓库
	……	……
HistoryRegion	historyOutputs	存储时间历史变量结果HistoryOutput对象的仓库
	……	……

16.2.1 场变量数据的处理

场变量结果数据对象 FieldOutput 的信息如表 16-8 所示。我们可以利用上面的这些成员信息来读取 myJob.odb 中场变量的结果数据。

表16-8　FiledOutput对象信息

成员类型	名称	作用
构造函数	FieldOutput()	创建新的FieldOutput对象
成员函数	addData()	向FieldOutput对象中添加数据
	getScalarField()	生成对应节点或者单元上保存有指定分量或者不变量的数值的FieldOutput对象
	getSubset()	获得当前FieldOutput对象的子集或者变异
	getTransformedField()	获得经坐标变换后的FieldOutput对象
成员变量	name	场变量名称
	values	场变量数值FieldValue对象序列
	locations	FieldLocation对象序列
	……	……

```
>>> from textRepr import *# 为了使用 prettyPrint() 函数
>>> o = session.openOdb(name='myJob.odb', readOnly=False)
>>> session.viewports['Viewport: 1'].setValues(displayedObject=o)
>>> frames = o.steps['myStep1'].frames
>>> f1 = frames[-1]# 获取最后一帧 OdbFrame 对象
>>> fop = f1.fieldOutputs # 获得 OdbFrame 对象中存储结果的仓库 fieldOutput
>>> prettyPrint(fop)# 当前仓库中存储的两类输出量：位移场 U 和应力场 S
{'S': 'FieldOutput object',
 'U': 'FieldOutput object'}
>>> fopS = fop['S']#FieldOutput 对象应力场变量
>>> fopU = fop['U']#FieldOutput 对象位移场变量
>>> prettyPrint(fopS.locations[0])#locations 为记录数据依附点的 FieldLocation 对象序列
({'position': INTEGRATION_POINT, # 应力场变量位于积分点处
  'sectionPoints': 'tuple object'})
>>> prettyPrint(fopU.locations[0])
({'position': NODAL, # 位移场变量位于节点处
  'sectionPoints': 'tuple object'})
>>> prettyPrint(fopS.values[0])#foS.values 为场变量数据值 FieldValue 对象序列
({'baseElementType': 'C3D8R',
```

```
                  'conjugateData': None,
                  'conjugateDataDouble': 'unknown',
                  'data': 'array object',
                  'dataDouble': 'unknown',
                  'elementLabel': 1,  # 单元编号为1
                  'face': None,
                  'instance': 'OdbInstance object',
                  'integrationPoint': 1,  #C3D8R 单元只有一个积分点
                  'inv3': 0.1164,
                  'localCoordSystem': None,
                  'localCoordSystemDouble': 'unknown',
                  'magnitude': None,
                  'maxInPlanePrincipal': 0.0,
                  'maxPrincipal': 0.11901,
                  'midPrincipal': 0.00465,
                  'minInPlanePrincipal': 0.0,
                  'minPrincipal': -0.07047,
                  'mises': 0.16526,
                  'nodeLabel': None,
                  'outOfPlanePrincipal': 0.0,
                  'position': INTEGRATION_POINT,
                  'precision': SINGLE_PRECISION,
                  'press': -0.01773,
                  'sectionPoint': None,
                  'tresca': 0.18947,
                  'type': TENSOR_3D_FULL})
>>> print fopS.values[0].mises
0.165256664157
>>> print fopS.values[0].magnitude
None
>>> print fopU.values[0].magnitude
0.00443974463269
>>> print fopU.values[0].mises
None
```

由于所有的 FieldValue 对象都具有相同的数据结构，因此对于位移场变量结果对象 fopU.values[0] 也有 mises 成员变量（值为 None）；而对应力场变量结果对象 fopS.values[0] 也有 magnitude 成员变量（值同样为 None）。

上面的语句可以帮助我们获得编号为 1 的单元上的积分点 1 处的应力数据，以及编号为 1 的节点上的位移数据。但是由于有时候单元或者节点编号并非连续的，以及全积分单元的积分点数目比较多的缘故，很多情况下，我们不能依赖这种顺序读取来获得指定单元或者节点的数据结果。这种情况下我们需要使用一些函数来提取对应的结果。

getSubset() 函数有多个版本[1]，可以根据传入参数的不同来返回包含不同数据的 FieldOutput 对象，比较常用的方式有：为 region 参数传入 OdbSet 对象；为 region 参数传入 OdbMeshNode 对象或者 OdbMeshElement 对象；为 region 参数传入 OdbInstance 对象；为 ElementType 参数传入字符串对象；为 location 参数传入 FieldLocation 对象。

---

[1] 实际上 Python 语言是不支持重载的，一个函数名仅仅对应一个函数。Abaqus API 所提供的这些多版本的函数应该是通过混合多种参数传递方式来达到类似重载效果的。

使用 getSubset() 函数的时候需要选择正确的输入对象，如果当前数据结果对象是位于积分点处的单元应力结果，那么参数也需要是单元或者是单元的集合，此时节点集合作为输入参数并不能取得数据。

```
>>> a=o.rootAssembly.nodeSets['SETX']
>>> print len(setX.nodes[0])+len(setX.nodes[1])+len(setX.nodes[2])
396 #SETX 集合中包含 396 个节点
>>> fopUFromSet = fopU.getSubset(region=setX)# 获得 SETX 集合处的结果数据对象
>>> print len(fopUFromSet.values)#fopU 场变量对象数据位于节点处
396# 获得集合中每个节点处的数据
>>> fopSFromSet = fopS.getSubset(region=setX)#fopS 场变量数据基于单元积分点
>>> print len(fopSFromSet.values)
0# 使用节点集合不能获得积分点处的数据对象
>>> setXE = o.rootAssembly.elementSets['SETX']
>>> print len(setXE.elements[0])+len(setXE.elements[1])+len(setXE.elements[2])
330# 集合中包含 330 个单元
>>> fopSFromSet = fopS.getSubset(region=setXE)
>>> print len(fopSFromSet.values)
330# 顺利获得 330 个单元的数据
>>> inst1 = o.rootAssembly.instances['PART-1-1']
>>> ele1 = inst1.getElementFromLabel(label=30)# 取得 Part-1-1 中编号为 30 的单元
>>> fopSFromEle = fopS.getSubset(region=ele1)# 获得这一个单元的数据结果
>>> prettyPrint(fopSFromEle.values[0])
({'baseElementType': 'C3D8R',
  'conjugateData': None,
  'conjugateDataDouble': 'unknown',
  'data': 'array object',
  'dataDouble': 'unknown',
  'elementLabel': 30, # 编号正是我们所输入的单元编号
  'face': None,
  'instance': 'OdbInstance object',
  'integrationPoint': 1,
  'inv3': -2.31258,
  'localCoordSystem': None,
  'localCoordSystemDouble': 'unknown',
  'magnitude': None,
  'maxInPlanePrincipal': 0.0,
  'maxPrincipal': 0.40685,
  'midPrincipal': -1.67293,
  'minInPlanePrincipal': 0.0,
  'minPrincipal': -4.25846,
  'mises': 4.04818,
  'nodeLabel': None,
  'outOfPlanePrincipal': 0.0,
  'position': INTEGRATION_POINT,
  'precision': SINGLE_PRECISION,
  'press': 1.84151,
  'sectionPoint': None,
  'tresca': 4.66531,
  'type': TENSOR_3D_FULL})
```

上面这种方式就是最为通用的获得特定区域结果数据的方法，其他几种参数输入方式比较类似，这里不再赘述。

基于上述方法我们只需要遍历所有的数据帧对象就可以获得某一节点或者单元的应力随着加载时间的变化情况，具体实现如 case_16_4.py 所示。

如果结合我们在第 14 章节中讲述的使用 XYPlot 来对所得的数据作图，我们可以得到如图 16-5 所示的结果。

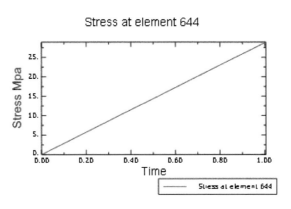

图16-5　单元644上的应力随加载时间的变化图

case_16-4.py

```
1   # -*- coding: mbcs -*-
2   import os, os.path, sys
3   from odbAccess import *
4   elementL = 644
5   instanceL = 'PART-2-1'
6   times, stress = [], []
7   o = openOdb(path='myJob.odb', readOnly=False)
8   inst = o.rootAssembly.instances[instanceL]
9   ele = inst.getElementFromLabel(label=elementL)
10  frames = o.steps['myStep1'].frames
11  for frame in frames:
12      times.append(frame.frameValue)
13      fopS = frame.fieldOutputs['S']
14      fopSFromEle = fopS.getSubset(region=ele)
15      stress.append(fopSFromEle.values[0].mises)
16  o.close()
```

16.2.2　历史变量数据的处理

由于历史变量仅仅限于标量，因而相比于场变量数据的读取，历史变量结果数据的读取并不是十分常见，这里仅仅做简单的介绍。历史变量结果数据对象 HistoryOutput 的信息如表 16-9 所示。

表16-9　HistoryOutput对象信息

成员类型	名称	作用
构造函数	HistoryOutput()	创建新的HistoryOutput对象
成员函数	addData()	向HistoryOutput对象中添加数据
成员变量	data	数对的元组，数对中一个表示帧特征值，另一个为变量值
	……	……

```
>>> from textRepr import *# 为了使用prettyPrint()函数
>>> from odbAccess import *
>>> o = openOdb(path='myJob.odb', readOnly=False)
>>> step = o.steps['myStep1']
>>> hr = step.historyRegions# 可以存储不同的HistoryPoint上的数据对象
>>> print hr
{'Assembly ASSEMBLY': 'HistoryRegion object'}# 当前模型中仅有一个HistoryRegion对象
>>> hr0 = hr[hr.keys()[0]]
>>> prettyPrint(hr0)
({'description': 'Output at assembly ASSEMBLY',
  'historyOutputs': 'Repository object', #结果数据存储仓库
  'loadCase': None,
  'name': 'Assembly ASSEMBLY', #Abaqus默认设置的名字:好奇怪!
  'point': 'HistoryPoint object',
  'position': WHOLE_MODEL})
>>> hop = hr0.historyOutputs# 默认存储变量为各种能量指标
>>> Allae = hop['ALLAE']# 获得伪应变能数据对象
>>> Allie = hop['ALLIE']# 获得系统内能数据对象
>>> prettyPrint(Allae)
({'conjugateData': None,
  'data': 'tuple object',
  'description': 'Artificial strain energy',
  'name': 'ALLAE',
  'type': SCALAR})
>>> print Allie.data
((0.0, 0.0), (0.100000001490116, 0.0540554970502853), (0.200000002980232, 0.216217815876007),
(0.300000011920929, 0.486487418413162), (0.400000005960464, 0.864861726760864), (0.5,
1.35133898258209), (0.600000023841858, 1.94591748714447), (0.699999988079071, 2.64859533309937),
(0.800000011920929, 3.45937085151672), (0.899999976158142, 4.37824201583862), (1.0,
5.40520715713501))
```

可见 Allie.data 的结构可以看出成对出现的数值,第1个是帧特征值(这里表示加载时间),而第2个表示当前变量值(这里为系统内能)。

16.3 Odb数据文件的写入

16.3.1 已有模型添加特定数据

讲述完读取数据的功能之后,这一节我们进入数据写入部分。首先需要指出的是 Abaqus 所创建的 Odb 对象中的数据是不能修改的,但是我们可以添加额外的数据。表 16-8 和表 16-9 中的函数 addData() 就是可以协助我们完成数据添加工作的程序基础。

这里我们以 HertzContact.odb 为例,尝试向最后一帧数据中添加一个位于单元中心上的场变量 "DIY",其值等于该单元的应力三轴度 press/mises。这个程序中最关键的部分是如果利用 FieldOutput.addData() 函数将数据添加到新建的 FieldOutput 对象中。

case_16_5.py

```
1   # -*- coding: mbcs -*-
2   import os, os.path, sys
3   from odbAccess import *
4   from abaqusConstants import *
5   
6   o = openOdb(path='HertzContact.odb', readOnly=False)
7   insts = o.rootAssembly.instances
8   inst1 = insts['BASE-1']
9   ele1 = inst1.elements
10  frame = o.steps['Contact'].frames[-1]
11  fopDIY = frame.FieldOutput(name='DIY',description='stress triaxiality',
12      type=SCALAR)
13  fopS = frame.fieldOutputs['S']
14  for ele in ele1:
15      SFromEle = fopS.getSubset(region=ele).values[0]
16      temp = SFromEle.press/SFromEle.mises if SFromEle.mises>1.0 else 0.0
17      fopDIY.addData(position=CENTROID, instance=inst1, labels=[ele.label,],
18          data=((temp,),))
19  o.close()
```

其中，

第 4 行，导入 abaqusConstants 模块时为了使用 Abaqus 常量 CENTROID；

第 10 行，获取载荷步 Contact 的最后一个数据帧对象 frame；

第 11 ~ 12 行，在 frame 对象上建立新的键名为 DIY 的结果数据 FieldOutput 对象 fopDIY，数据类型选择标量 SCALAR；

第 14 ~ 15 行，使用循环遍历 BASE-1 部件中的单元 ele，使用 getSubset 函数获得 ele 单元处的应力结果。

第 16 行，使用三元操作表达式计算单元 ele 处的应力三轴度数值；

第 17 ~ 18 行，使用 addData 函数将应力三轴度数值 temp 添加入新建的结果数据对象 fopDIY 中的 ele 单元处，注意标量的数据格式为仅有一个数值的序列（temp,）。

case_16_5 的理念非常简洁：遍历部件实例对象中的每个单元，针对每个单元使用函数 getSubset 提取应力结果，使用 addData 函数添加数据。程序运行后再打开 HertzContact.odb 文件就可以看到执行的效果，变量 DIY 的云图如 16-6 所示。

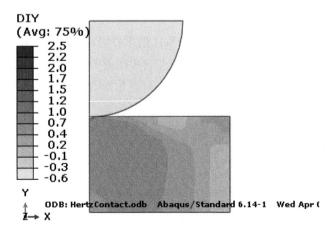

图16-6 自定义的应力三轴度云图

但是在循环内部使用 getSubset 和 addData 这两个函数开销很大,执行效率比较低下。仅仅针对一个部件上的单元写入一帧的数据,case_16_5 的执行效率问题并不会很突出,如果希望对整个模型的所有帧数据都进行更新,就会发现该程序的效率问题值得进一步探讨。

较合理的解决方式是一次性提取一批单元的应力结果,然后使用 addData 函数将数据成批添加入对应的位置,case_16_6 就实现了这种算法。

case_16_6.py

```
1   # -*- coding: mbcs -*-
2   import os, os.path, sys
3   from odbAccess import *
4   from abaqusConstants import *
5   
6   o = openOdb(path='HertzContact.odb', readOnly=False)
7   a = o.rootAssembly
8   insts = a.instances
9   inst1 = insts['BASE-1']
10  ele1 = inst1.elements
11  eleLabel1 = [ele.label for ele in ele1]
12  if a.elementSets.has_key('eleSet1'):
13      eleSet1 = a.elementSets['eleSet1']
14  else:
15      eleSet1 = a.ElementSet(name='eleSet1', elements=(ele1,))
16  frame = o.steps['Contact'].frames[-1]
17  fopDIY = frame.FieldOutput(name='DIY',description='stress triaxiality',
18      type=SCALAR)
19  fopS = frame.fieldOutputs['S']
20  fopSFromEle = fopS.getSubset(region=eleSet1).values
21  ST = [(SFromEle.press/SFromEle.mises if SFromEle.mises>1.0 else 0.0,)
22      for SFromEle in fopSFromEle]
23  fopDIY.addData(position=CENTROID, instance=inst1, labels=eleLabel1,
24      data=ST)
25  o.close()
```

其中,

第 11 行,获得实例部件 BASE-1 的所有单元编号并形成列表,这将是 addData 函数的参数之一;

第 12 ~ 15 行,若当前 odb 模型中不存在单元集合 eleSet1 则建立该集合,由所有 BASE-1 实例部件的单元组成,否则就获得集合的引用;

第 20 行,使用 getSubset 函数获得单元集合 eleSet1 的所有应力数据对象;

第 21 ~ 22 行,利用列表解析的方式生成该单元集合中所有单元应力三轴度数值组成的列表;

第 23 ~ 24 行,利用 fopDIY.addData 函数将应力三轴度数据写入结果数据中。

16.3.2 生成完整的Odb对象

下面我们从零开始构造一个具有趣味性的 Odb 对象,其模型为一由梁单元组成的圆,结果数据中仅仅包含我们所给定的变形和应力数据。

为了简单起见,我们仅仅构建 Odb 对象中最基本的节点、单元和结果数据 3 部分。通过在不同的数据帧中定义不同的变形场变量值，使得初始的圆圈可以产生多种形状变化，具体程序如下所示。

case_16_7.py

```python
1   # -*- coding: mbcs -*-
2   from math import *
3   from odbAccess import *
4   from abaqusConstants import *
5   name = 'BeamADeform'
6   path = 'BeamADeform.odb'
7   R = 50.0
8   fN=6
9   Num = 2**fN*50
10
11  o = Odb(name=name, path=path)
12  part = o.Part(name='beam', embeddedSpace=THREE_D, type=DEFORMABLE_BODY)
13  nodeLabels = range(1, Num+1)
14  xNode = [R*sin((node-1.0)/Num*2.0*pi) for node in nodeLabels]
15  yNode = [R*cos((node-1.0)/Num*2.0*pi) for node in nodeLabels]
16  zNode = [0.0 for node in nodeLabels]
17  nodeData = zip(nodeLabels, xNode, yNode, zNode)
18  part.addNodes(nodeData=nodeData, nodeSetName='beamPart')
19  nodelist1 = range(1, Num+1)
20  nodelist2 = [node+1 if node<Num else 1 for node in nodelist1]
21  eleLabels = range(1, Num+1)
22  eleData = zip(eleLabels, nodelist1, nodelist2)
23  part.addElements(elementData=eleData, type='B31')
24  inst = o.rootAssembly.Instance(name='beamInstance', object=part)
25  step = o.Step(name='deform', description='Step4Deform', domain=TIME,
26      timePeriod=1.0)
27  for i in range(fN):
28      dataU, dataS = [], []
29      base = Num/2**i
30      for m in nodeLabels:
31          temp = m%base/float(base)*pi + m/base*2.0*pi
32          dataU.append((0.0,0.0,5.0*sin(temp)*i))
33          dataS.append((5.0*sin(temp)*i,0.0,0.0))
34      frame = step.Frame(incrementNumber=i, frameValue=float(i)/(fN-1),
35          description='Step time: '+str(float(i)/(fN-1)))
36      fopU = frame.FieldOutput(name='U', description='Custom data', type=VECTOR,
37          validInvariants=(MAGNITUDE,))
38      fopU.addData(position=NODAL, instance=inst, labels=nodeLabels,data=dataU)
39      fopS = frame.FieldOutput(name='S', description='Custom data',
40          type=TENSOR_3D_SURFACE, validInvariants=(MISES,))
41      fopS.addData(position=INTEGRATION_POINT, instance=inst, labels=eleLabels,
42          data=dataS)
43  o.save()
44  o.close()
```

其中，

第5~6行，定义要创建的Odb文件名；

第7~9行，定义计算变形用的参数；

第12行，定义名为beam的模型部件对象，它将是生成Instance对象的基础；

第 18 行，使用 addNodes 函数将构造的模型节点数据插入 part 对象；

第 23 行，使用 addElements 函数将构造的模型网格数据插入 part 对象；

第 24 行，生成基于 part 部件 "beam" 的部件实例对象 inst；

第 25 ~ 26 行，生成载荷步 OdbStep 对象；

第 28 ~ 33 行，构造周期性的位移和应力结果数据，实际上这一步中的数值可以是任意设定的数值；

第 34 行，建立数据帧对象 OdbFrame；

第 36 ~ 41 行，写入变形和应力数据。

在命令行下运行该程序，abaqus cae noGUI=case_16_7.py，之后在当前目录下会生成新的 Odb 对象，现截取不同帧的应力云图如图 16-7 所示。加载时间为 0 时为初始形状，当加载时间为 0.4 时变形云图为 3 段正弦波形，当加载时间为 0.6 时变为八瓣状正弦波形；当加载时间为 0.8 时变为 16 瓣波形……实际上可以根据具体情况设定任意的变形结果。

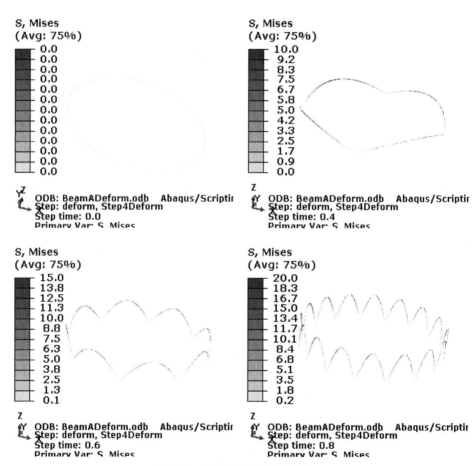

图16-7　创建Odb对象的云图结果

至此，我们讲述了 Odb 对象群中比较常用的几个对象和函数的使用方法，其他一些函数和对象，如果有需要，可以进一步从帮助文档中查看学习。

第17章 几个常见问题

本部分前面几章讲述的是在 Abaqus 中使用 Python 脚本的基础,这一章将针对编程中常常遇到的几个特殊问题给出一些解决方案。

17.1 几何和网格元素的选择

经过前面几章的介绍,我们可以发现模型创建和 Odb 数据操作等都要依靠函数调用来完成。这些函数需要传入各式各样的参数,其中最常见的一种就是几何和网格元素:几何体、几何面、几何线或者几何点、网格单元、单元面或者节点等。如何获得正确的几何或者网格元素是比较棘手的问题,下面提供几种思路。

17.1.1 内置的选择函数

Abaqus 提供了多种选取几何或者网格元素的函数,合理地采用这些函数可以帮助我们解决大部分几何或者网格的选择问题。由于 Abaqus 内置函数在运行效率上的优势,在任何情况下我们都应该优先使用这几个内置函数。表 17-1 给出了常用的几个函数,具体的参量名称可以查看帮助文档。

表17-1 Abaqus内置的选择函数

应用对象	名称	作用
几何元素	findAt()	传入点或者点序列的坐标数据,返回通过该点坐标位置的点、线、面、体对象或者对象序列
几何元素	getClosest()	传入点或者点序列的坐标数据,返回距离该点最近的点、线、面、对象、字典
几何元素或者网格元素	getByBoundingBox()	返回包含在指定空间长方体中的几何元素或者网格元素的对象序列
几何元素或者网格元素	getByBoundingCylinder()	返回包含在指定空间圆柱中的几何元素或者网格元素的对象序列
几何元素或者网格元素	getByBoundingSphere()	返回包含在指定空间球面内的几何元素或者网格元素的对象序列

以我们在第 15 章所建立的模型 myModel 为例来说明这几个函数的具体使用方法。

```
>>> mdb = openMdb(pathName='Test.cae') # 打开在当前工作目录下的模型 Test.cae
>>> vp = session.viewports['Viewport: 1']
>>> o = mdb.models['myModel'].rootAssembly
>>> vp.setValues(displayedObject=o)
>>> insts = o.instances
>>> inst1 = o.instances['Part-1-1']
>>> inst2 = o.instances['Part-1-2']
>>> inst3 = o.instances['Part-2-1']
```

```
>>> p1 = mdb.models['myModel'].parts['Part-1']
>>> p2 = mdb.models['myModel'].parts['Part-2']
```

getByBoundingBox 函数建立 Part-1 基础上的边的集合，我们只需要通过参数设置长方体的空间位置，该函数会帮助我们选取完全处于长方体空间内部的几何元素，并返回几何组。

```
>>> es1 = p1.edges
>>> e = es1.getByBoundingBox(xMin=-1,xMax=1,yMin=-1,yMax=20,zMin=-1,zMax=25)
>>> eSetFromBox = p1.Set(name='eSetFromBox', edges=e)
```

当我们知道要选择的边所通过的坐标点的位置以后，findAt 就是一个比较好的选择。如果给 findAt 函数传入一个坐标数组参数，其返回值为一个几何元素对象（这里就是一条边）；如果传入一个数组组成的数组，findAt 函数会返回一个由几何元素组成的序列。

```
>>> e = es1.findAt(((0.0,15.0,10.0),),((15.0,15.0,10.0),))
>>> eSetFromFind = p1.Set(name='eSetFromFind', edges=e)
```

具体的几何情况如图 17-1 所示。

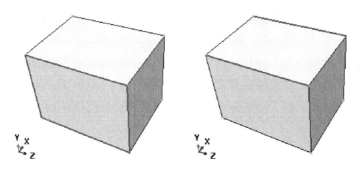

图17-1　左图为eSetFromBox，右图为eSetFromFind

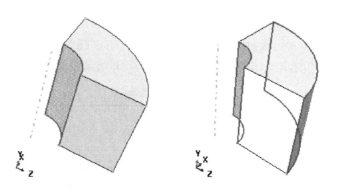

图17-2　左图为fSetFromCylinder，右图为fSetFromFind

对于几何面或者几何块，我们也可以采用类似的方法来选择，选择的结果如图 17-2 所示。

```
>>> fs1 = p2.faces
>>> f1 = fs1.getByBoundingCylinder(center1=(0,0,0),center2=(0,10,0),radius=8)
>>> fSetFromCylinder = p2.Set(name='fSetFromCylinder', faces=f1)
>>> r1, r2 = 5.0, 15.0
>>> center1 = (r1*sin(pi/6), 7.5, r1*cos(pi/6))
>>> center2 = (r2*sin(pi/6), 7.5, r2*cos(pi/6))
>>> f2 = fs1.findAt((center1,),(center2,))
>>> fSetFromFind = p2.Set(name='fSetFromFind', faces=f2)
```

这两组命令对于装配体同样可用，使用方法类似。不同的是我们需要将来自不同 instance 对象的

cellArray 对象"求和"的结果作为参数传入 cells 变量。另外从 c0 和 c1 的结果的不同类型可以看出不同的参数输入格式对结果的影响：c0 为单个几何块，而 c1 为序列 CellArray。

```
>>> cs1 = inst1.cells
>>> cs2 = inst2.cells
>>> cs3 = inst3.cells
>>> c1 = cs1.findAt(((7.5,22.5,20.0),),)
>>> type(c1)
<type 'Sequence'>
>>> center = (0,0,0)
>>> c2 = cs2.getByBoundingSphere(center=center, radius=50)
>>> c3 = cs3.getByBoundingSphere(center=center, radius=50)
>>> cSet1 = o.Set(name='cSet1', cells=c1+c2+c3)  # 需要对来自不同 instance 的块列表求和
>>> c0 = cs1.findAt((7.5,22.5,20.0),)
>>> type(c0)
<type 'Cell'>
>>> cSet2 = o.Set(name='cSet2', cells=[c0,]+c2+c3)
TypeError: can only concatenate list (not "Sequence") to list
# 自制的块列表 [c0,] 是不能融入原生态的 CellArray 的。
```

17.1.2 基于特征的筛选方法

每个几何元素都有自己的几何特征，如表 17-2 所示。有些时候利用几何特征可以更好地达到特定的目标。一般的模型中几何元素不会特别多，我们可以直接使用遍历的方式从中"筛选"出我们需要的几何元素。

表17-2 几何元素的特征查询函数

应用对象	名称	作用
Cell对象	getSize()	返回几何块的体积信息
Face对象	getSize()	返回几何面的面积信息
	getNormal()	返回几何面的法向信息
	getCentroid()	返回几何面的中心点位置信息
Edge对象	getRadius()	返回几何边的半径，若几何边非圆弧则抛出异常
	getSize()	返回几何边的周长

下面我们创建一个用于选择特定长度边、特定半径的圆弧、特定面积的表面的程序段。由于选择的边或者体来自于 part 或者 instance 对象，因此这个对象将是一个重要的参数。另外为了区别要获得对象的不同，我们依赖不同的输入参量来判断：传入参量 length 表示选择特定长度的边；传入 radius 表示选择特定半径的圆弧；传入 area 表示选择特定大小的面。

case_17_2.py

```
1    # -*- coding: mbcs -*-
2    from abaqus import *
3    from abaqusConstants import *
4    
5    def getByFeature (source, tol=1e-3, **arg):
6        result, eSize, eRad, fSize ={},[],[],[]
7        if arg.has_key('length'):
8            length = arg['length']
9            for e in source.edges:
10               if abs(e.getSize()-length)<tol:
```

```
11            eSize.append(e)
12     if arg.has_key('radius'):
13         radius = arg['radius']
14         for e in source.edges:
15             try:
16                 if abs(e.getRadius()-radius)<tol:
17                     eRad.append(e)
18             except Exception as e:
19                 print e
20     if arg.has_key('area'):
21         area = arg['area']
22         for f in source.faces:
23             if abs(f.getSize()-area)<tol:
24                 fSize.append(f)
25     result['EdgeFromLength']=eSize;
26     result['EdgeFromRadius']=eRad;
27     result['FaceFromArea']=fSize;
28     return result
29
30 if __name__=="__main__":
31     try:# 打开在当前工作目录下的模型 Test.cae
32         mdb = openMdb(pathName='Test.cae')
33         o = mdb.models['myModel'].rootAssembly
34         inst3 = o.instances['Part-2-1']
35         myResult = getByFeature(inst3, length=10.0,radius=5.0,area=150)
36         print myResult['EdgeFromLength']
37         print len(myResult['EdgeFromRadius'])
38         print len(myResult['FaceFromArea'])
39     except Exception as e:
40         print e
```

其中，

第 5 行，使用字典传参的方式将参数和参数名一起传入函数；

第 6 行，初始化临时变量；

第 7 ~ 11 行，当传入参数 length 时使用 getSize() 函数来遍历所有边；

第 12 ~ 19 行，当传入参数 radius 时使用 getRadius() 函数遍历所有边；在实现过程中考虑到 getRadius 函数可能抛出异常，因此 try-except 语句被用来处理可能出现的异常；

第 20 ~ 24 行，当传入参数 area 时使用 getSize() 函数遍历所有面。

case_17_2 可以直接通过选择 File->Run Script 来运行，由于上面已经将其编写成为一个函数，因此像其他模块一样，可以从外部导入 Abaqus 的工作空间来使用，具体方法如下：

```
>>> import sys
>>> sys.path
```

上面的语句会将 Python 的默认搜索路径显示出来，我们需要将 case_17_2.py 文件放入其中任意一个路径中即可（最方便直观的选择是当前工作目录）。然后使用 import 命令导入后即可直接在 KCLI 命令框中调用。

```
>>> from case_17_2 import *
>>> mdb = openMdb(pathName='Test.cae')
>>> o = mdb.models['myModel'].rootAssembly
>>> inst3 = o.instances['Part-2-1']
>>> myResult = getByFeature(inst3, length=10.0,radius=5.0,area=150)
```

17.2 几何元素的特征操作

为了获得更好的网格质量，或是为了方便地定义边界和载荷，我们常常需要对特定的几何元素进行剖分操作。Abaqus 中的边、面、体等几何元素都可以利用 feature 对象群中的函数进行几何剖分操作。表 17-3 给出了进行几何操作必须的辅助特征对象的建立方法；而表 17-4 给出了对几何元素进行剖分操作的函数信息。

表17-3 辅助特征对象

对象	名称	作用
几何点	DatumPointByCoordinate()	根据坐标建立辅助点
	DatumPointByMidPoint()	从两点中点建立辅助点
	DatumPointByEdgeParam()	建立位于边上特定位置的辅助点
	……	……
几何面	DatumPlaneByPrincipalPlane()	从现有坐标平面平移建立辅助面
	DatumPlaneByOffset()	从现有辅助面平移建立新的辅助面
	DatumPlaneByThreePoints()	建立通过3个给定点的辅助面
	DatumPlaneByLinePoint()	建立通过给定点和线的辅助面
	DatumPlaneByPointNormal()	从给定点建立具有特定法线方向的辅助面
几何线	DatumAxisByPrincipalAxis()	从现有的坐标轴建立辅助线
	DatumAxisByTwoPoint()	建立通过两个给定点的辅助线
	……	……

表17-4 几何元素的特征操作函数

应用对象	名称	作用
Cell对象	PartitionCellByDatumPlane()	利用辅助平面切分特定几何块
	PartitionCellByExtendFace()	利用延伸特定几何面来切分特定几何块
	……	……
Face对象	PartitionFaceByDatumPlane()	利用辅助平面切分特定几何面
	PartitionFaceByExtendFace()	利用延伸特定几何面来切分特定几何面
	……	……
Edge对象	PartitionEdgeByDatumPlane()	利用辅助平面切分特定几何边
	PartitionEdgeByParam()	利用长度比例切分特定的几何边
	PartitionEdgeByPoint()	利用点切分特定的几何边
	……	……

与 Model 对象、Part 对象等类似，辅助对象也有自己特定的存储仓库——datums；而参考点对象则存储在 referencePoints 仓库中。它们的每一个对象都需要使用 feature 对象的 ID 来获取引用。

```
>>> mdb = openMdb(pathName='Test.cae')# 打开在当前工作目录下的模型 Test.cae
>>> p1 = mdb.models['myModel'].parts['Part-1']
>>> pt1 = p1.DatumPointByCoordinate(coords=(0.,15.,10.))# 利用坐标建立点 pt1
>>> datums = p1.datums# Part 层次的 datum 对象存储仓库
>>> type(datums[pt1.id])
<type 'DatumPoint'>
>>> a = mdb.models['myModel'].rootAssembly
>>> rp = a.ReferencePoint(point=(0.0,0.0,0.0))# 利用坐标建立 Assembly 层次的参考点
>>> rPoints = a.referencePoints# Assembly 层次的参考点存储仓库
>>> type(rPoints[rp.id])
<type 'ReferencePoint'>
```

了解了如何在一个模型中使用辅助对象，下面我们以辅助面切分几何元素的方法为例来演示如何使用 feature 函数进行几何切割操作。

```
>>> mdb = openMdb(pathName='Test.cae') # 打开在当前工作目录下的模型 Test.cae
>>> vp = session.viewports['Viewport: 1']
>>> p1 = mdb.models['myModel'].parts['Part-1']
>>> vp.setValues(displayedObject=p1) # 原始的效果如图 17-3 中第 1 幅图所示；
>>> es = p1.edges
>>> pt1 = p1.DatumPointByCoordinate(coords=(0.,15.,10.)) # 利用坐标建立点 pt1
>>> e1 = es.findAt((15.,15.,10.),) # 抓取通过（15,15,10）的边
>>> pt2 = p1.DatumPointByEdgeParam(edge=e1,parameter=0.5) # 建立边上的点 pt2
>>> pt3 = p1.DatumPointByEdgeParam(edge=e1,parameter=0.2)
>>> pt4 = p1.DatumPointByEdgeParam(edge=e1,parameter=0.8)
>>> e2 = es.findAt((15.,0.,10.),)
>>> pt5 = p1.InterestingPoint(edge=e2, rule=MIDDLE) # 获得兴趣点 pt5
>>> d = p1.datums # 这里存储 part 对象 p1 的所有辅助对象
>>> print type(pt1), type(d[pt1.id]), type(pt5)
<type 'Feature'> <type 'DatumPoint'> <type 'InterestingPoint'>
# 可以看出执行了特征函数 DatumPointByEdgeParam() 后，其返回值并不是所建立的辅助对象
# 而是特征属性对象，所建立的辅助对象被加入到仓库 p1.datums 中；我们必须使用
# p1.datums[pt1.id] 的方法来获得某个特定辅助对象的引用；
>>> PL1 = p1.DatumPlaneByThreePoints(point1=d[pt1.id], point2=d[pt2.id], point3=pt5)
>>> PL2 = p1.DatumPlaneByThreePoints(point1=d[pt1.id], point2=d[pt3.id], point3=pt5)
>>> PL3 = p1.DatumPlaneByThreePoints(point1=d[pt1.id], point2=d[pt4.id], point3=pt5)
# DatumPlaneByThreePoints 函数的参量必须是具有坐标点属性的对象比如辅助点，或者关键 # 点。
>>> cs = p1.cells # Abaqus 自身的几何块序列对象
>>> myCArray = [cs[0],] # 自己建立的几何块列表
>>> print type(cs), type(myCArray)
<type 'CellArray'> <type 'list'>
```

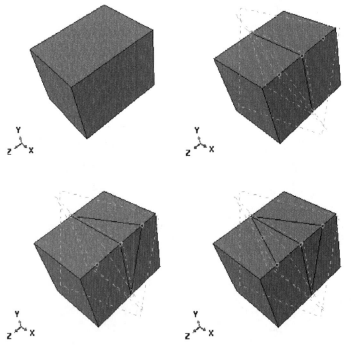

图17-3　几何切分效果

```
>>> p1.PartitionCellByDatumPlane(cells=myCArray, datumPlane=d[PL1.id])
# 同样，函数 PartitionCellByDatumPlane 函数有两个作用：生成一个 feature 对象，同时完成
# 对几何序列的切分。切分后的效果如图 17-3 第 2 幅图（上右）所示。
>>> p1.PartitionCellByDatumPlane(cells=cs, datumPlane=d[PL2.id])
# 从上面两行命令我们看出：自制的列表 myCArray 和 abaqus 定义的几何元素序列对象 cs
# 都可以作为切分对象。切分后的效果如图 17-3 中第 3 幅图（下左）所示。
>>> fs = p1.faces
>>> pt6 = p1.DatumPointByMidPoint(point1=d[pt1.id], point2=d[pt4.id])
>>> f1 = [fs.findAt(d[pt6.id].pointOn,),]
>>> f2 = fs.findAt((d[pt6.id].pointOn,),)
>>> p1.PartitionFaceByDatumPlane(faces=f1, datumPlane=d[PL3.id])
# 使用 findAt 函数的结果作为切分目标时，需要注意 findAt 函数的参数形式：传入点的
# 坐标获得的结果是单个几何元素，需要自己组成列表的形式传入切分函数中；而传入序列
# 的序列能直接获得 Abaqus 定义的几何序列，其可以直接作为切分函数的参数。
# 效果如图 17-3 中第 4 幅图（下右）所示。
```

17.3 具有集合性质的对象

Abaqus Python API 中包含许多函数，我们需要使用各式各样的参数，除一些简单的数值或者字符串参数，最值得我们注意的是具有集合性质的参数。这里集合性质的对象主要有几何序列、自建几何元素列表、Region 对象和 Set 对象。上面一节的讨论中我们已经提到了切分函数需要的参量的形式是序列。这一节我们讨论其他几类常用函数对输入参量的要求。

几何序列是 Abaqus 内部建立的多种对象（CellArray、FaceArray、EdgeArray 和 VertexArray）。几何序列可以利用 findAt 函数或者 getByBoundingSphere 等函数从模型中生成。当我们基于特征的方法筛选几何元素时我们可以自己建立基于几何元素的列表。不管是自建的几何元素列表还是 Abaqus 定义的几何序列，都可以帮助我们进行几何操作或者网格操作。

```
>>> mdb = openMdb(pathName='Test.cae')# 打开在当前工作目录下的模型 Test.cae
>>> vp = session.viewports['Viewport: 1']
>>> p1 = mdb.models['myModel'].parts['Part-1']
>>> e1 = p1.edges#e1 是 EdgeArray 对象，e1[0] 是 e1 中的一个元素：Edge 对象；
>>> p1.seedEdgeByNumber(edges=e1,number=20)#EdgeArray 对象可用
>>> p1.seedEdgeByNumber(edges=[e1[0],],number=60)# 自建的基于 Edge 对象的列表可用
>>> p1.seedEdgeByNumber(edges=e1[0],number=60)# 单独的 Edge 对象不可以用
TypeError: edges; found Edge, expecting tuple
>>> c1 = p1.cells#c1 是 CellArray 对象，c1[0] 是 c1 中的一个元素：Cell 对象；
>>> p1.generateMesh(regions=c1)
#12000 elements have been generated on part: Part-1#CellArray 对象可用；
>>> p1.generateMesh(regions=[c1[0],])
#12000 elements have been generated on part: Part-1# 自建的基于 Cell 对象的列表可用；
>>> p1.generateMesh(regions=c1[0])# 单独的 Cell 对象不能直接应用于网格生成函数。
TypeError: regions; found Cell, expecting tuple
```

除了几何序列外，另一组具有集合性质而且常常用做函数参数的就是 Set 对象和 Surface 对象。

Set 对象可以包含任何几何元素序列（块、面、边和点），网格元素序列（节点、单元）和参考点对象列表。Set 对象可以定义在 Part 层面，这时候定义好的 Set 对象将存储在 part[name].sets 仓库中；也可以定义在 Assembly 层次中，此时 Set 对象存储在 rootAssembly.sets 中。Surface 对象或者包含几何面序列或者包

含网格面序列,它只能定义在 Assembly 层次中。

> ◆ Tips:
> Set 和 Surface 对象定义中只能使用几何元素序列或者网格元素序列,自定义的几何元素列表不能使用。

在定义边界、载荷、interaction/constraint 对象以及材料截面属性赋值过程中都可以借助 Set 对象或者 Surface 对象来完成,下面给出几个示例。

```
>>> mdb = openMdb(pathName='Test.cae') # 打开在当前工作目录下的模型 Test.cae
>>> p1 = mdb.models['myModel'].parts['Part-1']
>>> p2 = mdb.models['myModel'].parts['Part-2']
>>> c1 = p1.cells
>>> set1 = p1.Set(name='set1', cells=c1) # 建立 Part 层的 Set 对象:set1
>>> p1.SectionAssignment(region=set1, sectionName='Section-Steel', offset=0.0,
offsetType=MIDDLE_SURFACE, offsetField='', thicknessAssignment=FROM_SECTION)
# 使用 Part 层的 Set 对象为 Part-1 赋予截面属性
>>> a = mdb.models['myModel'].rootAssembly
>>> f11 = a.instances['Part-1-1'].faces
>>> f12 = a.instances['Part-1-2'].faces
>>> f21 = a.instances['Part-2-1'].faces
>>> rp = a.ReferencePoint(point=(0.0,0.0,0.0)) # 建立参考点
>>> rPoints = a.referencePoints
>>> face4Coupling = f21.findAt(((5.0,0.0,5.0),),) # 获取 Part-2-1 部件上的一组面序列
>>> rpSet = a.Set(name='rpSet', referencePoints=[rPoints[rp.id],]) # 建立内容为参考点的 Set 对象
>>> face5C = a.Set(name='face5C', faces=face4Coupling) # 建立内容为面序列的 Set 对象
>>> rpCoupling = mdb.models['myModel'].Coupling(name='rpCouping',surface=face5C,
...      controlPoint=rpSet,influenceRadius=WHOLE_SURFACE,couplingType=KINEMATIC)
# 使用 Assembly 层的 Set 对象建立耦合约束
>>> face4Contact = f12.findAt(((5.0,0.0,5.0),),)
>>> face5S = a.Surface(name='face5S', side1Faces=face4Contact) # 建立 Surface 对象
>>> surfContact = mdb.models['myModel'].SurfaceToSurfaceContactStd(name='contact',
...      createStepName='Initial', master=face5S, slave=face5C, sliding=FINITE,
...      thickness=ON, interactionProperty='IntProp-1', adjustMethod=NONE,
...      initialClearance=OMIT, datumAxis=None, clearanceRegion=None)
# 使用 Assembly 层的 Set 对象和 Surface 对象建立接触对象
>>> face4BC = f12.getByBoundingBox(xMin=-1, xMax=25, yMin=-20, yMax=-10,
...      zMin=-1, zMax=25)
>>> set4BC = a.Set(name='set4BC', faces=face4BC)
>>> sur4BC = a.Surface(name='sur4BC', side1Faces=face4BC)
>>> mdb.models['myModel'].DisplacementBC(name='BC-YFix', createStepName='Initial',
region=set4BC, u1=UNSET, u2=SET, u3=UNSET, ur1=UNSET,ur2=UNSET,ur3=UNSET,
amplitude=UNSET, distributionType=UNIFORM, fieldName='', localCsys=None)
# 使用 Assembly 层的 Set 对象建立位移边界,这里不能使用 Surface 对象
>>> face4P = f11.findAt(((5.0,30.0,5.0),),)
>>> sur4P = a.Surface(name='set4P', side1Faces=face4P)
>>> mdb.models['myModel'].Pressure(name='LoadPressure', createStepName='myStep1',
...      region=sur4P, distributionType=UNIFORM, field='', magnitude=1.0,
...      amplitude=UNSET)
# 使用 Assembly 层的 Surface 对象加载均布压力载荷,这里不能使用 Set 对象
```

最后 Region 对象也常常出现在函数的参量表中。如同我们前面提到过的 Leaf 对象一样 Region 对象是临时对象,它的作用是帮助建立几何元素或者网格元素与各种有限元必须的设置(比如边界条件、材料

属性和接触耦合设置等）之间的联系。它可以包含任何几何元素（比如块、面、边和点），或者包含任何网格元素（节点和单元），或者包含参考点。所有可以使用 Set 对象或者是 Surface 对象的过程都可以借助 Region 对象来完成。使用 Region 对象前需要先将模块 regionToolset 导入[①]。

```
>>> import regionToolset
>>> mdb = openMdb(pathName='Test.cae') # 打开在当前工作目录下的模型 Test.cae
>>> p1 = mdb.models['myModel'].parts['Part-1']
>>> c1 = p1.cells
>>> region1 = regionToolset.Region(cells=c1) # 建立内容为 CellArray 的 Region 对象
>>> p1.SectionAssignment(region=region1, sectionName='Section-Steel', offset=0.0,
...     offsetType=MIDDLE_SURFACE, offsetField='',
...     thicknessAssignment=FROM_SECTION)
# 为某一 Region 对象设置截面属性
>>> a = mdb.models['myModel'].rootAssembly
>>> p12 = a.instances['Part-1-2']
>>> p21 = a.instances['Part-2-1']
>>> f12 = p12.faces
>>> f21 = p21.faces
>>> rp = a.ReferencePoint(point=(0.0,0.0,0.0)) # 建立 Assembly 层次的参考点
>>> rPoints = a.referencePoints # Assembly 层次的参考点存储仓库
>>> face4Coupling = f21.findAt(((5.0,0.0,5.0),),) # 获得特定的面序列
>>> rpRegion = regionToolset.Region(referencePoints=[rPoints[rp.id],])
# 建立内容为参考点列表的 Region 对象
>>> face4CRn = regionToolset.Region(faces=face4Coupling)
# 建立内容为面序列的 Region 对象
>>> rpCoupling = mdb.models['myModel'].Coupling(name='rpCouping', surface=face4CRn,
    controlPoint=rpRegion,influenceRadius=WHOLE_SURFACE,couplingType=KINEMATIC)
# 利用 Region 对象建立动力耦合对象 rpCoupling
>>> f4 = f12.getByBoundingBox(xMin=-1, xMax=25, yMin=-20, yMax=-10,
zMin=-1, zMax=25)
>>> regionY = regionToolset.Region(faces=f4) # 建立内容为面序列的 Region 对象
>>> mdb.models['myModel'].DisplacementBC(name='BC-YFix', createStepName='Initial',
region=regionY, u1=UNSET, u2=SET, u3=UNSET, ur1=UNSET, ur2=UNSET, ur3=UNSET,
amplitude=UNSET, distributionType=UNIFORM, fieldName='', localCsys=None)
# 利用 Region 对象建立位移边界对象
```

将上面讲到的内容做个简单的总结，如表格 17-5 所示。基本上与几何模型处理或者网格划分相关的函数都需要使用几何序列或者几何列表；而与有限元模型设置相关的函数都需要借助 Set/Surface/Region 来实现。

表17-5 集合性质对象做参数的情况分类

场景	代表函数	可使用参数对象
赋予几何元素材料截面属性或者设定截面方向	SectionAssignment()	Region或者Set/Surface对象
将几何体根据需求切分	PartitionCellByDatumPlane()	几何序列对象、自建的几何元素列表
为特定的边布置网格种子	seedEdgeByNumber()	几何序列对象、自建的几何元素列表
为指定的区域生成网格或为特定的区域指定网格划分方法	generateMesh()	几何序列对象、自建的几何元素列表
Interaction或者Constraint对象设置函数	Tie() RigidBody()	Region或者Set/Surface对象
载荷与边界对象定义函数	DisplacementBC() Pressure()	Region或者Set/Surface对象

[①] 使用 from caeModulus import * 也可以实现 regionToolset 模块的导入。

17.4 监测任务运行过程和结果

任务的监测也是二次开发的重要场景。前面第 15 章的例子中我们利用函数 waitForCompletion 监测任务的计算，当程序计算完成后播放音乐就是一种任务监测的体现。实际上我们可以根据程序的反馈信息来决定执行什么样的处理程序。我们需要用到 MonitorMgr 对象和其对应的函数，具体如表 17-6 所示。

表17-6 MonitorMgr任务监测对象

类型	函数	作用
构造函数	---	当导入abaqus模块的时候MonitorMgr对象自动创建
成员函数	addMessageCallback()	为特定反馈信息设定回调函数
	removeMessageCallback()	删除设定的回调函数
	checkMonitorStatus()	检查当前的监测状态

设定回调函数的 addMessageCallback() 函数至少需要 3 个参量：

```
addMessageCallback(jobName,messageType,callback[,userData])
```

其中，jobName 是需要监测的任务名称或者为 Abaqus 常量 ANY_JOB（表示监测所有任务）；messageType 是指定的反馈信息类型，可以是 ABORTED、ANY_JOB、ANY_MESSAGE_TYPE、COMPLETED 等；而 callback 参数需要传入一个响应对应信息的函数；userData 可以是任意 Python 对象，它作为额外的对象传递给 callback 函数。

Abaqus 为 callback 函数设置了一定的接口要求，

```
def functionName(jobName, messageType, data, userData)
```

其中，jobName，messageType 以及 userData 与 addMessageCallback 函数中的参数相同，而 data 参数将接收任务执行时 Abaqus 传入的数据对象。

实例1：实时打印执行信息

Abaqus 帮助文档中提供了一个示例，演示如何将程序执行的过程信息打印到 KCLI 信息框中。Dos 命令行下使用 abaqus fetch job=simpleMonitor 我们就可以获得如下的程序 simpleMonitor.py。

case_17_4.py

```
1   """
2   simpleMonitor.py
3
4   Print all messages issued during an Abaqus solver
5   analysis to the Abaqus/CAE command line interface
6   """
7
8   from abaqus import *
9   from abaqusConstants import *
10  from jobMessage import ANY_JOB, ANY_MESSAGE_TYPE
11
12  #~~~~~~~~~~~~~~~~~~~~~~~~~~~~~~~~~~~~~~~~~~~~~~~~~~~~~~
13  def simpleCB(jobName, messageType, data, userData):# 定义callback函数
14      """
15      This callback prints out all the
16      members of the data objects
17      """
```

```
18
19      format = '%-18s   %-18s   %s'  # 设定打印的格式
20
21      print 'Message type: %s'%(messageType)
22      print
23      print 'data members:'
24      print format%('member', 'type', 'value')
25
26      members =  dir(data)
27      for member in members:
28          if member.startswith('__'): continue # ignore "magic" attrs
29          memberValue = getattr(data, member)
30          memberType = type(memberValue).__name__
31          print format%(member, memberType, memberValue)
32
33  #~~~~~~~~~~~~~~~~~~~~~~~~~~~~~~~~~~~~~~~~~~~~~~~~~~~~~~~~~~
34  def printMessages(start=ON):  # 设定或者删除 callback 函数
35      """
36      Switch message printing ON or OFF
37      """
38
39      if start:
40          monitorManager.addMessageCallback(ANY_JOB,
41              ANY_MESSAGE_TYPE, simpleCB, None)
42      else:
43          monitorManager.removeMessageCallback(ANY_JOB,
44              ANY_MESSAGE_TYPE, simpleCB, None)
```

将 simpleMonitor.py 文件放置在当前工作目录[①]下，我们就可以像使用其他模块一样在 KCLI 命令框中调用 printMessages 函数。

```
>>> from simpleMonitor import printMessages
>>> printMessages(ON)
```

如果我们提交一个计算任务，simpleCB() 函数就会将所有接收到的任务信息内容打印到消息框中，如图 17-4 所示。

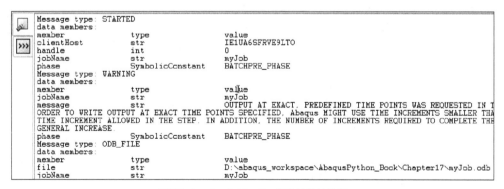

图 17-4　simpleMonitor 模块的监控信息

使用完之后一定要使用 removeMessageCallback 函数删除所设定的回调函数，否则其将会在整个 session 关闭之前都会被调用。

[①] 可以通过 os.getcwd() 函数来查看当前工作目录。

实例2：处理数据

除了打印程序执行信息外，回调机制更好的应用是对数据进行处理，我们下面尝试利用脚本完成具有如下功能的回调函数：当任务成功求解完毕时直接进入后处理模块；当出错时播放音乐。具体程序如 case_17_5.py 所示。

case_17_5.py

```
1   # -*- coding: mbcs -*-
2   from abaqus import *
3   from abaqusConstants import *
4   from jobMessage import JOB_ABORTED, JOB_COMPLETED, JOB_SUBMITTED
5   #~~~~~~~~~~~~~~~~~~~~~~~~~~~~~~~~~~~~~~~~~~~~~~~~~~~~~~~~
6   def dealResult(jobName, messageType, data, userData):
7       import winsound
8       import visualization
9       if ((messageType==JOB_ABORTED) or (messageType==JOB_SUBMITTED)):
10          winsound.PlaySound("SystemQuestion", winsound.SND_ALIAS)
11      elif (messageType==JOB_COMPLETED):
12          winsound.PlaySound("SystemExclamation", winsound.SND_ALIAS)
13          odb = visualization.openOdb(path=jobName + '.odb')
14          userData.setValues(displayedObject=odb)
15          userData.odbDisplay.display.setValues(plotState=CONTOURS_ON_DEF)
```

其中，通过判断 messageType 的内容来定义具体的操作。该回调函数需要为参数 userData 传入 viewport 对象，利用其来可视化结果。

我们可以对 case_15_1.py 文件进行适当修改来使用上面所定义的回调函数 dealResult，具体修改后的程序段如下。

case_17_6.py

```
127 #===============Job: Definition========================
128 jobName = 'Test'
129 mdb.Job(name=jobName, model='myModel', description='', type=ANALYSIS,
130     atTime=None, waitMinutes=0, waitHours=0, queue=None, memory=50,
131     memoryUnits=PERCENTAGE, getMemoryFromAnalysis=True,
132     explicitPrecision=SINGLE, nodalOutputPrecision=SINGLE, echoPrint=OFF,
133     modelPrint=OFF, contactPrint=OFF, historyPrint=OFF, userSubroutine='',
134     scratch='', multiprocessingMode=DEFAULT, numCpus=1)
135 from case_17_5 import dealResult# 导入当前目录下的 case_17_5 模块
136 myViewport = session.viewports['Viewport: 1']# 获得当前 viewport 的引用
137 monitorManager.addMessageCallback(jobName=jobName,
138     messageType=ANY_MESSAGE_TYPE, callback=dealResult,
139     userData=myViewport)# 添加回调函数
140 #===============Job: Excecution========================
141 mdb.jobs[jobName].submit()
```

17.5 交互式输入与GUI插件

交互在 CAE 软件中越来越重要。相比最开始只能在命令行下运行的 Abaqus，目前的 Abaqus 软件包的人性化程度已经相当好了。作为二次开发，我们也需要在交互式输入上做些工作。相比于复杂的 CAE 界面定制化编程，Abaqus/CAE 所提供的简单的交互式输入和 GUI 插件制作更为实用。

17.5.1 交互输入

Abaqus Python API 中提供了 3 个简单的交互式窗口函数：getInput、getInputs 和 getWarningReply。

getInput 函数显示一个对话框，提示用户在文本框中输入特定的值。当用户单击"OK"按钮或者按 Enter 键后，函数将用户键入的内容以字符串的形式返回。如果用户单击"Cancel"按钮，getInput 函数将返回值 None。如下的语句将弹出图 17-5 所示的对话框。

```
>>> a = getInput('Enter a number')
>>> type(a)  # 返回值为字符串对象
<type 'str'>
>>> print float(a)  # 需要使用强制类型转换
20.9
```

图17-5　getInput输入框

getInputs 函数和 getInput 函数类似，区别是 getInputs 函数可以以字符串列表的形式返回多个输入结果。getInputs 函数还可以设定默认值，当用户单击"Cancel"按钮以后 getinputs 函数将返回由 None 值构成的列表。下面的语句可以生成如图 17-6 所示的多输入对话框。

```
>>> fields = (('Width:','10'), ('Length:', '20'), ('Height:', '30'))
>>> length, width, height = getInputs(fields=fields,label='Dimensions:', dialogTitle='create block')
>>> print float(length), float(width), int(height)
10.0 20.0 30
```

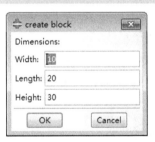

图17-6　getInputs输入框

不论是 getInput 或是 getInputs 函数，它们都不提供数值校验功能。这意味着在实际使用中使用者需要通过判断语句来鉴别输入的质量：通过返回值是否为 None 判断用户是否选择了 Cancel；通过逻辑判断用户是否输入了空字符串或者其他不合理的数值。

getWarningReply 实际上也是一种输入，它可以弹出如图 17-7 所示的对话框。用户选择 Yes 或者 No 以后，函数将返回 Abaqus 常值 Yes 或者 No；如果用户直接关闭窗口，将返回常量 CANCEL。

图17-7　getWarningReply对话框

图 17-7 所显示的对话框是利用如下的语句获得的：

```
>>> reply = getWarningReply(message='Okay to continue?', buttons=(YES,NO))
>>> reply
YES
```

17.5.2 GUI插件制作

除了上述 3 个函数外，Abaqus 还提供了一种较为复杂的交互模式：GUI 插件。Abaqus 自身提供的许多功能都是通过插件完成的，比如 Adaptivity Plotter、Excel Utilities、Getting Started 等。在 Plug-ins 菜单里面可以找到更多的实用插件。

> ◆ Tips：
>
> 除了 Abaqus 自带的插件外，使用者也可以安装和使用第三方开发的插件[1]来简化自己的工作，只需要将编写好的脚本文件放置在指定的目录中即可。这个目录可以是：
> abaqus_dir\abaqus_plugins，该插件可被所有用户使用；
> home_dir\abaqus_plugins，该插件仅被特定用户使用；
> current_dir\abaqus_plugins，该插件可以被有当前目录权限的用户使用；
> abaqus_v6.env 文件中定义的 plugin_dir，该插件可以被有该目录访问权限的用户调用。

Abaqus 中的插件可以通过直接编写脚本得到，也可以通过 Really Simple GUI (RSG) Dialog Builder 可视化设计得到。直接使用脚本编程需要对 Abaqus GUI Toolkit 中的对象和函数有比较全面的了解；而使用 RSG 比较简单直观，不需要了解 Abaqus GUI Toolkit 中的对象。使用 RSG 编写插件的缺点在于 RSG 仅能替代部分 GUI Toolkit 对象的创建任务，使用它只能建立比较简单的插件，然而对于大多数工程情况，RSG 插件编写方式已经足够好。

17.5.2.1 RSG Dialog Builder编写单步执行插件

RSG 插件编写工作分为两部分：一部分是对话框编辑，这部分是用于从用户处收集参数；另一部分是编写 Kernel 函数，该函数就是我们需要插件完成的工作，它接收来自 GUI 对话框的输入信息并执行相应功能。两者之间的连接由 Abaqus 自动实现，简化了注册插件的过程。

从菜单栏 Plug-ins|Abaqus|RSG Dialog Builder 打开 RSG 编辑界面如图 17-8 所示。在 GUI 标签页中，左边一列中分布着各种各样建立对话框的部件：布局管理工具、文字和图标工具、输入框和文件选择对话框、按钮、多行列表、下拉选框等；中间部分有对话框建立的模型树以及布局修改工具；右边区域中是当前选中的对象的属性编辑框。Kernel 编辑界面比较简单，如图 17-9 所示，其上有一个打开文件按钮和函数选择下拉列表。下面我们尝试使用 RSG 方法建立一个名为 ODBPrinter 的插件。

Kernel函数设计

为了简单起见我们将插件的目标设定为：打开指定的 odb 结果文件，输出指定场变量的云图，打印为指定大小的（比如 120×80）png 图片并保存到 odb 文件所在目录中。

首先需要确定函数的参数，从上面的目的我们可以提取出下面 4 个必须的输入参数：odb 文件路径、指定场变量、设定输出 png 文件名、设定输出 PNG 文件尺寸大小。使用前面学习的知识我们可以建立如 case_17_7.py 的函数。

---
[1] 需要注意插件开发使用的软件版本，部分版本间存在兼容问题。

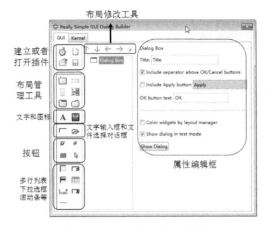

图17-8 RSG GUI编辑界面介绍

case_17_7.py

```
1   # -*- coding: mbcs -*-
2   from abaqus import *
3   from abaqusConstants import *
4   from caeModules import *
5   
6   def ODBPrinter (odbPath, variable, PngName, wid, heig):
7       from odbAccess import *
8       import os.path
9       filePath = os.path.dirname(odbPath)
10      PngPath = os.path.join(filePath, PngName)
11      o = session.openOdb(name=odbPath)
12      myViewport = session.viewports['Viewport: 1']
13      myViewport.restore()
14      myViewport.setValues(displayedObject=o, width=wid, height=heig)
15      if variable=='S':
16          myViewport.odbDisplay.setPrimaryVariable(variableLabel='S',
17              outputPosition=INTEGRATION_POINT,refinement=(INVARIANT, 'Mises'))
18      elif variable=='U':
19          myViewport.odbDisplay.setPrimaryVariable(variableLabel='U',
20              outputPosition=NODAL,refinement=(INVARIANT, 'Magnitude'))
21      myViewport.odbDisplay.display.setValues(plotState=CONTOURS_ON_DEF)
22      session.printOptions.setValues(vpDecorations=OFF, reduceColors=False)
23      session.printToFile(fileName=PngPath, format=PNG,
24          canvasObjects=(myViewport, ))
25      o.close()
26  if __name__=='__main__':
27      ODBPrinter('Test.odb', 'S', Test, 120, 80)
```

图17-9 RSG Kernel编辑界面介绍

编辑好 Kernel 函数后,我们需要先确保函数可以正常运行,因此使用 __name__ 名来在 if 语句中对该函数进行测试。测试没有问题以后,我们就可以将其载入 Kernel 页面了,如图 17-10 所示。

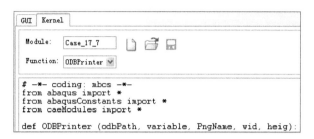

图17-10　插件Kernel函数载入

GUI对话框设计

RSG 中的 GUI 对话框设计非常简单,单击需要的部件其就会出现在你的设计结构中。通过 Kernel 函数的编辑我们知道了 GUI 对话框的输出至少有 5 个,5 个参数也对应了 5 个小部件。我们需要对这 5 个部件的布局进行规划,如图 17-11 所示。

下来我们需要按照布局图放置布局管理器,再在其基础上放置对应的按钮和输入框。

◆ Tips：

先选中模型树中已经建好的 ODB 布局框（ ），再单击文件选择器（ ），就可以将文件选择器放入对应的布局框中,而不是放入母体中。

对于每一个部件我们均需要对其设置与 Kernel 函数对应的属性和 Keyword：比如将图 17-12 所示的文件选择器 File name 的关键字设置为 Kernel 函数 ODBPrinter 的参数名 odbPath；将图 17-13 中的云图类型选择器的关键字设为 ODBPrinter 参数名 Variable；将图 17-14 中的 Png 文件名输入框的变量属性设定为 String,并且将关键字修改为 ODBPrinter 中对应的 PngName；将图 17-15 中的输出图片宽度输入框的变量属性设置为 Integer,并将其关键字修改为 wid。

图17-11　插件GUI部件规划

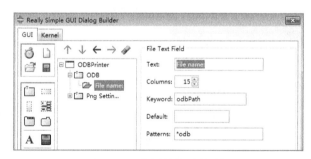

图17-12　建立并编辑文件选择器

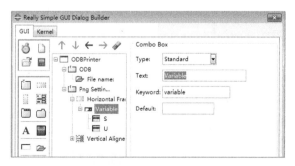

图17-13　建立并编辑云图类型选择列表

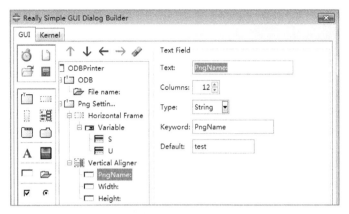

图17-14 建立并编辑Png文件名输入框

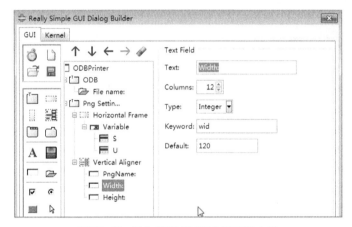

图17-15 建立并编辑输出图片宽度输入框

最终的 GUI 效果如图 17-16 所示。

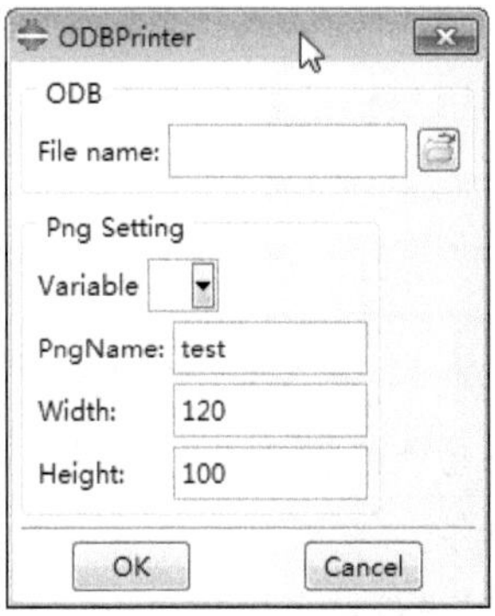

图17-16 GUI效果图

确保图 17-17 中的 Show dialog in test mode 为选中状态，然后单击 GUI 界面上的"OK"按钮，会跳出一个提示框。Abaqus 会提示程序将会把 GUI 对话框所收集的信息发送到 Kernel 去执行，我们可以通过提示信息来查看参数名和函数名等是不是正确。确认无误后就可以去掉图 17-17 中的 Show dialog in test mode 的选择状态，然后选择合适的文件和输出量，单击"OK"按钮，程序应该可以顺利完成执行，并将图片打印到对应目录中。

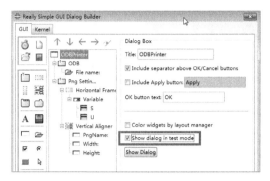

图17-17　调试插件

下面的任务就是保存插件。推荐将插件保存为 Standard plug-ins，好处是我们可以直接看到其对应的脚本程序。单击 RSG 左边的"Save"按钮，将插件保存在当前目录下，如图 17-18 所示。

重启 Abaqus/CAE 界面后就可以在 Plug-ins 下面找到插件 ODBPrinter。我们也可以在当前目录下找到插件包，即 \abaqus_plugins\ODBPrinter，这个 ODBPrinter 包可以作为第三方插件分享给其他人使用。

图17-18　保存插件到本地

17.5.2.2　利用Abaqus GUI Toolkit编写多步执行插件

利用 RSG 编写的插件都是一次性提供所有的输入，单击"OK"按钮运行即得结果。有时候我们会需要一些更为复杂的情况，需要插件可以和用户相互多次"交流"，这个时候我们就必须借助于 Abaqus GUI Toolkit 中的一些对象来实现这一功能。

> ◆ Tips：
>
> Abaqus 中开发的功能模块有两种类型，一种是基于图表模式（Forms modes），另一种基于是流程模式（Procedure modes）。凡是需要用户手动选择模型或者画图的功能都是基于流程模式开发的，比如为 Part 赋界面属性时要先选择几何体，两个流程模式功能不能同时运行；而图表模式的功能与其他功能之间是相互独立的，可以同时调用，比如创建载荷步的过程中，可以进行其他操作，待操作完毕后回返回到载荷步创建过程中。RSG 方式建立的插件都是基于 Form mode 的。

由于 Abaqus GUI Toolkit 中内容繁杂，本书并不会花大量篇幅讲解其中的对象使用和构建方法。图 17-19 是来自帮助文档的一幅图，Abaqus GUI Toolkit API 已经定义好了流程步骤，用户只需要根据自己的情况实现相应的函数即可。

本节我们仅仅尝试参照 Abaqus GUI Toolkit User's Manual 中有关 Procedure modes 的描述来设计一个根据用户输入生成参考点对象的流程模式插件。在这个插件中，用户单击菜单上的按钮激活插件，弹出对话框让用户输入坐标或者选择模型上的节点，然后根据用户输入建立参考点。我们需要编写 3 个 Python 文件：一个流程控制文件，一个对话框生成文件和一个参考点创建文件。

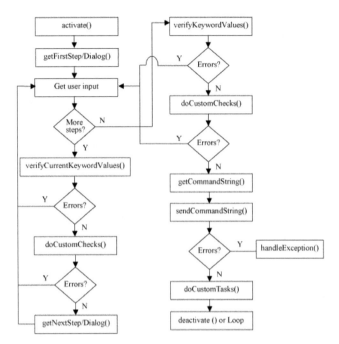

图17-19　GUI模式过程

在流程控制文件中，我们需要定义的一个继承自 AFXProcedure 的类来控制整个流程。表 17-7 给出了 AFXProcedure 类的常用信息。Procedure modes 的动作是由函数 getFirstStep()、getNextStep()、getNextStep() 和 getLoopStep() 来控制的，这几个函数的返回对象可以是 AFXDialogStep 类型对象（弹出对话框）或者 AFXPickStep 类型对象（弹出选择提示）。

除了拓展 AFXProcedure 类外，我们还需要制作一个对话框对象。这个对象中用户可以选择是使用输入的坐标点建立参考点还是依赖用户在当前画布的模型上拾取点来建参考点。该对话框的任务就是收集用户的输入或者选择信息，传给控制流程来处理。

最后类似于 RSG 插件开发过程，我们需要编写一个 Kernel 函数来接收特定的数据创建参考点。

表17-7　AFXProcedure类信息

类型	函数	作用
构造函数	AFXProcedure()	建立新的流程模式对象
成员函数	activate()	激活当前模式
	deactivate()	失活当前模式
	getFirstStep()	执行当前模式的第1步
	getNextStep()	执行当前模式的下一步
	getLoopStep()	从指定步开始循环执行当前模式
	onCancel()	当前模式退出时被调用

首先建立对话框对象。Abaqus 中的 AFXDataDialog 就是用来收集用户输入的 GUI 类，我们只需要继承其即可；为了收集信息，我们还需要在对话框上放置一个输入框。具体的代码如下所示（附件的 RPCreator\RPCreator_DB.py）。

```
1   # RPCreator_DB.py
2   from abaqusGui import *
3   from abaqusConstants import *
4   from symbolicConstants import *
5   #GUI 开发必须导入 abaqusGui 模块
6   ###############################################################
```

```
7   # DB Class definition
8   ############################################################################
9
10  class RPCreatorDB(AFXDataDialog):# 从类 AFXDataDialog 建立子类 RPCreatorDB
11      def __init__(self, procedure):
12          self.procedure = procedure#procedure 将保存实例化本类的流程模式对象
13          AFXDataDialog.__init__(self, self.procedure, 'Select Position',
14              self.OK|self.CONTINUE|self.CANCEL, opts=LAYOUT_FIX_WIDTH|\
15              LAYOUT_FIX_HEIGHT|DATADIALOG_BAILOUT|\
16              DIALOG_ACTIONS_SEPARATOR )
#Select Position 将是本对话框的标题;"OK"按钮确认输入完毕;"CONTINUE"按钮表示继续
# 下一步的输入;"Cancel"按钮表示退出当前对话框;opts 参数定义对话框的尺寸和外观;
17          AFXTextField(p=self,ncols=15,
18              labelText='Select Point in Model OR INPUT Coordinate:',
19              tgt=self.procedure.coordKw,sel=0, opts=AFXTEXTFIELD_STRING )
#ncols 参数指定输入框的长度;labelText 参数表示输入提示;tgt 为输入结果传给的对象,
# 这里 self.procedure.coordKw 表示,该对话框输入结果将会传给流程模式对象的成员
#coordKw;opts=AFXTEXTFIELD_STRING 表示此为单行输入框;
```

下面我们需要建立 Kernel 函数,其可以接受 GUI 收集的参数建立参考点。我们可能会遇到两个参数:直接从对话框中输入的坐标对象 coord 和用户用鼠标选择的点对象 pickedEntity。另外建立参考点的时候我们需要获得当前显示的 Part 或者 Assembly 对象,这个可以利用 session 的几个特征函数来获得。具体的代码如下所示(附件的 RPCreator\RPCreator_kernel.py)。

```
1   # RPCreator_kernel.py
2   from abaqus import *
3   from abaqusConstants import *
4   from symbolicConstants import *
5
6   def RPCreator(coord=(), pickedEntity=None):# 利用输入建立参考点
7       # Create Reference Point
8       cObject = getCurrentDisplayObject()# 获得当前显示的对象
9       rp = None
10      if len(coord)==3:
11          rp = cObject.ReferencePoint(coord)
12      else:
13          rp = cObject.ReferencePoint(pickedEntity)
14      cObject.regenerate()
15      print 'New Reference point created!'# 打印信息到信息窗口中
16      return rp
17
18  def getCurrentDisplayObject():
19      # Get current object: part or assembly
20      vpName = session.currentViewportName# 获得当前视窗的名称
21      CObject = session.viewports[vpName].displayedObject# 获得当前视窗显示的对象
22      return CObject
```

完成上面两个准备工作,我们就可以编写流程控制程序了。我们需要注意流程控制类必须包含有参量 coordKw 用来接收 GUI 对话框的输入,以及必须包含可以为 Kernel 函数参数 pickedEntity 提供内容的变量。Abaqus/CAE 启动的时候会扫描指定目录下以 _plugin.py 结尾的 Python 文件,并尝试将其作为插件加载入 plugins 菜单中。因此我们这个插件的主程序名称也必须以 _plugin 结尾。具体的程序如下(附件的

RPCreator\RPCreator_plugin.py)。

```python
1   # file: showIndex_plugin.py
2   from abaqusGui import *
3   from abaqusConstants import *
4   from symbolicConstants import *
5   from RPCreator_DB import RPCreatorDB# 由于要使用它创建对话框；
6
7   class RPCreatorProcedure(AFXProcedure):# 从 AFXProcedure 建立自己的流程控制类；
8       #~~~~~~~~~~~~~~~~~~~~~~~~~~~~~~~~~~~~~~~~~~~~~~~~~~~~~~
9       def __init__(self, owner):
10          # Construct the base class.
11          AFXProcedure.__init__(self, owner)
12          self.cmd = AFXGuiCommand(self, 'RPCreator', 'RPCreator_kernel', True)
#GUI 和 Kernel 使用不同的命名空间，必须使用 AFXGuiCommand 命令建立从 GUI 发送
#Kernel 命令的通道；通过这样的方式 GUI 操作就可以触发 Kernel 函数的执行；上面的命令
# 执行效果将是 RPCreator_kernel.RPCreator()，因此需要先导入 RPCreator_kernel 模块
13          self.pickedEntityKw = AFXObjectKeyword( self.cmd, 'pickedEntity',
14              isRequired=True, defaultValue='')
15          self.coordKw = AFXTupleKeyword( self.cmd, 'coord', isRequired=False,
16              minLength=3, maxLength=3)
#AFXKeyword 类的所有对象可以将 GUI 中的数据传递给特定的 Kernel 函数的特定参数；
# 成员变量 pickedEntityKw 可以将内容传递给 Kernel 函数 'RPCreator' 的参数 pickedEntity；
# 成员变量 coordKw 将会接收来自对话框的输入并将其内容传给参数 coord；
17
18      def getFirstStep(self):
19          #~~~~~~~~~~~~~~~~~~~~~~~~~~~~~~~~~~~~~~~~~~~~~~~~~~~~~~
20          self.pickedEntityKw.setValueToDefault(True)
21          db = RPCreatorDB(self)# 实例化一个对话框
22          self.step1 = AFXDialogStep(self, db, "Specify Input")# 建立一个对话框流程步；
23          prompt = "Plz select a vertex to creat reference point..."
# 定义将要显示在画布底部的操作提示语；
24          self.step2 = AFXPickStep(owner=self, keyword=self.pickedEntityKw,
25              prompt=prompt,
26              entitiesToPick=VERTICES|INTERESTING_POINTS|DATUM_POINTS)
# 建立流程拾取步，并将拾取的对象传递给当前流程控制类的成员对象 pickedEntityKw，
# 随后该对象的内容将被传入 Kernel 函数用于参考点的建立；
27          return self.step1# 该插件的第 1 步就是弹出对话框
28
29      def getNextStep(self, previousStep):
30          #~~~~~~~~~~~~~~~~~~~~~~~~~~~~~~~~~~~~~~~~~~~~~~~~~~~~~~
31          if (previousStep == self.step1):
32              if (len(self.coordKw.getValue(0))+len(self.coordKw.getValue(1))+
33                  len(self.coordKw.getValue(2))):
34                  return None
35              else:
36                  return self.step2
# 当第 1 步按规定输入坐标值后，单击"OK"按钮就可以利用指定的坐标值建立参考点
# 如果第 1 步中对话框中没有输入，单击"CONTINUE"按钮就可以进入拾取步：拾取点对象
37          elif (previousStep == self.step2):
38              return None
# 任一流程步如果返回 None 就表示当前流程输入的全部结束，Kernel 命令会被执行；
```

```
39
40   ##########################################################
41
42   toolset = getAFXApp().getAFXMainWindow().getPluginToolset() # 获得菜单栏 Plugins 对象
43   # 利用 Plugins 对象的函数将上述插件内容包装注册在菜单栏 Plugins 标签下
44   toolset.registerGuiMenuButton(
45       object=RPCreatorProcedure(toolset), buttonText='RPCreator...',
46       version='1.0', author='su.jinghe@outlook.com',
47       applicableModules = ['Part','Assembly'],
48       kernelInitString = 'import RPCreator_kernel',
49       description='Creat reference point'
50   )
# 注意 applicableModules 对应的参数将表明该插件的应用范围，47 行表示插件将仅仅在 Part
# 和 Assembly 模块起作用；kernelInitString 被用来导入我们定义的 Kernel 模块 RPCreator，
# 只有导入该模块以后，第 12 行的命令才能正确执行。
```

将包含有上述 3 个文件的包放入任意一个 Abaqus 插件搜索路径中，打开 Abaqus/CAE，就可以在菜单栏的 Plug-ins 菜单下找到 RPCreator 按钮，单击即可使用，效果如图 17-20 所示。

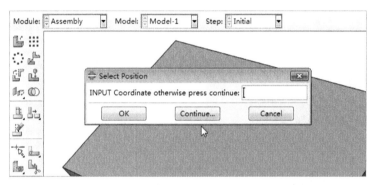

图17-20　多步插件效果

上面用到的一些类可以在帮助文档 GUI Toolkit Reference Manual 中了解更为详细的使用说明。

至此，我们已经完成了 Abaqus 二次开发的所有基础知识的讲解。下面一部分将会讲述几个比较完整的具有一定实践价值的典型的二次开发实例，期望其中某些例子的内容或者二次开发的过程能给读者带来一些启示或者帮助。

第四部分

应用实例

这一部分内容比较杂乱，主要是根据作者在工作学习中所遇到的问题总结而成的一些实例。期望从这些实例中让读者看到使用 Abaqus/Python 进行二次开发的具体流程和方法。

第18章 悬链线问题

在现实生活中悬挂于两点之间的线的形状称之为悬链线，如图 18-1 所示，蜘蛛网上挂有成排的水珠后，在重力作用下形成悬链线形状。

图18-1 蜘蛛网"项链"

柔性绳索如蜘蛛丝，不能抵抗剪切或者弯曲变形，其受力形式仅仅限于轴向拉力。悬链线的力学特征就是该曲线上任何位置处都只受拉力作用，这也是为什么沾满水珠的蜘蛛丝会呈现出悬链线形状的原因。

为了充分利用混凝土抗压性能，许多建筑都被设计为"拱形"，如图 18-2 所示。实际上它们是一种"立式"的悬链线，在重力作用下各处都只受到压应力作用，避免由于剪力或者弯曲导致失效。

图18-2 "立式"悬链线

18.1 悬链线的方程

为了描述悬链线方程，我们需要借助于微积分原理。如图 18-3 所示，研究一段悬挂于 A 和 B 点之间的悬链线，假设单位长度的重力为 μ，悬链线低端的张力为 T_0。取曲线上 OC 段研究，设 C 处曲线的倾角为 θ，张力为 T，OC 段长度为 ΔL。

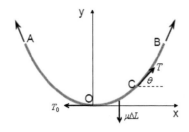

图18-3 悬链线示意图

通过受力分析有：

$$\begin{cases} T_0 = T\cos\theta \\ \mu\Delta L = T\sin\theta \end{cases} \Rightarrow \tan\theta = \frac{\mu\Delta L}{T_0} \xrightarrow{a=T_0/\mu} \frac{dy}{dx} = \frac{\Delta L}{a}$$

由于，

$$\frac{d(\Delta L)}{dx} = \sqrt{1+\left(\frac{dy}{dx}\right)^2}$$

因而，

$$\frac{1}{dx}\left(\frac{dy}{dx}\right) = \frac{\sqrt{1+(dy/dx)^2}}{a}$$

令 $p = dy/dx$

$$\frac{dp}{\sqrt{1+p^2}} = \frac{dx}{a}$$

结合 $p(x=0)=0$ 有，

$$\frac{x}{a} = \ln\left(p+\sqrt{1+p^2}\right) \Rightarrow p = \frac{e^{x/a}-e^{-x/a}}{2} = \text{sh}\left(x/a\right)$$

进一步结合 $y(x=0)=0$ 可得该悬链线的方程为：

$$y = a\left(\text{ch}\left(x/a\right)-1\right)$$

OC 段悬链线的长度为：

$$\Delta L = a\frac{dy}{dx} = a\text{sh}\frac{x}{a}$$

对于悬挂在空间任意位置的悬链线，其方程为：

$$\begin{cases} y = a\left(\text{ch}\left((x-x_0)/a\right)-1\right) + y_0 \\ L = a\left(\text{sh}\frac{|x_1-x_0|}{a} + \text{sh}\frac{|x_2-x_0|}{a}\right) \end{cases}$$

对于某种确定的情况，我们需要利用长度 L 以及悬挂点的坐标 (x_1, y_1) 和 (x_2, y_2) 来确定上面公式中的 3 个系数。

下面的程序 solver.py 可以帮助我们利用 Scipy 包的函数来获取特定长度和悬挂点工况下的悬链线曲线方程。

```python
# solver.py
import numpy as np
from scipy import optimize
import matplotlib.pyplot as plt
###############################
def fun2Solve(para, *arg):#构造用于求解常数a, x0, y0 的函数
    a, x0, y0 = para[0], para[1], para[2]
    p1, p2, Lth = arg[0][0], arg[0][1], arg[0][2]#p1 和 p2 为悬挂点坐标, Lth 为弦长
    return [length(p1[0], p2[0], para) - Lth,
           catenary(p1[0], para) - p1[1],
           catenary(p2[0], para) - p2[1]]
#Length of catenary
def length(x1, x2, arg):#悬链线的长度公式函数
    a, x0, y0 = arg[0], arg[1], arg[2]
    return a*(sh_f(np.abs(x1-x0)/a)+sh_f(np.abs(x2-x0)/a))
#Points on the coord of catenary
def catenary(x, arg):#求解悬链线上某点的坐标
    a, x0, y0 = arg[0], arg[1], arg[2]
    return a*(ch_f((x-x0)/a)-1.0) + y0
#Math func: sh
def sh_f(x):
    return (np.exp(x)-np.exp(-1.0*x))/2.0
#Math func: ch
def ch_f(x):
    return (np.exp(x)+np.exp(-1.0*x))/2.0
if __name__=='__main__':
    guess = [10.0, 0.0, 0.0]
    fig = plt.figure()
    ax = fig.add_subplot(1,1,1)
    mL = ['o', 'v', '1', 's', 'p', '+']
    for i in range(6):
        inputs = [(0.0, 0.0), (500.0-60.0*i, -80.0*i), 1000.0]#改变一端悬挂点
        p = optimize.fsolve(fun2Solve, guess, inputs)#求解对应悬链线参数
        x = np.arange(0.0, 500.0-60.0*i, 8)
        y = catenary(x, p)
        ax.plot(x, y, c='black', marker=mL[i], ms=5.0,
            label="Catenary"+str(i))
    ax.legend(ncol=2, loc=4)
    ax.set_xlim(0, 500)
    ax.set_ylim(-800, 0)
    ax.set_ylabel("Y")
    ax.set_xlabel("X")
    plt.show()
```

运行上面的程序 solver.py 我们可以得到图 18-4 所示的结果。从 Catenary0 到 Catenary5 可以看出随着悬挂点移动，特定长度的"绳索"（悬链线）的形状变化过程。

◆ Tips：

有关悬链线问题数学描述的研究开始于伽利略，他猜测悬链线形状为抛物线。惠更斯通过物理实验证明伽利略的猜想不正确，但那时候微积分理论还没有确立，惠更斯无法得到正确的答案。在牛顿和莱布尼茨两人确立微积分理论以后，后续的许多数学家才利用微积分得到了悬链线的属性表达式，这个时间大约在 17 世纪末期。

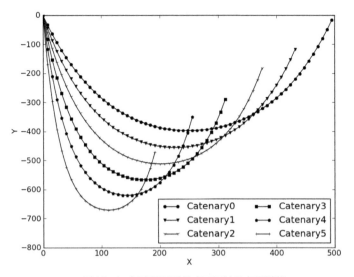

图18-4　长度相同悬挂点不同的几条悬链线

18.2　利用Abaqus分析悬链线曲线特征

一段绳索在均布的"体力"作用下形成悬链线形状的过程是一个静力学问题，我们也可以通过 Abaqus 来建模计算得到具体的形状。通过我们上一节的分析过程，我们可以得知下面几点：

（1）绳索的具体形状与单位长度重力密度无关；
（2）绳索上的张力与重力密度有关；
（3）上节的理论公式中没有考虑到绳索自身在张力作用下的伸长。

使用 Abaqus 我们可以得到真实情况下的绳索形状。为了描述绳索的柔性特征，我们使用 Truss 单元可以用来模拟绳索的受力变形过程。Truss 单元只能承受拉压载荷，不能承受切向载荷或者弯曲载荷。在使用 Truss 单元模拟绳索变形前，需要对其施加一定的预应力来保证分析可以顺利进行下去。

18.2.1　建立分析脚本

假定在重力作用下，绳索并没有发生塑性变形，因而先施加预应力再撤除预应力的方法并不会对最终的结果有任何影响。通过 CAE 界面操作我们可以很方便地得到 rpy 文件，对其进行修改就可以得到我们需要的脚本程序。原始的 rpy 文件中存在大量 CAE 界面操作生成的模型选择、放大缩小等语句，这些语句对我们没有太大的意义；除此之外，rpy 文件中还包括了一部分使用 Abaqus 内部函数（getSequenceFromMask）的脚本，由于用户无法了解到 mask 参量的具体标示，因此我们需要使用 findAt 函数来替代。具体的程序可以查看 case_18_1.py。

case_18_1.py

```
1    # -*- coding: mbcs -*-
2    from abaqus import *
3    from abaqusConstants import *
4    from caeModules import *
```

```
5    ####### 定义参量与赋值
6    length = 10000.0# 单位 mm
7    weight = 1.0# 单位 ton, 不仅仅是绳索的质量, 也包含均匀附着在绳索上的质量
8    pointA = (0.0, 0.0)#Final position of PointA
9    pointB = (5000.0, -1000.0)#Final position of PointB
10   area = 10.0#mm^2# 绳索的等效材料截面积
11   dens = weight/length/area# 绳索的等效密度
12   modulus = 200000.0
13   pointC = (length, 0.0)
14   Mvec = (pointB[0]-pointC[0], pointB[1]-pointC[1])
15   Gravity = 9800.0
16   preDisp = 1.0# 单位 mm, 预拉伸长度
17   #############################
18   ropeMdb = Mdb(pathName='HangingChain.cae')
19
20   modelName = 'TrussModel'
21   m = ropeMdb.Model(name=modelName, modelType=Standard_Explicit)
22   #Create Part
23   s = m.ConstrainedSketch(name='Truss', sheetSize=200.0)
24   g, v, d, c = s.geometry, s.vertices, s.dimensions, s.constraints
25   line1 = s.Line(point1=pointA, point2=pointC)# 引入模型初始位置变量 pointA 和 pointC
......
30   #Material and Section
31   ropeMdb.models[modelName].Material(name='Material-Steel')
32   ropeMdb.models[modelName].materials['Material-Steel'].Density(
33       table=((dens, ), ))# 引入密度变量
34   ropeMdb.models[modelName].materials['Material-Steel'].Elastic(
35       table=((modulus, 0.3), ))# 引入弹性模量变量
36   ropeMdb.models[modelName].TrussSection(name='Section-Truss',
37       material='Material-Steel', area=area)# 引入变量 area
38   e = p.edges
39   setPart = p.Set(name='set4Section', edges=e)# 使用 Set 替代原始 rpy 文件中的 Region 对象
40   p.SectionAssignment(region=setPart, sectionName='Section-Truss',
41       offset=0.0, offsetType=MIDDLE_SURFACE, offsetField='',
42       thicknessAssignment=FROM_SECTION)
43   # Assembly and sets
44   a = ropeMdb.models[modelName].rootAssembly
45   a.DatumCsysByDefault(CARTESIAN)
46   inst = a.Instance(name='theRope', part=p, dependent=ON)
47   v = inst.vertices
48   verts1 = v.findAt(((pointA[0],pointA[1],0.0),),)# 使用变量 pointA 作为 findAt 参数
49   setFix = a.Set(vertices=verts1, name='Set4Fix')
50   verts2 = v.findAt(((pointC[0],pointC[1],0.0),),)# 使用变量 pointC 作为 findAt 参数
......
63   Load = ropeMdb.models[modelName].Gravity(name='Load-Gravity',
64       createStepName='Step-Gravity', comp2=-1.0*Gravity, field='',
65       distributionType=UNIFORM, region=setGravity)# 引入重力加速度量
......
70   BC2 = ropeMdb.models[modelName].DisplacementBC(name='BC-Move', fieldName='',
71       createStepName='Step-PreTension', u1=preDisp, u2=0.0, ur3=UNSET,
72       amplitude=UNSET, fixed=OFF, distributionType=UNIFORM, region=setMove,
```

```
73      localCsys=None) # 使用 preDisp 变量定义初始的预变形量
74   BC2.setValuesInStep(stepName='Step-StressRelease', u1=Mvec[0],
75      u2=Mvec[1]) # 设定绳索一端最终的变形位置
......
```

通过运行脚本 case_18_1.py 我们可以确定出长度为 10m，悬挂于点（0,0）和（5000,-1000）之间的悬链线，如图 18-5 所示。

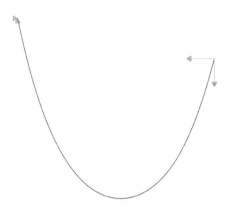

图18-5　Abaqus计算出的悬链线形状

18.2.2　确定合适的初始拉伸量

如果考虑可能的塑性变形，那么我们期望施加的预应力越小越好。但是由于预应力值太小时收敛很困难，下面我们通过逐步增加预拉伸量的方法来确定最合适的预拉伸量。

设定定义在递增拉伸量上的循环，将脚本程序 case_18_1.py 的主体部分放入循环中逐一检验。脚本运行时我们使用 job 对象的成员 messages 来判断任务是否顺利计算完毕。具体的程序结构如下：

case_18_2.py

```
1    # -*- coding: mbcs -*-
......
18   denote = range(1, 20)
19   Ratio = [i*0.001 for i in denote]
20   preTension = [rs*(Gravity*weight) for rs in Ratio]
21   preDisp = [pt/area/modulus*length for pt in preTension] # 用于循环的递增拉伸量
22   ##############################
23   ListSuccess = [] # 记录成功的计算尝试
24   ropeMdb = Mdb(pathName='HangingChain.cae')
25   for (i, Dispi) in enumerate(preDisp):
......
92       jobName = 'HangingChainTruss'+str(i)
93       curJob = ropeMdb.Job(name=jobName, model=modelName, description='',
94           type=ANALYSIS, atTime=None, waitMinutes=0, waitHours=0, queue=None,
95           memory=50, memoryUnits=PERCENTAGE, getMemoryFromAnalysis=True,
96           explicitPrecision=SINGLE, nodalOutputPrecision=SINGLE, echoPrint=OFF,
97           modelPrint=OFF, contactPrint=OFF, historyPrint=OFF, userSubroutine='',
98           scratch='', multiprocessingMode=DEFAULT, numCpus=1)
99       curJob.submit(consistencyChecking=OFF) # 提交当前计算任务
```

```
100        curJob.waitForCompletion()# 等待计算完成
101        ms = curJob.messages[-1]# 检查信息列表中最后一个信息
102        if ms.type==JOB_COMPLETED:
103            ListSuccess.append(Dispi)
# 若最后的信息是 JOB_COMPLETED 则记录当前尝试值 Dispi
104 print ListSuccess
```

对于当前的设置，上述程序的运行结果为：[0.294, 0.343, 0.539, 0.588, 0.637, 0.686, 0.735, 0.784, 0.833, 0.882, 0.931]。为了保证良好的收敛性，初始预加变形量可以选择为 0.294。

18.2.3　拉伸刚度的影响

如前面所讲，悬链线理论公式是没有考虑到绳索变形因素的。那么绳索的自身伸长对最终形状影响有多大？为了了解这一问题，我们继续对 case_18_1.py 脚本进行修改。

在开始解释脚本之前，这里先介绍一个新脚本 getShape.py，其可以帮助我们获得 Abaqus 计算的悬链线的各个节点处的变形后坐标数据。getShape 程序的基本原理是通过读取某个节点的初始坐标和对应的位移来合成最终的坐标数值。

getShape.py

```
1  # -*- coding: mbcs -*-
2  from odbAccess import *
3
4  def getShape(odbPath, instName, stepName, frame=1):
5      x, y =[], []
6      o = openOdb(path=odbPath, readOnly=True)# 只读方式打开 odb 文件
7      ns = o.rootAssembly.instances[instName.upper()].nodes# 获得部件的节点集合
8      fop = o.steps[stepName].getFrame(frameValue=frame).\
9          fieldOutputs['U'].values# 获得节点对应的位移结果数据
10     for i in range(len(ns)):
11         (x1, y1, z1) = ns[i].coordinates# 获得特定节点的初始坐标
12         (u1, u2) = fop[i].data# 获得该节点的位移数据
13         x.append(u1 + x1)
14         y.append(u2 + y1)
15     o.close()# 关闭当前 odb 文件
16     return x, y
17
18 if __name__=='__main__':
19     odbPath = 'HangingChain.odb'
20     instName = 'therope'
21     stepName = 'Step-StressRelease'
22     print getShape(odbPath, instName, stepName)
```

使用上一节的模型计算的 odb 文件 HangingChain.odb 为例，运行上面的程序就可以获取各个节点变形后的坐标数值。

> ◆ Tips：
>
> 本例中模型简单，都是在 Abaqus 中建立，因而模型节点 instance.nodes 和位移结果数据 frame.fieldOutputs['U'] 都是按照节点编号排列的，免去检查节点编号是否对应的过程。更一般的情况下，我们

需要先将目标节点建为一个有序的节点集合；然后利用 getSubset 函数获取该集合的计算结果对象，此时可以做到集合中的节点顺序与返回的结果对象中的节点顺序对应；然后直接提取数据操作即可。

有了 getShape 函数，我们可以获得不同的刚度下变形后曲线的差别。参照脚本 case_18_2.py，我们只需要修改等效应力面积 area 或者等效弹性模量 modulus 即可。为了保证在各种刚度下计算都能顺利进行，我们将初始的伸长量设定为 50.0[①]。计算完成后调用 getShape 函数获得变形后的节点坐标，并将数据记录入文件 data.pkl 中。

case_18_3.py

```
1    # -*- coding: mbcs -*-
2    import pickle# 导入pickle模块用来将数据对象直接写入文件中
……
8    from getShape import getShape# 使用自定义的getShape模块函数
……
15   area = [0.1, 0.3, 1.0]# 定义3种不同的截面积
……
22   Results = open('data.pkl', 'wb')# 建立存储数据的文件data.pkl
23   ################################
24   ropeMdb = Mdb(pathName='HangingChain.cae')
25   for (i, areai) in enumerate(area):
……
99       curJob.submit(consistencyChecking=OFF)
100      curJob.waitForCompletion()
101      ms = curJob.messages[-1]
102      if ms.type==JOB_COMPLETED:
103          odbPath = jobName+'.odb'
104          instName, stepName = 'THEROPE', 'Step-StressRelease'
105          xa, ya = getShape(odbPath, instName, stepName)# 提取变形后的节点坐标数据
106          stiff = areai*modulus# 记录当前计算中绳索的拉伸刚度
107          label = r'$FEA: stiff= %i$'%stiff
108          pickle.dump([xa, ya, label], Results)# 将结果对象 (list) 存入文件Results中
109  Results.close()
```

最后为了对比 FEA 计算结果和理论公式给出的结果的差异，我们可以调用前面定义的 Solver 模块中的函数，使用 matplotlib 绘图来对比各种情况下曲线的差别。

case_18_4.py

```
1    # -*- coding: mbcs -*-
2    import pickle
3    import numpy as np
4    import matplotlib.pyplot as plt
5    from scipy import optimize
6    from Solver import fun2Solve
7    from Solver import catenary
8    ############################
9    length = 10000.0#mm
10   pointA = (0.0, 0.0)#Final position of PointA
11   pointB = (5000.0, -1000.0)#Final position of PointB
12   ############################
13   guess = [10.0, 2500.0, -1000]# 求解公式中的初值很重要，需要多做几次尝试
14   fig = plt.figure()
```

[①] 线弹性条件下，初始伸长量对最终结果没有影响。

```
15    ax = fig.add_subplot(1,1,1)
16    mL = ['*', '|', 's', 'p', 'v']# 绘图时的标识符号
17    sL = ['-', '-.', ':', '.']
18    inputs = [pointA, pointB, length]
19    pE = optimize.fsolve(fun2Solve, guess, inputs)
20    xs = np.arange(0.0, 5000.0, 8.0)
21    ys = catenary(xs, pE)
22    ax.plot(xs, ys, c='black',ls='-', lw=2.0, label=r'$Theory: stiff = \infty$')
23    data_file = open('data.pkl', 'rb')# 打开数据结果文件 data.pkl
24    for i in range(3):
25        data = pickle.load(data_file)# 加载并还原 data.pkl 文件中的第1个对象
26        ax.plot(data[0], data[1], c='black', marker=mL[i], ms=6.0,
27            label=data[2])
28    data_file.close()
29    ax.legend(ncol=2, loc=4)
30    ax.set_xlim(0, 5000)
31    ax.set_ylim(-7000, 0)
32    ax.set_ylabel("Y")
33    ax.set_xlabel("X")
34    plt.show()
```

程序执行后的结果如图 18-6 所示。从图上可以明显看出刚度对变形的影响："软面条"和"钢链条"会有不同的结果。随着刚度的增大，有限元计算结果和不考虑绳索自身伸长的理论公式趋于一致。

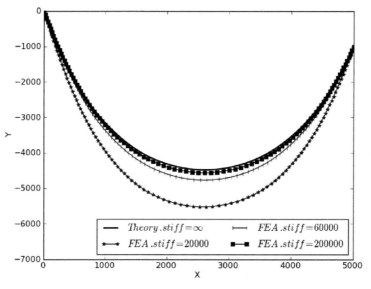

图18-6　FEA结果和理论结果对比

◆ Tips：

1. 这里用到的 pickle 模块是 Python 的标准模块。利用其我们可以将任意一个对象直接存储到指定的文件中，而反过来，也可以从对应的文件中恢复所保存的对象。由于我们在 case_18_3.py 中将结果数据以列表的形式保存如文件 data.pkl 中；因此在 case_18_4.py 中使用 load 函数直接载入就可以将保存的列表直接复原。

2. 悬挂于两点之间的软面条并不是标准的悬链线：由于其各处的张力值不相同，因而发生的变形也不相同，进而导致了密度的不均匀分布。

第19章 扭力弹簧的刚度

和上一章相同，本章也是利用 Python 脚本研究一个简单机械装置：扭力弹簧。扭力弹簧作为一种常用的机械结构，经常会出现在大大小小的设备甚至日常生活物品上。

图19-1 扭力弹簧

与拉力弹簧不同，扭力弹簧主要承受来自外界的扭矩，在一定的范围内其扭转角大小与承受的扭矩成正比。当外部扭矩去除后，扭力弹簧会恢复到变形前的形状。由于扭力弹簧在受扭后有可能会发生失稳的情况，因此为了避免失稳拓宽扭力弹簧的使用范围，设计中常在扭力弹簧中布置扭芯来帮助其克服部分失稳现象。

19.1 扭力弹簧的理论分析公式

扭力弹簧的扭力系数可以从弹簧的各种设计参数中预估。下面我们对钢丝截面为矩形的扭力弹簧的弹性系数进行分析。表 19-1 给出了分析中用到的变量及其含义。

表19-1 变量含义

名称	含义
D_0	初始弹簧的直径（中线-中线）
N_0	初始弹簧的有效匝数
E	弹簧材料的弹性模量
p	弹簧相邻两匝直径的轴向距离
D_1	变形后弹簧的直径（中线-中线）
N_1	变形后弹簧的有效匝数
t	弹簧钢丝截面的高
h	弹簧钢丝截面的宽

如图 19-2 所示的扭力弹簧示意图，当我们在扭力弹簧一段施加大小为 M 的扭矩后，弹簧的自由端扭转

α 角度达到新位置。在这一变形过程中弹簧中钢丝几乎不受到拉伸力因而没有拉伸变形，此时主要是钢丝的抗弯刚度帮助弹簧抵抗所受扭矩，而弹簧钢丝的长度几乎没有发生变化。

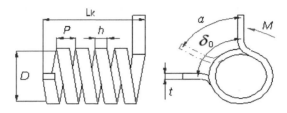

图19-2 扭力弹簧刚度推导示意图

从长度没有变化这一条件出发，我们可以得出如下关系式：

$$N_1 \times D_1 = N_0 \times D_0$$

而，

$$N_1 = N_0 + \alpha/360$$

从而，

$$D_1 = \frac{N_0}{N_0 + \alpha/360} D_0$$

我们可以仿照推导梁截面抗弯刚度的方法推导弹簧丝（具有初始曲率的梁）的抗弯刚度。

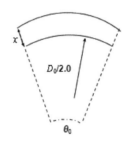

图19-3 弹簧丝的应变分布

如图 19-3 所示的角度 θ_0 对应的一段梁，当其中心线的曲率半径由 $D_0/2$ 变为 $D_1/2$ 时，其截面上距离中心线 x 的地方的应变为

$$\varepsilon = \frac{\left(\frac{D_1}{2}+x\right)\cdot\theta_1 - \left(\frac{D_0}{2}+x\right)\cdot\theta_0}{\left(\frac{D_0}{2}+x\right)\cdot\theta_0}$$

由于 $D_1\theta_1 = D_0\theta_0$

$$\varepsilon = \frac{x}{\left(\frac{D_0}{2}+x\right)}\times\left(\frac{D_0}{D_1}-1\right) \approx \frac{2x}{D_0\cdot N_0}\times\frac{\alpha}{360}, x \ll D_0$$

进而可以得到该扭力弹簧转动 α 角度时，其产生的扭矩 M 为

$$M = \int_{-1/2}^{1/2} (\varepsilon\cdot E\cdot \mathrm{d}x\cdot h)\cdot x = \frac{E\cdot t^3\cdot h}{6\cdot D_0\cdot N_0}\frac{\alpha}{360}$$

使用同样的方法，可以获得弹簧丝截面为圆形的扭力弹簧的弯矩公式为

$$M = \frac{\pi \cdot E \cdot d^4}{32 \cdot D_0 \cdot N_0} \frac{\alpha}{360}$$

19.2 利用Abaqus分析扭力弹簧

Abaqus 可以帮助我们检验上面的公式是否正确。我们需要建立扭力弹簧的空间螺旋模型，固定一端，在另一端施加扭转位移，通过查看反力就可以了解对应的扭矩大小。

对于一般的扭力弹簧，由于弹簧丝的直径较弹簧直径小很多，因此有两种建模方法可供我们考虑：梁单元或是实体单元。

19.2.1 梁单元模拟扭力弹簧

Abaqus/CAE 中建立空间曲线梁模型不方便，一般做法是利用其他 CAD 软件建立模型然后导入 Abaqus/CAE 中进行后续分析。由于弹簧是简单的空间螺旋线，比较容易通过数学方法确定坐标，这里我们通过直接编制 inp 文件的方法实现对应分析。

为了建立如图 19-4 所示的弹簧模型，我们需要完成下面的工作：建立节点数据和单元数据。Beam 单元 B31 需要两个节点。另外为了给空间梁单元指定其截面在空间的位置，我们需要额外提供第 3 个节点。为加载建立必要的集合。为了计算顺利进行，需要将螺旋开始的半圈与参考点耦合最终固定，而结束的半圈与参考点耦合加载扭转角。因此需要设定 4 个集合：开始半圈的节点集合、开始端参考点集合、结束半圈的节点集合和结束端参考点集合。最后我们还需要准备一份求解步设置模板。这 3 部分一起组成一个完整的用于扭力弹簧分析的 INP 文件。

图19-4　Beam弹簧模型

> ◆ Tips：
> 梁单元定义的时候需要指定如图 19-5 所示的截面方向 n_1，有两种设置该方向的方法：或是直接在梁单元截面属性中定义；或是利用梁单元定义中的第 1 个节点指向第 3 个节点的向量来定义梁单元的截面 n_1 方向。t 方向是由梁单元第 1 个节点指向第 2 个节点的向量来确定。最终的 n_2 是通过 t 向量与 n_1 向量的向量叉乘定义。

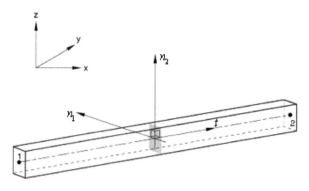

图19-5 梁单元截面方向

对于螺旋线，我们可以直接利用数学方程描述其方程，

$$\begin{cases} x = R\sin\left(2\pi \cdot \dfrac{y}{p}\right) \\ z = R\cos\left(2\pi \cdot \dfrac{y}{p}\right) \end{cases}$$

利用上面的公式，每隔一定距离计算一个单元两个端点节点坐标（如图 19-6 中节点 1 和 2）。该单元中心位置对应的螺旋中心点（图 19-6 所示的节点 3）可以作为该单元的额外节点，用来定义其的截面方向：n_1 方向。脚本 case_19_1.py 可以帮助我们完成计算节点坐标，分别生成包含节点信息，单元信息以及集合信息的 inp 文件。

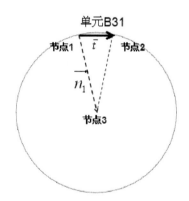

图19-6 利用额外节点定义梁单元截面方向

case_19_1.py

```
1    # -*- coding: mbcs -*-
2    from math import *
3    from abaqus import *
4    from abaqusConstants import *
5    from caeModules import *
6    from odbAccess import *
7    # 定义模型参数
8    wireR=1.0# 弹簧丝半径
9    SpringR=15.0# 弹簧内径
10   NN=8# 弹簧匝数
11   GapR=0.3# 相邻匝钢丝之间的间距
12   angle=5.0# 弹簧丝与轴线的夹角的余角
13   Spitch=wireR*(2.0+GapR)/cos(angle/180.0*pi)# 相邻两匝钢丝中心的间距
14   Num=60
```

```
15  DR=wireR+SpringR
16  RatioRr=SpringR/wireR
17  da=2.0*pi/Num# 单个单元对应的螺旋角度
18  dy=Spitch/Num# 单个单元对应的螺旋高度
19  nodefileName='BeamSpringRr'+str(int(RatioRr))+'_node.inp'
20  elemfileName='BeamSpringRr'+str(int(RatioRr))+'_elem.inp'
21  setfileName='BeamSpringRr'+str(int(RatioRr))+'_set.inp'
22  inpfileName='BeamSpringRr'+str(int(RatioRr))+'_inp.inp'
23  jobName='BeamSpringRr'+str(int(RatioRr))+'_Spring'
24  NodeFile=open(nodefileName,'w')
25  ElemFile=open(elemfileName,'w')
26  SetFile=open(setfileName,'w')
27  InpFile=open(inpfileName,'w')
28  initN=0
29  initJ=(NN+1)*Num+10
# 定义第1节点
30  x0=DR*cos(initN*da)
31  y0=initN*dy
32  z0=DR*sin(initN*da)
33  # 生成节点和单元INP
34  NodeFile.writelines('*NODE'+'\n')
35  NodeFile.writelines(str(initN+1)+', '+str(x0)+', '+str(y0)+', '+str(z0)+'\n')
36  ElemFile.writelines('*ELEMENT,'+' TYPE=B31,'+' ELSET=spring'+'\n')
37  while initN<=(Num*(NN+1)):
38      initN=initN+1
39      initJ=initJ+1
# 定义第2节点
40      x1=DR*cos(initN*da)
41      y1=initN*dy
42      z1=DR*sin(initN*da)
# 计算第3节点
43      xm=0.0
44      ym=(initN+0.5)*dy
45      zm=0.0
46      NodeFile.writelines(str(initN+1)+', '+str(x1)+', '+str(y1)+', ' +
47          str(z1)+'\n')
48      NodeFile.writelines(str(initJ)+', '+str(xm)+', '+str(ym)+', ' +
49          str(zm)+'\n')
50      ElemFile.writelines(str(initN)+', '+str(initN)+', '+str(initN+1)+', ' +
51          str(initJ)+'\n')
52  # 定义参考点
53  xp=0.0
54  yp=0.0
55  zp=0.0
56  NodeFile.writelines(str(Num*(NN+1)+6)+', '+str(xp)+', '+str(yp)+', ' +
57      str(zp)+'\n')
58  xp=0.0
59  yp=(NN+1)*Num*dy
60  zp=0.0
61  NodeFile.writelines(str(Num*(NN+1)+8)+', '+str(xp)+', '+str(yp)+', ' +
62      str(zp)+'\n')
```

```
63  NodeFile.close()
64  ElemFile.close()
65  #生成集合定义 INP
66  SetFile.writelines('*Beam Section, elset=spring, material=STEEL, poisson ' +
67      ' = 0.3, temperature=GRADIENTS, section=CIRC'+'\n')
68  SetFile.writelines(str(float(wireR))+'\n')
69  SetFile.writelines('*Nset, nset=Set-fix, generate'+'\n')
70  SetFile.writelines('1'+', '+str(1*Num/2+1)+', 1'+'\n')
71  SetFile.writelines('*Nset, nset=Set-twist, generate'+'\n')
72  SetFile.writelines(str(int((NN+0.5)*Num+1))+', '+str((NN+1)*Num+1)+', 1'+'\n')
73  SetFile.writelines('*Nset, nset=Set-fixRP'+'\n')
74  SetFile.writelines(str(Num*(NN+1)+6)+',\n')
75  SetFile.writelines('*Nset, nset=Set-twistRP'+'\n')
76  SetFile.writelines(str(Num*(NN+1)+8)+',\n')
77  SetFile.close()
```

完成节点、单元和集合信息的生成后，我们还需要内容如下的一个 inp 文件来设置分析参数和载荷，其定义了一端固定，另一端加载 3.1415 弧度转角的边界条件。

LoadandStep.inp

```
1   *Surface, type=NODE, name=Set-fix_CNS
2   Set-fix, 1.
3   *Surface, type=NODE, name=Set-twist_CNS
4   Set-twist, 1.
5   *Coupling, constraint name=Constraint-fix, ref node=Set-fixRP, surface=Set-fix_CNS
6   *Kinematic
7   *Coupling, constraint name=Constraint-twist, ref node=Set-twistRP, surface=Set-twist_CNS
8   *Kinematic
9   *Material, name=steel
10  *Elastic
11  210000., 0.3
12  *Boundary
13  Set-fixRP, 1, 1
14  Set-fixRP, 2, 2
15  Set-fixRP, 3, 3
16  Set-fixRP, 4, 4
17  Set-fixRP, 5, 5
18  Set-fixRP, 6, 6
19  *Boundary
20  Set-twistRP, 1, 1
21  Set-twistRP, 2, 2
22  Set-twistRP, 3, 3
23  Set-twistRP, 4, 4
24  Set-twistRP, 5, 5
25  Set-twistRP, 6, 6
26  ** ----------------------------------------------------------------
27  *Step, name=Step-twist, nlgeom=YES, inc=1000
28  *Static
29  0.05, 1., 1e-06, 0.2
30  *Boundary, op=NEW
31  Set-fixRP, 1, 1
32  Set-fixRP, 2, 2
```

```
33  Set-fixRP, 3, 3
34  Set-fixRP, 4, 4
35  Set-fixRP, 5, 5
36  Set-fixRP, 6, 6
37  *Boundary, op=NEW
38  Set-twistRP, 1, 1
39  Set-twistRP, 2, 2
40  Set-twistRP, 3, 3
41  Set-twistRP, 4, 4
**  定义扭转角位移为 3.14159 弧度
42  Set-twistRP, 5, 5, 3.1415926
43  Set-twistRP, 6, 6
44  *Restart, write, frequency=0
45  *Output, field, number interval=10, time marks=NO
46  *Node Output
47  CF, RF, RM, U
48  *Element Output, directions=YES
49  LE, S
50  *Output, history, variable=PRESELECT
51  *End Step
```

最后我们可以利用上面获得的 4 个 inp 文件来组装出最终的 inp 文件并进行计算，读取结果。

case_19_1.py

```
78   # 组装完整的 inp 文件
79   InpFile.writelines('*Heading'+'\n')
80   InpFile.writelines('** Generated by: Su Jinghe: alwjybai@gmail.com'+'\n')
81   InpFile.writelines('** ----------------------------------------------'+'\n')
82   InpFile.writelines('*INCLUDE, INPUT='+nodefileName+'\n')
83   InpFile.writelines('*INCLUDE, INPUT='+elemfileName+'\n')
84   InpFile.writelines('*INCLUDE, INPUT='+setfileName+'\n')
85   InpFile.writelines('*INCLUDE, INPUT=LoadandStep.inp'+'\n')
86   InpFile.close()
87   # 提交并提取结果
88   Mdb()
89   mdb.models['Model-1'].setValues(noPartsInputFile=ON)
90   mdb.JobFromInputFile(name=jobName,inputFileName=inpfileName)
91   mdb.jobs[jobName].submit()
92   mdb.jobs[jobName].waitForCompletion()
93   odbPath=jobName+'.odb'
94   odb = openOdb(odbPath)
95   nset = odb.rootAssembly.nodeSets['CONSTRAINT-TWIST_REFERNCE_POINT'] [1]
96   frame=odb.steps.values()[-1].frames[-1]
97   foutput=frame.fieldOutputs['RM']
98   fvalues=foutput.getSubset(region=nset).values[0].data[1]
99   odb.close()
100  print fvalues
```

上面的脚本计算完成后我们可以导出如 19-7 所示的加载时间 - 扭矩图，进一步我们可以推导出该弹簧的扭转刚度。

---

[1] CONSTRAINT-TWIST_REFERNCE_POINT 是 abaqus 计算后的 odb 文件中的对应的节点集合名称

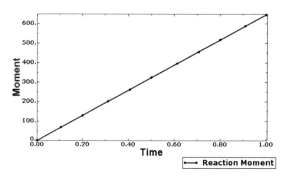

图19-7 Beam弹簧模拟的结果

19.2.2 实体单元模拟扭力弹簧

利用实体单元模拟扭力弹簧的过程我们可以利用CAE的建模功能完成。首先在CAE中用带pitch的旋转操作建立如图19-8所示的实体弹簧模型，然后从rpy文件中重建出如case_19_2.py的脚本文件。

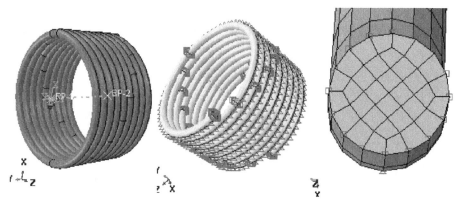

图19-8 实体弹簧模型（左），布种（中），截面网格（右）

由于Abaqus中使用旋转操作建立的弹簧模型会分为许多段，加载的时候初始段和结尾段被我们用来和参考点耦合起来加载边界条件，因此该实体弹簧中的有效匝数并非精确等于我们的设定值，我们需要减去初始和结尾段部分。

case_19_2.py

```
1    # -*- coding: mbcs -*-
......
16   ur2 = pi# 加载的扭转角度
17   # 建立模型和提交计算
18   inpName='SoildSpring_Rr'+str(int(RatioRr))
19   Mdb()
20   TheModel = mdb.models['Model-1']
# 利用旋转生成实体的方式生成旋转（NN+1）圈的弹簧，有效匝数需要后续计算
21   s = TheModel .ConstrainedSketch(name='springSection',
22       sheetSize=200.0)
23   s.ConstructionLine(point1=(0.0, -100.0), point2=(0.0, 100.0))
24   s.CircleByCenterPerimeter(center=(DR, 0.0), point1=(DR+wireR, 0.0))
......
27   p.BaseSolidRevolve(sketch=s, angle=360.0*(NN+1), flipRevolveDirection=OFF,
```

```
28        pitch=Spitch, flipPitchDirection=OFF, moveSketchNormalToPath=ON)
38  # 定义用来加载边界的参考点
39  a = TheModel .rootAssembly
……
42  p1=a.ReferencePoint(point=(0.0,0.0,0.0))
43  p2=a.ReferencePoint(point=(0.0,-1.0*(NN+1)*Spitch,0.0))
44  # 使用findAt函数查找起始端和末尾端的面，分别建立集合
45  xx1=SpringR*cos(0.5*pi)
46  zz1=SpringR*sin(0.5*pi)
47  yy1=-0.25*Spitch
48  xx2=SpringR*cos((NN+0.75)*2.0*pi)
49  zz2=SpringR*sin((NN+0.75)*2.0*pi)
50  yy2=-1.0*(NN+0.75)*Spitch
51  f = a.instances['spring-1'].faces
52  faces1 = f.findAt(((xx2, yy2, zz2),),)
53  Setfix=a.Set(faces=faces1, name='Set-fix')
54  faces1 = f.findAt(((xx1, yy1, zz1),),)
55  Settwist=a.Set(faces=faces1, name='Set-twist')
56  r1 = a.referencePoints
57  SetfixRP=a.Set(referencePoints=(r1[p2.id],), name='Set-fixRP')
58  SettwistRP=a.Set(referencePoints=(r1[p1.id],), name='Set-twistRP')
#  设置filedOutputRequests使得计算结果包含支反扭矩RM
62  TheModel .fieldOutputRequests['F-Output-1'].setValues(variables=
63      ('S', 'LE', 'U', 'RF', 'RM', 'CF'), numIntervals=10, timeMarks=OFF)
……
74  TheModel .DisplacementBC(name='BC-twist',
75      createStepName='Initial', region=SettwistRP, u1=SET, u2=SET, u3=SET,
76      ur1=SET, ur2=SET, ur3=SET, amplitude=UNSET, distributionType=UNIFORM,
77      fieldName='', localCsys=None)
78  TheModel .boundaryConditions['BC-twist'].setValuesInStep(stepName=
79      'Step-twist', ur2=ur2)
80  # 使用边的长度特征来判断边的种类：螺旋边或者截面边
81  c = p.cells
82  p.setMeshControls(regions=c, technique=SWEEP)
83  NSize=16# 钢丝截面周长上划分16个种子可以得到较好的网格质量
84  LSize=DR*pi*2/64# 弹簧的一周螺旋边设置64个种子可以获得比较理想的分析结果
85  e = p.edges
86  NEdges, LEdges, CriL = [], [], 2.0*pi*wireR
87  for i in range(len(e)):
88      if abs(e[i].getSize()-CriL)/CriL<0.02:# 长度接近钢丝截面周长的边加入NEdges
89          NEdges.append(e[i])
90      else:
91          LEdges.append(e[i])# 否则加入LEdges
92  p.seedEdgeByNumber(edges=NEdges, number=NSize, constraint=FIXED)
93  p.seedEdgeBySize(edges=LEdges, size=LSize, deviationFactor=0.1,
94      constraint=FINER)
……
105 Npie = len(LEdges) #Npie可以被用来计算实际的弹簧匝数
……
```

类似beam单元的脚本，从case_19_2计算完成的odb文件中，我们可以导出如图19-9所示的加载时间-扭矩图。

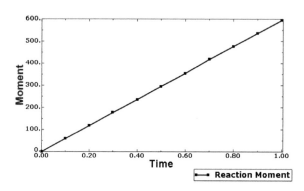

图19-9 Solid弹簧模拟的结果

19.3 结果对比

为了比较前一节的理论公式和 Abaqus 计算结果的差别，我们使用上述两种模型对表 19-2 中所列的工况进行分析（弹簧丝半径在该范围中随机选取）。

表19-2 对比模拟工况

弹簧丝半径	弹簧内径	名义匝数	扭转角度
mm	mm	-	°
0.20-9.0	15.00	8.00	180.00

使用上面的 beam 单元建模方法时，有效匝数为 8；使用实体单元建模的方法分析时，有效匝数是 8.05【=（8+1）×17÷19】。为了作图方便，我们将理论公式修改为，

$$M = \frac{\pi E d^4}{32 D_0 N_0} \frac{\alpha}{360} \Rightarrow \frac{360 M N_0}{\alpha} = \frac{\pi}{32} \cdot \frac{E d^4}{D_0}$$

以 $\pi E d^4 / 32 D_0$ 为 x 轴，$360 \cdot M \cdot N_0 / \alpha$ 为 y 轴将模拟所得的数据绘制成图如图 19-10 所示。

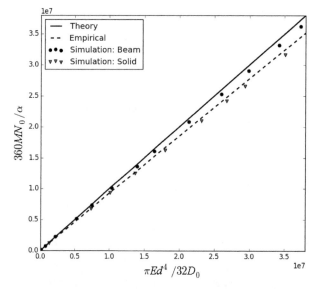

图19-10 Abaqus模拟结果与理论解对比

随着弹簧丝直径的增大，理论解和 Abaqus 模拟结果之间的差别越来越大。这是由于理论公式推导过程中的基础假定（弹簧丝直径远小于弹簧直径）逐渐不适用导致的。

$$M = \frac{E \cdot d^4}{10.8 \cdot D_0 \cdot N_0} \frac{\alpha}{360}$$

目前工业中设计弹簧时使用如上所示的修正经验公式，从图 19-10 的结果看，Abaqus 模拟结果与该经验公式比较吻合。

使用上面的两种分析方法，我们还可以很方便地研究其他参数（如弹簧螺旋间距、弹性模量和弹簧匝数等）对弹簧刚度的影响。有兴趣的读者可以进一步修改脚本完成后续分析。

第22章 圆角处网格研究

圆角是机械设计中不可避免的结构特征，有限元分析中圆角处的网格数目对计算结果会有非常大的影响。这一节我们利用脚本来分析圆角处最合适的网格数目。

我们选择两种情况研究：带孔板和台阶形板，如图20-1所示。

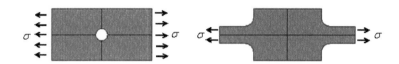

图20-1 计算模型：带孔薄板（左）和带倒角台阶形板（右）

20.1 带孔薄板

20.1.1 理论分析

带孔薄板在单向拉力作用下的受力问题是弹性力学中的经典问题。在如图20-2所示的柱坐标系下，参考任一本弹性力学书籍，可以推导出沿着孔壁各处的应力解表达式如下，

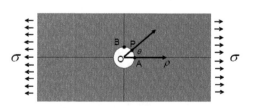

图20-2 薄板圆孔

$$\begin{cases} \sigma_{rr} = 0 \\ \sigma_{\theta\theta} = \sigma(1 - 2\cos 2\theta) \\ \sigma_{r\theta} = 0 \end{cases}$$

圆弧上各处材料都处于单向受力状态：在 A 处受压应力，应力集中系数 $SCF_A = -1$（$\theta = 0°$）；在 B 处受拉应力，应力集中系数 $SCF_B = 3$（考虑板宽无限大的情况）。如果将圆弧 AB 段上的应力值作图，可以得到图 20-3 所示的图形（附件程序 case_20_1.py）。该图中的结果将会作为后续有限元分析验证的理论依据。

上述结果是基于无限大平板为前提推导出来的，在实际分析中我们必须确定合适的平板尺寸来近似满足该前提。

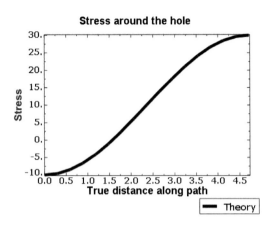

图20-3　薄板圆孔应力沿长度分布规律

20.1.2 模型计算

对如图 20-2 所示的模型中，根据对称情况我们截取 1/4 来进行计算。薄板尺寸为 300mm×300mm，孔半径为 3mm。根据 Peterson's（2 版）的 Stress Concentration factors 中所给出的应力集中系数经验公式[①]，我们可以得知此时的 A 处的应力集中系数为 2.95，该值非常接近于无限大平板的理论结果 3.0，因此我们认为当前的几何尺寸可以用来近似无限大平板模型。

先根据上面的参数建立模型，完成初步求解过程。从 rpy 文件中得到脚本程序框架，可以帮助我们省去许多写代码的工作。在建模过程中，为了能够很好地控制孔附近的网格数目，需要将所给的几何模型进行特定的切分。

rpy 文件仅仅可以提供一个框架：我们的程序中应该有哪些部分，大概会使用到哪些函数，参量可能出现在哪些位置等。获得 rpy 文件后，我们需要删去其中不必要的 session 操作语句（模型旋转、放大缩小等对应的脚本）；然后对程序的关键部分（建模、网格划分和后处理）进行修改；调试运行后，再组织代码框架，比如循环运行不同网格的工况，形成最终脚本 case_20_2_CPS4R.py。下面我们对该程序的关键部分做简单的说明。

```
1    # -*- coding: mbcs -*-
2    from math import *# 在使用构建模型时常常需要使用 math 模块中的函数和常量
……
7    L = 300.0
8    W = 300.0
9    R = 3.0
10   Press = 10.0
11   NumList = [2, 4, 8, 16, 32]
12   MkList = [HOLLOW_CIRCLE, HOLLOW_SQUARE, HOLLOW_DIAMOND]
# 定义模型的参量：NumList 中存储当前程序需要尝试的单元数目；MkList 中存储设定二维
# 图形表达方式的常量；
14   curveList = []# 存储不同的 curve 对象
```

[①] 其给出的对于带孔平板的应力集中系数经验公式为：$K_t = 2 + 0.284\left(1 - \dfrac{d}{H}\right) - 0.600\left(1 - \dfrac{d}{H}\right)^2 + 1.32\left(1 - \dfrac{d}{H}\right)^3$。其中，$d$ 为圆孔直径，H 为平板高度。

```
15      Mdb()#初始化模型
16      vp = session.viewports['Viewport: 1']#获得当前的窗口对象
17      for (i, NR) in enumerate(NumList):#循环给定的每一种单元数目情况
......
26          #constructe the sketch
27          m = mdb.Model(name=ModelName)
28          s = m.ConstrainedSketch(name='plate', sheetSize=200.0)
29          g = s.geometry
30          g1 = s.Line(point1=(0.0, 0.0), point2=(0.0, L/2.0))
31          g2 = s.Line(point1=(0.0, L/2.0), point2=(W/2.0, L/2.0))
32          g3 = s.Line(point1=(W/2.0, L/2.0), point2=(W/2.0, 0.0))
33          g4 = s.Line(point1=(W/2.0, 0.0), point2=(0.0, 0.0))
34          g5 = s.CircleByCenterPerimeter(center=(0.0, 0.0), point1=(R, 0.0))
35          s.autoTrimCurve(curve1=g1, point1=(0.0, R/2.0))
36          s.autoTrimCurve(curve1=g4, point1=(R/2.0, 0.0))
37          s.autoTrimCurve(curve1=g5, point1=(-R, 0.0))
# 在定义任何几何对象（线、点、圆弧等）时都将其赋给某一特定变量，方便在后续模型中
#调用，否则在autoTrimCurve函数中我们需要使用s.geometry[index]的方式来引用，此时序#号index已经无从查起了。
......
46          plate = p.Set(name='plate', faces=fplate)
......
54          ePlate = inst.edges
55          edges1 = ePlate.findAt(((0.0, (R+L/2.0)/2.0, 0.0),),)
56          XsymmSet = a.Set(edges=edges1, name='Xsymm')
57          edges2 = ePlate.findAt((((R+W/2.0)/2., 0.0, 0.0),),)
58          YsymmSet = a.Set(edges=edges2, name='Ysymm')
59          side1Edges1 = ePlate.findAt((((R+W/2.0)/2., L/2.0, 0.0),),)
60          Psurface = a.Surface(side1Edges=side1Edges1, name='Surf-P')
# 在划分网格之前定义集合是比较合理的方式：一旦切分之后，几何元素数目会增大，使用
#findAt 等拾取函数选择特定的几何元素的难度也相应增加。
......
63          m.XsymmBC(name='BC-Xsymm', createStepName='Initial', region=XsymmSet)
64          m.YsymmBC(name='BC-Ysymm', createStepName='Initial', region=YsymmSet)
65          m.Pressure(name='Pressure', createStepName='Load', magnitude=-Press,
66              region=Psurface)
# 对比 rpy 文件中载荷定义语句，会发现上面的语句相当简单明了，主要区别在于省略了许
# 多默认的参数。
```

完成主体模型后，我们需要对部件进行几步切割操作来达到如图 20-4 所示的效果。这里我们通过建立 3 个参考平面来完成对模型的切分过程。

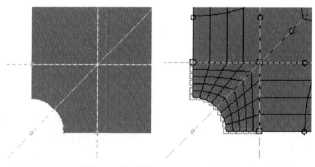

图20-4 计算模型：模型的切割（左）和网格布种子（右）

```
68      f0, d0 = p.faces, p.datums
69      pd1 = p.DatumPointByCoordinate(coords=(0.0, 0.0, 0.0))
70      pd2 = p.DatumPointByCoordinate(coords=(0.0, R+dR, 0.0))
71      pd3 = p.DatumPointByCoordinate(coords=(R+dR, 0.0, 0.0))
72      pd4 = p.DatumPointByCoordinate(coords=(R+dR, R+dR, 0.0))
73      pd5 = p.DatumPointByCoordinate(coords=(R+dR, R+dR, 10.0))
74      d2 = p.datums
75      plane1 = p.DatumPlaneByThreePoints(point1=d0[pd1.id],
76          point2=d0[pd4.id], point3=d0[pd5.id])
77      plane2 = p.DatumPlaneByThreePoints(point1=d0[pd2.id],
78          point2=d0[pd4.id], point3=d0[pd5.id])
79      plane3 = p.DatumPlaneByThreePoints(point1=d0[pd3.id],
80          point2=d0[pd4.id], point3=d0[pd5.id])
# 从点开始构建出 3 个参考平面 plane1, plane2, plane3. 注意这里定义参考点的时候立即获得
# 其的引用（pd1, pd2 等），后面我们需要使用其来获得对应的参考点。
81      p.PartitionFaceByDatumPlane(datumPlane=d0[plane1.id], faces=f0)
......
# 使用特征函数来完成模型的切分操作
86      e2 = p.edges
87      temp = R+dR/2.0
88      pickedEdges1 = e2.findAt(((temp, 0.0, 0.0),), ((0.0, temp, 0.0),),
89          ((temp*0.707, temp*0.707, 0.0),), )
90      p.seedEdgeByNumber(edges=pickedEdges1, number=NumdR, constraint=FIXED)
91      pickedEdges2 = e2.findAt(((R*cos(pi/3), R*sin(pi/3), 0.0),),
92          ((R*cos(pi/6), R*sin(pi/6), 0.0),), (((R+dR)/2.0, R+dR, 0.0),),
93          ((R+dR, (R+dR)/2.0, 0.0),),)
94      p.seedEdgeByNumber(edges=pickedEdges2, number=NumR, constraint=FIXED)
95      p.seedPart(size=Size, deviationFactor=0.1)
# 根据线的空间位置，按照图 20-4 所示对特定的边布种子，施加约束。
96      elemType1 = mesh.ElemType(elemCode=CPS4R, secondOrderAccuracy=OFF)
97      elemType2 = mesh.ElemType(elemCode=CPS3, elemLibrary=STANDARD)
98      p.setElementType(regions=plate, elemTypes=(elemType1, elemType2))
# 定义单元类型为：一阶的减缩积分平面应力单元 CPS4R、CPS3
......
103     p.setMeshControls(regions=f4, technique=STRUCTURED, elemShape=QUAD)
# 将关系的区域网格划分方式设定为结构化网格区
......
108     mdb.jobs[INPName].submit(consistencyChecking=OFF)
109     mdb.jobs[INPName].waitForCompletion()
# 提交计算，等待计算完成后提取计算结果
```

为了和理论解对比，我们要先将 ODB 结果进行坐标变换得到柱坐标系下的应力结果（类似图 20-5）；然后使用如图 20-5 中所示的路径来提取沿着孔边沿特定位置处的应力数值。

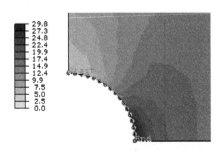

图20-5　应力提取路径

```
113    pth = session.Path(name='Hole', type=CIRCUMFERENTIAL, expression=
114        ((0, 0, 10), (0, 0, -10), (0, R, 0)), circleDefinition=ORIGIN_AXIS,
115        numSegments=16, startAngle=0, endAngle=90, radius=CIRCLE_RADIUS)
```
定义图 20-5 中对应 path 的脚本
```
116    CC = odb.rootAssembly.DatumCsysByThreePoints(name='CC', origin=(0,0,0),
117        point1=(0,1,0),point2=(1,0,0),coordSysType=CYLINDRICAL)
118    vp.odbDisplay.basicOptions.setValues(transformationType=USER_SPECIFIED,
119        datumCsys=CC)
```
定义原点处的柱坐标系 CC，并完成坐标变换。
```
120    vp.odbDisplay.display.setValues(plotState=(CONTOURS_ON_DEF, ))
121    vp.odbDisplay.setPrimaryVariable(variableLabel='S', outputPosition=
122        INTEGRATION_POINT, refinement=(COMPONENT, 'S22'), )
......
134    data = session.XYDataFromPath(name=dataName, path=pth, shape=UNDEFORMED,
135        includeIntersections= False, labelType=TRUE_DISTANCE)
```
获得孔边沿 S22 应力数据
```
136    sCurve = session.Curve(xyData=data)
137    sCurve.setValues(displayTypes=(SYMBOL,), legendLabel=dataName,
138        useDefault=OFF)
139    sCurve.symbolStyle.setValues(marker=MkList[i],size=2.0,color='Black')
140    curveList.append(sCurve)
```
生成 Curve 对象，设置显示方式 marker, color 等；将该对象加入列表 curveList。
```
142 angles = [pi/2.0/16.0*i for i in range(0,17,1)]
143 xData = [R*a for a in angles]
144 yData = [Press/2.0*(2.0-4.0*cos(2.0*a)) for a in angles]
```
根据理论公式生成数据点
```
145 theoData = zip(xData,yData)
146 xQuantity = visualization.QuantityType(type=PATH)
147 yQuantity = visualization.QuantityType(type=STRESS)
148 theoData = session.XYData(data=theoData,name='Theory',legendLabel='Theory',
149     axis1QuantityType=xQuantity, axis2QuantityType=yQuantity)
```
为了和通过路径提取的应力数据使用相同的坐标轴，我们需要将理论数据用 QuantityType
来伪装。
```
......
157 phPlot = session.XYPlot(name='plate-hole-element-number')
......
180 session.printToFile(fileName='CPS4R_Result', format=PNG,
181     canvasObjects=( vp, ))
```
定义 XYPlot 对象将模拟的数据和理论数据显示在同一张数据图中。

当使用一阶减缩积分单元 CPS4R 时，圆孔处划分不同的网格数目得到的模拟值和理论值的对比如图 20-6a 所示。从结果上看，单元数目越多我们获得的结果越接近理论值；但是即使在 1/4 圆弧上划分 64 个单元，我们也不能获得高精度的结果数据。

为了研究一阶完全积分单元的表现，我们对 case_20_2_CPS4R.py 脚本进行如下的少量修改，运行后的结果如图 20-6b 所示。

```
96     elemType1 = mesh.ElemType(elemCode=CPS4, secondOrderAccuracy=OFF)
```

同样的方法，我们可以研究二阶减缩积分单元的使用效果，需要修改的脚本为：

```
97     elemType1 = mesh.ElemType(elemCode=CPS8R, secondOrderAccuracy=OFF)
98     elemType2 = mesh.ElemType(elemCode=CPS6M, elemLibrary=Standard)
```

其运行结果如图 20-6c 所示。

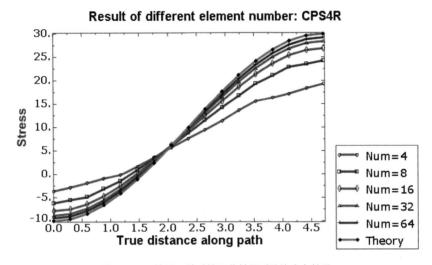

图20-6a 使用一阶减缩积分单元时孔边应力结果

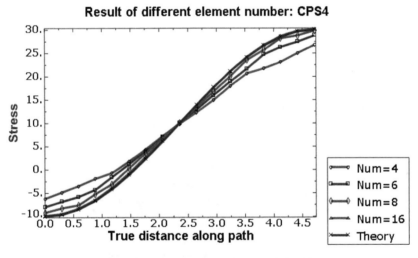

图20-6b 使用一阶完全积分单元时孔边应力结果

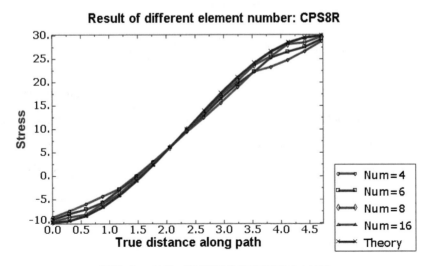

图20-6c 使用二阶减缩积分单元时孔边应力结果

对比图 20-6a、图 20-6b 和图 20-6c，我们可以看出在如带孔薄板的应力集中问题中，二阶单元是比较好的选择。在 1/4 圆弧上划分 8 个二阶减缩积分单元或者 16 个一阶完全积分单元就可以很好地捕捉孔边各处的应力；而即使划分 64 个一阶减缩积分单元也无法获得足够精确的孔边应力。

◆ Tips：

使用沿路径点提取的结果都是根据路径点的坐标插值获得的，因此在使用的时候最好以未变形的结果为基准提取。

上面的评价标准是能高精度地捕捉整个孔边应力分布，因此往往需要很多单元来描述整个应力分布。实际应用中，我们仅仅关心图 20-2 所示的 A 点的应力集中情况，此时需要的单元数目为：至少 4 个二阶减缩积分单元，至少 6 个一阶完全积分单元或者至少 32 个一阶减缩积分单元。因此在应力集中区域，推荐使用二阶单元来求解应力分布情况。

20.2 台阶板倒角处的应力

20.2.1 理论分析

对于如图 20-7 所示的台阶板试件在拉力作用下的应力分布，前人做了很多研究，其最大应力会出现在倒角圆弧和窄台水平线的交汇点 A 附近。该处的应力集中系数有如下经验公式[①]，

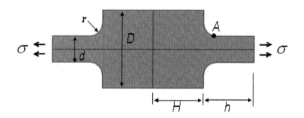

图20-7 台阶板模型示意图

$$K_t = C_1 + C_2\left(\frac{D-d}{D}\right) + C_3\left(\frac{D-d}{D}\right)^2 + C_4\left(\frac{D-d}{D}\right)^3, \text{当} 2H > \frac{3D}{(r/d)^{1/4}}$$

	$0.1 \leqslant \beta \leqslant 2.0$	$2.0 \leqslant \beta \leqslant 2.0$
C_1	$1.007 + 1.000\sqrt{\beta} - 0.031\beta$	$1.042 + 0.982\sqrt{\beta} - 0.036\beta$
C_2	$-0.114 - 0.585\sqrt{\beta} + 0.314\beta$	$-0.074 - 0.156\sqrt{\beta} - 0.010\beta$
C_3	$0.241 - 0.992\sqrt{\beta} - 0.271\beta$	$-3.418 + 1.220\sqrt{\beta} - 0.005\beta$
C_4	$-0.134 + 0.577\sqrt{\beta} - 0.012\beta$	$3.450 - 2.046\sqrt{\beta} + 0.051\beta$

其中，$\beta = (D-d)/2r$

本节后面的有限元分析结果将以上式作为参考来验证结果的合理性。

[①] 来自 Roark' sFormulas for Stress and Strain, 7th Edition. 784 页。

20.2.2 有限元模拟

为了了解图 20-7 所示结构的倒角处最合适的网格数目,我们将问题分解为两步:先针对特定几何参数,验证使用有限元分析获得收敛解所需要的最小网格数目;然后使用该网格数目,针对不同的几何尺寸(倒角半径)对比有限元分析结果与经验公式结果之间的区别。

20.2.2.1 收敛解对应的网格数目

这一部分与上面带孔板的分析过程类似,我们设定不同的网格数目,循环运行脚本。在本例子(case_20_3_CPS4R.py)中我们借用草绘图来帮助切分部件,完成网格划分。

```
......
14     NumList = [2, 4, 8, 16, 32]#研究不同网格数目的影响
......
20     for (i, NR) in enumerate(NumList):#对所给定的每个网格数目进行循环
......
31         m = mdb.Model(name=ModelName)
32         s = m.ConstrainedSketch(name='TPart', sheetSize=200.0)
33         g = s.geometry
34         g1 = s.Line(point1=(0.0, 0.0), point2=(0.0, D/2.0))
35         g2 = s.Line(point1=(0.0, D/2.0), point2=(H, D/2.0))
36         g3 = s.Line(point1=(H, D/2.0), point2=(H, d/2.0+r))
37         g4 = s.ArcByCenterEnds(center=(H+r, d/2.0+r), point1=(H, d/2.0+r),
38             point2=(H+r, d/2.0), direction=COUNTERCLOCKWISE)
39         g5 = s.Line(point1=(H+r, d/2.0), point2=(H+h, d/2.0))
40         g6 = s.Line(point1=(H+h, d/2.0), point2=(H+h, 0.0))
41         g7 = s.Line(point1=(H+h, 0.0), point2=(0.0, 0.0))
#定义生成部件的草绘:尽量使用简单直接的方式绘制,计算好节点坐标后绘制的点线弧线
#不需要施加额外的约束。(自动生成的 rpy 文件中常常包含了各种约束条件)
......
45         sPartition = m.ConstrainedSketch(name='partition', sheetSize=200.0)
46         g = sPartition.geometry
47         g1 = sPartition.Line(point1=(0.0, d/2.0+r), point2=(H, d/2.0+r))
48         g2 = sPartition.Line(point1=(0.0, d/2.0+r+dH), point2=(H, d/2.0+r+dH))
49         g3 = sPartition.Line(point1=(H-dR, D/2.0), point2=(H-dR, d/2.0+r))
50         g4 = sPartition.ArcByCenterEnds(center=(H+r, d/2.0+r), point1=(H-dR, d/2.0+r),
51             point2=(H+r, d/2.0-dR), direction=COUNTERCLOCKWISE)
52         g5 = sPartition.Line(point1=(H+r, d/2.0-dR), point2=(H+h, d/2.0-dR))
53         g6 = sPartition.Line(point1=(H+r, d/2.0), point2=(H+r, 0.0))
54         g7 = sPartition.Line(point1=(H+r+dH, d/2.0), point2=(H+r+dH, 0.0))
#仿照部件草绘绘制切分用的草绘图,如图 20-8 左图所示。
......
83         f = p.faces[0]
84         p.PartitionFaceBySketch(faces=f, sketch=sPartition)
#在未切分之前,部件 p 中仅仅包含一个面(p.faces[0])。使用 PartitionFaceBySketch 函数
#生成切分特征,效果如图 20-8 右图所示。
......
114        pth = session.Path(name='Fillet', type=CIRCUMFERENTIAL, expression=
115            ((H+r, d/2+r, 10), (H+r, d/2+r, -10), (H+r, d/2, 0)),
116            circleDefinition=ORIGIN_AXIS, numSegments=16, startAngle=0,
```

```
117            endAngle=90, radius=CIRCLE_RADIUS)
# 定义图 20-9 所示的应力提取路径
……
```

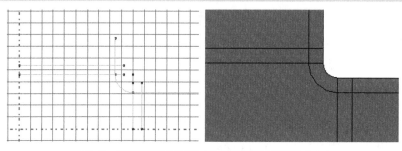

图20-8 用于切割的草绘图（左）和切割后的部件（右）

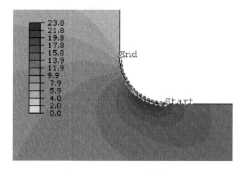

图20-9 应力提取路径

程序运行后，我们获得图 20-10a 所示的应力结果。如果逐渐增多网格应力轨迹趋于稳定，那么我们可以认为使用该网格数目可以得到收敛的应力解。从图 20-10a 上看，CPS4R 单元在计算应力时表现比较差：即使使用到 32 个网格仍旧看不到收敛的迹象。

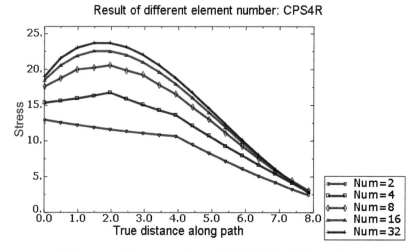

图20-10a 使用（CPS4R单元+不同网格数目）获得的应力结果

如果我们尝试使用一阶完全积分单元，结果将如图 20-10b 所示。显然，当网格数目达到 16 个以后计算可以得到稳定的应力分布。后续的分析中我们将采用 16 个一阶完全积分单元来计算应力。

◆ Tips：

仔细观察图 20-10b 可以发现，使用 8 个一阶完全积分单元时，节点处的应力数据的精度也是比较好的，但是两个节点之间插值的结果偏差比较大。由于我们不能保证倒角处的最大应力值刚好出现在某个节点上，因此使用 8 个一阶完全积分单元并不能很好地捕捉最大应力数值。二次单元应该是更好的选择，有兴趣的读者可以进一步修改脚本，来确定二次单元在这类问题中的表现。

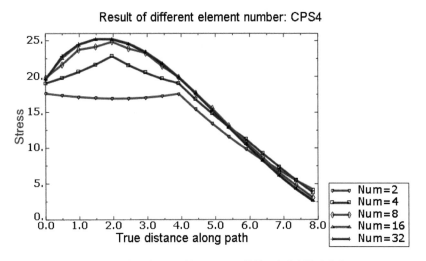

图20-10b 使用（CPS4单元+不同网格数目）获得的应力结果

20.2.2.2 有限元结果的验证

上面我们确定出：对于台阶板在倒角处使用 16 个一阶完全积分单元可以获得稳定的收敛解。那我们如何确定这个解就是合乎实际情况的呢？前面提到的文献中的经验公式可提供间接验证数据。

我们需要验证：随着倒角半径的变化，脚本所计算的倒角处的最大应力集中系数与经验公式给定的数值是否吻合。为了完成这一任务我们需要对上面的脚本 case_20_3_CPS4.py 进行适当修改。下面列出几处关键修改，case_20_3_Verify.py 给出了完整的脚本。

```
......
12  RatioList = [0.05, 0.075, 0.10, 0.15, 0.20, 0.25, 0.30]# 比值 r/d 是研究变量
13  maxSList, curveList = [], []#maxSList 存储每个倒角工况下的的最大应力
......
16  for (i, Ratio) in enumerate(RatioList):# 循环逐个计算倒角工况
......
122     data = session.XYDataFromPath(name=dataName, path=pth, shape=UNDEFORMED,
123         includeIntersections= False, labelType=TRUE_DISTANCE)
124     maxSList.append( max(zip(*data.data)[1]))
```

XYData 数据对象的数据存储在其 data 成员对象（124 行的 data.data）中。其中，数据以形如 ((x1,y1),(x2,y2),...) 的元组存储。Python 内置的 zip 函数可以将其转换为形如 ((x1,x2,...),(y1,y2,...)) 的元组。转换之后，我们可以使用 max() 函数直接提取出我们需要的该数据中最大应力数值。

```
126  xData1 = [item*0.02 for item in range(2,18,1)]
127  yData1 = []
128  for ratio in xData1:
129      h2r = (D-d)/2.0/(d*ratio)
130      sqt_h2r = sqrt(h2r)
131      h2D = 2.0*(D-d)/2.0/D
132      c1, c2, c3, c4 = 0.0, 0.0, 0.0, 0.0
133      if (h2r<=2.0) and (h2r>=0.1):
134          c1 = 1.007+sqt_h2r-0.031*h2r
135          c2 = -0.114-0.585*sqt_h2r+0.314*h2r
```

```
136            c3 = 0.241-0.992*sqt_h2r-0.271*h2r
137            c4 = -0.134+0.577*sqt_h2r-0.012*h2r
138        elif (h2r<=20.0) and (h2r>=2.0):
139            c1 = 1.042+0.982*sqt_h2r-0.036*h2r
140            c2 = -0.074-0.156*sqt_h2r-0.010*h2r
141            c3 = -3.418+1.220*sqt_h2r-0.005*h2r
142            c4 = 3.450-2.046*sqt_h2r+0.051*h2r
143        yData1.append(c1+c2*h2D+c3*h2D**2+c4*h2D**3)
# 将经验公式转换为代码
144 theoData = zip(xData1,yData1)
145 theoData = session.XYData(data=theoData,name='Theory',legendLabel='Theory',
146        xValuesLabel='r/d', yValuesLabel='Kt')
......

# 定义经验公式中的应力集中系数曲线，设定 x 轴为 r/d, y 轴为 Kt
152 SCFList = [item/Press for item in maxSList]
153 sData = session.XYData(data=zip(RatioList, SCFList),name='Simulation',
154        legendLabel='Simulation', xValuesLabel='r/d', yValuesLabel='Kt')
......
# 定义 FEA 计算的应力集中系数曲线
184 session.printOptions.setValues(rendition=GREYSCALE, vpDecorations=OFF,
185        reduceColors=False)
186 session.printToFile(fileName='Verify_Result', format=PNG,
187        canvasObjects=( vp, ))
```

运行脚本 case_20_3_Verify.py 可以得到图 20-11 所示的结果。可以看出计算获得的数据和参考文献中的结果十分吻合。这间接验证了我们分析过程以及单元数目选择的合理性。

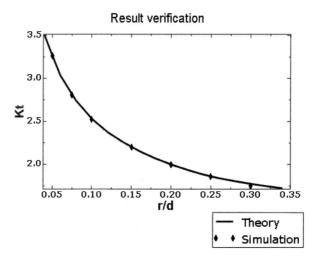

图20-11　计算结果和参考文献中数据的对比

第21章 优化问题

强度校核是 CAE 的重要内容,而优化设计才是 CAE 的最终目标。目前主流 CAE 软件供应商都会提供优化设计模块,其中以 Altair 的 OptiStruct 和达索的 TOSCA 应用最为广泛。

对于许多实际应用,针对特定的优化需求我们可以借助编写程序来实现简单的优化设计问题。优化的算法有很多种,对于参数化模型,最简单最常用的方法就是遍历搜索。对参数取特定离散值问题,可以尝试遍历可行域中每一个点,进而选出最优的配置;对参数可以在特定连续域中取值的问题,我们也可以在连续域中密集取点来寻找近似最优解。

遍历搜索的优点是逻辑简单,缺点也很明显:效率低下。因此人们开发了很多方法来更高效地获得最优解。具体的方法还是搜索,关键点在于采用不同的搜索规则。这一节我们将利用 Python 脚本完成 3 个参数化模型的优化问题。

21.1 水下圆筒的抗屈曲设计

21.1.1 问题的描述

对于如图 21-1 左图所示的放置于水中的塑料圆筒结构(上下盖为不锈钢),由于壁面静水压作用,屈曲失效是结构主要的失效模式(图 21-1 右图)。为了提高结构的抗屈曲能力,我们可以在某些特定的高度处布置具有一定厚度的环向加强筋。该加强筋的位置和厚度直接决定了结构的抗屈曲能力。

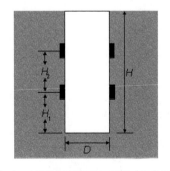

图21-1 水下圆筒的结构示意图(左)和结构的某阶屈曲模态(右)

对于筒高 8 米,直径 1.5 米,筒厚 10 毫米;加强筋数目两个,每个加强筋宽 40 厘米,厚 10 毫米的工况,我们可以利用自己编写的脚本来确定最佳的加强筋位置参数组合(H_1, H_2)。

21.1.2 参数化模型

为了研究上述问题，我们需要先建立参数化模型。该模型使用壳单元建模比较方便。对于加强筋位置我们只需要将其壁厚设置为筒壁厚和筋厚度之和即可。建模的关键在于将模型进行适当的分割，来体现加强筋的设置。

case_21_1_TankBuckling.py

```python
1    # -*- coding: mbcs -*-
# 设定模型参数
8    Hei = 8000.0
9    Dwall = 1500.0
10   Hwall = 10.0
11   Lrib = 400.0
12   Hrib = 10.0
13   Prib = [Hei/3.0, Hei/5.0*3.0]
14   Press = 9800.0*1.0e-9*Hei# 最大静水压
......
# 旋转生成壳模型
26   pTank.BaseShellRevolve(sketch=s1, angle=360.0, flipRevolveDirection=OFF)
27   dat = pTank.datums#part 的特征对象存储位置
28   for posi in Prib:# 在特定的位置建立切割平面，记录特征对象编号，完成切割操作
29       idi = pTank.DatumPlaneByPrincipalPlane(principalPlane=XZPLANE,
30           offset=posi+Lrib/2.0).id
31       fcs = pTank.faces
32       pTank.PartitionFaceByDatumPlane(datumPlane=dat[idi], faces=fcs)
33       idi = pTank.DatumPlaneByPrincipalPlane(principalPlane=XZPLANE,
34           offset=posi-Lrib/2.0).id
35       fcs = pTank.faces
36       pTank.PartitionFaceByDatumPlane(datumPlane=dat[idi], faces=fcs)
......
# 加强筋处材料厚度设置为筒壁厚度 + 加强筋厚度
46   md.HomogeneousShellSection(name='Section-rib', thickness=(Hwall+Hrib),
47       preIntegrate=ON, material='Plastic', thicknessType=UNIFORM)
......
# 选择加强筋位置的面赋予材料属性
50   points = []
51   fcs = pTank.faces
52   for yi in Prib:
53       points.append(((-Dwall/2.0, yi, 0.0),))
54
55   faces = fcs.findAt(*points)# 注意 * 的使用
56   ribSet = pTank.Set(name='ribs', faces=faces)
57   pTank.SectionAssignment(region=ribSet, sectionName='Section-rib')
......
# 组成装配体，由于 Abaqus 中静水压都安装 Z 轴方向计算深度，因此需要旋转模型
71   root = md.rootAssembly
72   inst = root.Instance(name='tank', part=pTank, dependent=ON)
73   root.rotate(instanceList=('tank', ), axisPoint=(0.0, 0.0, 0.0),
74       axisDirection=(10.0, 0.0, 0.0), angle=90.0)
# 建立屈曲分析载荷步，提取前两阶屈曲模态，为了避免可能的不收敛请，提高迭代次数
```

```
 76    md.BuckleStep(name='Buck', previous='Initial', numEigen=2, vectors=4,
 77        maxIterations=200)
......
# 设定筒底的约束，和筒壁的静水压力
 89    md.EncastreBC(name='fix', createStepName='Buck', region=fixSet)
 90    md.Pressure(name='Hydro', createStepName='Buck', region=hydroSur,
 91        distributionType=HYDROSTATIC, field='', magnitude=Press,
 92        amplitude=UNSET, hZero=Hei, hReference=0.0)
 93 #Mesh
 94    pTank.seedPart(size=100.0, deviationFactor=0.1)#size=100 确保加强筋划分 4 个单元
......
102 #Job and sumbit
103    job = mdb.Job(name=inpName, model='Model-1', numCpus=2, numDomains=2)
104    job.submit(consistencyChecking=OFF)
105    job.waitForCompletion()
```

从图 21-2 所示的屈曲分析结果中可以看出在 ODBStep.frames[i] 对象的描述中存储了当前屈曲模态对应的屈曲因子数值。因此我们可以使用下面的程序段来提取该数值。

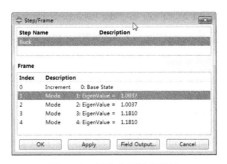

图21-2　屈曲分析结果数据

case_21_1_TankBuckling.py

```
# 从 odb 结果中每个 frame 的描述信息中提取屈曲因子的大小
106    odb = session.openOdb(name=inpName+'.odb')
107    step = odb.steps.values()[0]
108    Descr = step.frames[1].description
109    Result = float(re.split('= ', Descr)[-1])
```

其中，我们使用了 re 模块中的字符串处理功能：用 '=' 将描述字符串分割为前后两部分，'=' 后面的部分就是屈曲因子的具体数值。

将上面的程序稍做包装写成函数形式，我们就可以输入一组加强筋位置参数 Prib，输出对应模型的第一阶屈曲因子。接下来的任务是利用这个模型来找到最优的加强筋布置方法。

21.1.3　优化策略

21.1.3.1　遗传算法简介

自然界中每个物种（specie）都是由种群（population）来体现；种群在每一代进化过程中都可能会发生基因重组（mate）、突变（mutate）以及引入外来种群；新一代的种群中适合当时当地生存条件的个体（Organism）将会存活下去，而不适应的将会被淘汰掉；最终种群中留下的都将是适应当前生存环境的个体。

遗传算法就是将上述物种变异和自然选择的过程应用于某一特定问题的算法。图 21-3 展示了使用遗传算法的一般过程。

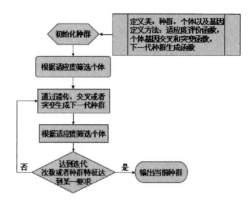

图21-3　遗传算法使用流程

从图 21-3 可以看出使用遗传算法，我们必须至少实现 3 个类：种群、个体以及基因；同时还需要至少实现 4 个方法：适应度函数，基因交叉函数，基因突变函数以及下一代种群生成函数。这是一个比较复杂的工作，这些工作我们可以借助第三方的 Python 库来简化。目前有多个第三方实现的遗传算法类库，可供我们选择的有 Pyevolve，pyGene 等。我们选择比较简单易懂的 pyGene 库来说明遗传算法的使用方法。

21.1.3.2　pyGene库的使用

pyGene 库最核心的文件有 3 个，gene.py 中定义了基因类；organism.py 中定义了个体类，实现基因的交叉和变异函数并且提供了评价该个体适应度的函数接口；population.py 模块定义了种群的初始化和进化的方法。从作者提供的原始例子 demo_converge.py 我们可以进一步了解 pyGene 的使用方法。

```
1    #! /usr/bin/env Python
......
8    from pygene.gene import FloatGene, FloatGeneMax
9    from pygene.organism import Organism, MendelOrganism
10   from pygene.population import Population
11
12   class CvGene(FloatGeneMax):#定义数值型基因
......
16       # 定义基因数值的上下限
17       randMin = -100.0
18       randMax = 100.0
19
20       # 突变概率
21       mutProb = 0.1
22
23       # 突变的幅度
24       mutAmt = 0.1
25
26
27   class Converger(MendelOrganism):#定义个体
28       """
29       Implements the organism which tries
30       to converge a function
31       """
```

```
32        genome = {'x':CvGene, 'y':CvGene}# 定义个体基因组中的基因类型
33
34    def fitness(self):# 定义适应度函数
35        """
36        Implements the 'fitness function' for this species.
37        Organisms try to evolve to minimise this function's value
38        """
39        return self['x'] ** 2 + self['y'] ** 2
……
# 随机初始化生成一个种群
48  pop = Population(species=Converger, init=2, childCount=50, childCull=20)
49
53  def main(): # 定义执行函数
54      try:
55          while True:
56              # 进化下一代
57              pop.gen()
58
59              # 获得适应度最好的个体
60              best = pop.best()
61
62              # 输出适应度最好的个体
63              print best
64
65      except KeyboardInterrupt:
66          pass
67
68
69  if __name__ == '__main__':
70      main()
```

demo_converge.py 程序可以帮助我们获得二元函数 $f(x,y)=x^2+y^2$ 的最小值。我们需要先从 FloatGeneMax 拓展定义基因类 CvGene，其代表整个优化过程的输入数据；接着从 MendelOrganism 类拓展定义个体类 Converger，其包含两个基因 (x, y)；最后随机初始化一个标准种群，迭代进化。运行后我们可以看到随着迭代次数增加，函数的值逐渐逼近最优点。

21.1.3.3 pyGene库的修改

我们可以将上述求解过程直接应用于我们的情况，但是这样得到的程序运行速度非常慢。对我们的情况，对程序进行适当的修改可以加快收敛的过程。为了简单，我们仅仅提取我们要用到的部分代码来进行加工。与此同时我们对提取的源代码做了两点重要修改：种群的初始化过程和适应度函数的调用过程。

对于一般的遗传算法优化问题，如果能给定合适的初始值将大大减小收敛迭代次数，因此我们可以依据经验，将一些可能的最优值传入初始化的种群来加快迭代收敛过程。这一部分工作主要体现在修改 population.py 类的初始化函数中。

```
#population.py
……
74      def __init__(self, *items, **kw):
……
92          self.organisms = []
……
```

```
 99          if not items:
             #若没有提供初始化个体，按照设定的群体初始规模随机初始化
100              for i in xrange(self.initPopulation):
101                  self.add(self.species())
102          else:
             #提供初始化个体时，直接将其加入群体中，并判断未达到设定的初始种群
             #规模时，添加随机个体补齐初始种群
103              self.add(*items)
104              flag = self.initPopulation-len(items)
105              if flag>0:
106                  for i in xrange(flag):
107                      self.add(self.species())
```

◆ Tips：

给定初始值的方法也会造成算法"早熟"的现象：种群过快的收敛于某一个解。这个收敛解有可能是全局最优解，但也有可能是某个局部最优解。

原生的 pyGene 库对适应度函数调用开销估计不足。每次需要使用某个个体的适应度值时会当即调用一次适应度函数。这样做的结果是同一个个体的适应度计算过程被反复计算了很多次。对于一般的函数求值，这种差别不是很明显，但是对于本例中的情况，每调用一次适应度函数就是完成一次 CAE 建模、计算和数据提取过程，单次执行时间常常以分钟计，这将显著影响整个算法的耗时。一种替代做法就是在个体对象创建的同时创建一个变量存储其适应度，在后续过程只需要调用这一适应度数值，避免多次执行适应度评价函数。这一改进主要体现在 organism.py 文件的 Organism 类方法中。

```
#organism.py
......
 56      def __init__(self, *arg, **kw):#Organism类的构造函数
......
112          value = kw.get('FIT')
113          if value:
114              self.fitnessValue = value# 定义变量 fitnessValue 存储适应度数值
115          else:
116              self.fitnessValue = self.fitness()
......
241      def duel(self, opponent):
......
             # 原生 pyGene 中为 cmp(self.fitness(), opponent.fitness())，因此每次对种群
             # 中个体排序都会调用多次 fitness() 函数，极大限制程序执行效率！
248          return cmp(self.fitnessValue, opponent.fitnessValue)
249
250      def __cmp__(self, other):
......
256          return self.duel(other)
```

21.1.4 求解与结果

有了上面的准备工作我们就可以开始求解水下圆筒加强筋的最优布置问题。根据先前的分析经验，我们将参数的搜索范围设定为：一道加强筋的位置范围设定为 2m ~ 4m；而两道加强筋的间距设定为 1m ~ 4m。

case_21_2_TankBuckling_Evolve.py

```python
# -*- coding: mbcs -*-
import csv, re
from math import *
from abaqus import *
from abaqusConstants import *
from caeModules import *
from odbAccess import *
from pyGene4TankCAE.gene import FloatGene
from pyGene4TankCAE.organism import Organism
from pyGene4TankCAE.population import Population

# 定义代表加强筋位置的浮点型基因类型

class OrgGene1(FloatGene):
    """
    # 定义代表第1个加强筋的位置的基因
    """
    mutProb = 0.2# 定义单次突变概率
    mutAmt = 0.5# 定义单次突变的最大幅度

    randMin = 8000.0/4.0# 参数可能的最小数值
    randMax = 8000.0/2.0# 参数可能的最大数值

class OrgGene2(FloatGene):
    """
    # 定义代表两个加强筋相互间距的基因
    """
    mutProb = 0.2
    mutAmt = 0.5

    randMin = 1000.0
    randMax = 4000.0

# 定义包含上述两个基因的个体

class CAEOrganism(Organism):# 从基类 Organism 中衍生新类
    """
    #新个体类 CAEOrganism 的定义
    """
    #定义个体基因组组成,包含 a 和 b 两个基因,类型分别为:OrgGene1 和 OrgGene2
    genome = {}
    genome['a']=OrgGene1
    genome['b']=OrgGene2

    def fitness(self):#定义适应度求解函数
        """
        #pyGene 的优化目标是适应度最小,因此我们将 Abaqus 求得的一阶屈曲因子值定义
        # 为适应度值。在开始计算之前,我们需要先对得到的参数组合进行验证:如果第2
        # 个参数(代表第2个加强筋的位置)大于6000,则直接将适应度设定为100。因为
        # 从经验看这种情况并不是最优解,这样做可以节省不必要的计算量。
```

```
47              """
48              inputList = self.getDataSet()# 获取参数
49              result = 0.0
50              if inputList[1]>6000.0:
51                  result = 100.0
52              else:
53                  result = -1.0*performCAE(inputList)
54              return result
55
56          def getDataSet(self):
57              """
58      # 定义从个体的基因组中提取加强筋位置参数值的函数
59              """
60              avalue = float(self.genes['a'].value)
61              bvalue = float(self.genes['b'].value)
62              SPData = [avalue, avalue+bvalue]
63              return SPData
64      # 定义种群
65      class CAEPopulation(Population):
66
67          species = CAEOrganism# 定义种群中个体的类型
68          initPopulation = 36# 初始种群规模
69
70
71          childCull = 6# 迭代时保持的种群个体数目
72
73
74          childCount = 4# 每次进化中变异产生的新个体数目
75
76
77          incest = 2# 每次进化中从上代中直接继承表现最好的两个个体
78
79
80          numNewOrganisms = 2# 每次进化中随机产生的个体数目
81
82
83      def performCAE(poList):
......
182     # 建模计算过程中，考虑到某些情况下 Abaqus 可能不能获得收敛解，因此使用 try-except
        # 方式来处理计算和提取数据的过程。若求解或者提取结果的过程中出现异常，则将求解
        # 结果设定为 0.0。
183         try:
184             job.submit(consistencyChecking=OFF)
185             job.waitForCompletion()
186             odb = session.openOdb(name=inpName+'.odb')
187             step = odb.steps.values()[0]
188             Descr = step.frames[1].description
189             Result = float(re.split('= ', Descr)[-1])#re 模块被用来分解字符串提取数据
190         except BaseException, e:# in case fail to get result and set the default
191             Result = 0.0
192
193         return Result
```

```
194
195 # 以特定的个体为基础产生初始种群,我们选择参数可行域中等间距分布的多个个体来
    # 来初始化种群。我们期望其中某一个或者几个个体比较接近于问题的最优解,这样遗
    # 传算法可以更快地寻找到附近的最优解。
196 p0 = [float(item) for item in range(1500, 4500, 500)]
197 d0 = [float(item) for item in range(1500, 4500, 500)]
198 oList = []
199 for p0i in p0:
200     for d0i in d0:
201         oList.append(CAEOrganism(*[p0i, d0i]))
202 pop = CAEPopulation(*oList) # 使用指定个体集合来初始化种群
203
204 # 定义运行函数,将运行的信息记录在 out.csv 文件中。
205 def main():
206     i = 0
207     outFile = csv.writer(file('out.csv', 'wb'))
208     while i<40:
209         # execute a generation
210         pop.gen()
211         best = pop.organisms[0]
212         outStr = ['iter', str(i)]
213         outFile.writerow(outStr)
214         for org in pop.organisms:
215             outStr = []
216             [outStr.append(org.genes[key].value) for key in 'ab']
217             outStr.append('fitness')
218             outStr.append(org.fitnessValue)
219             outFile.writerow(outStr)
220         i+=1
221
222 if __name__ == '__main__':
223     main()
```

上面的程序中使用了特定的初始种群,其可以很快找到近似最优解。这里为了更好的展示遗传算法的效果,我们使用随机初始化种群的方法,进行 80 次迭代(参见附件中 case_21_1_TankBuckling_Evolve_RandInt.py)。我们将种群平均的适应度(即结构的屈曲因子)的演变过程作图如 21-4 所示:种群整体逐渐靠近最优解。最终获得多组最优解:

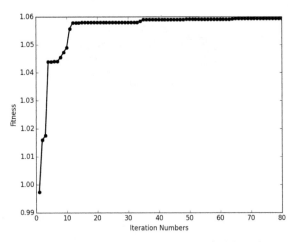

图21-4 种群整体(用目标量平均值表示)的进化过程

（2952.4mm，4259.5mm），（3215.4mm，4522.4mm），
（2952.4mm，5524.5mm），（2805.7mm，4112.7mm）……

> ◆ Tips：
>
> 遗传算法的优点在于：不需要使用者对系统有太多的了解，就可以进行迭代进化选择，常常被用来寻找复杂问题的最优解；变异的存在使得遗传算法可以跳出系统的局部最优点，得到问题的全局最优点。它的缺点也很明显：庞大的计算量，本质上遗传算法是一种简单搜索方法，因此需要执行大量的求解试算过程；而当设定初始种群不合适或者突变概率设定比较小时，遗传算法也经常会陷入过早的收敛于局部最优解的状况。

21.2 过盈配合设计

21.2.1 问题描述

过盈配合是轴类零件设计中绕不开的一个问题。大多数情况下，我们遇到的问题是从一个特定尺寸的过盈配合中求解配合完成后零件的应力和变形。如果我们对配合后的应力或者变形有特定的要求，这种情况意味着我们需要从结果逆向设计一个零件。比如已有椭圆轴类零件 A，现需要按照特定的应力分布要求来设计一个轴套 B。

我们将问题具体化如下：

椭圆轴长半轴 b=30mm，短半轴 a=20mm；

法向过盈量为 0.1mm；

轴套在椭圆短半轴方向厚度为 2.0mm；

轴材料弹性模量为 210Gpa；

轴套材料弹性模量为 100Gpa。

要求：

设计轴套外形，使得配合完成后轴套内表面上各处的最大主应力均匀分布。

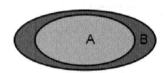

图21-5 轴-轴套过盈配合

21.2.2 参数化模型建模

该问题中我们的目标是一个几何形状，为了求解我们需要将该形状用参数的形式表达出来。最方便的表达就是使用函数拟合我们的目标边界（图 21-6 中虚线），因而我们优化的对象变成了求满足最优条件的

函数参数。在实际应用中，使用某一特定函数来拟合曲线往往不如分段拟合效果好，再考虑到 Abaqus 草绘图中包含有样条曲线工具，我们可以使用目标曲线上的一些点的样条曲线来代表目标曲线。

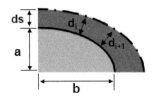

图21-6　轴-轴套过盈配合

在下面分析中，我们将轴套内轮廓分为 20 等分，其法线与目标边界相交形成轴套在该处的厚度（d_i，d_{i+1} 等）。每一个厚度值都会确定一个坐标点，因此我们的模型输入的参数是（d_0，d_1，d_2，……），得到如图 21-7 所示的几何模型画法。

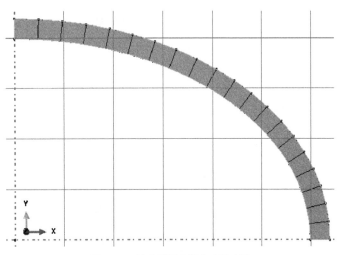

图21-7　轴套模型离散化表示方法

◆ Tips：

对于接触问题，相互接触的主从面节点的位置非常关键，尤其是当我们期望查看接触区域的应力和变形的时候。针对本例中的问题，对比如图 21-8a（主从面网格节点不匹配）和 21-8b（主从面网格节点匹配）所示的两种情况。

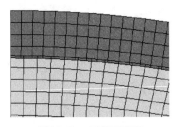

图21-8a　网格不匹配

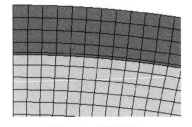

图21-8b　网格匹配

相同的模型，相同的过盈量条件，计算完过盈配合后分别提取轴套内表面的最大主应力，结果展示在图 21-9 中。从图中可以看出，当网格不匹配时提取的路径上的应力值不连续，而网格匹配的情况下路径上的应力平滑连续。这种情况是有限元接触算法造成，为了得到精确的接触区域应力，尽量控制网格使得主从面网格节点相互匹配。

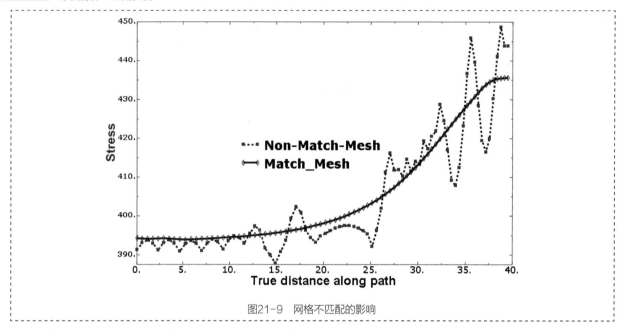

图21-9 网格不匹配的影响

我们对轴和轴套进行适当切分（Partition），如图 21-10 所示。这样我们可以通过布网格种子来控制两个接触面上的网格匹配程度，达到如图 21-8b 所示的效果。

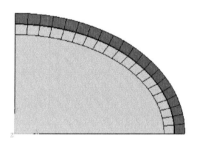

图21-10 模型的切分

考虑到上面两点之后，我们可以通过 Abaqus/CAE 界面操作加手动修改 .rpy 文件的方式获得如下的参数化脚本（仅仅显示部分）。

case_21_3ShaftMatchMesh.py

```
1   # -*- coding: mbcs -*-
2   from math import *
3   from abaqus import *
4   from abaqusConstants import *
5   from caeModules import *
6
7   a_s = 30.0# 轴截面长半轴长
8   b_s = 20.0# 轴截面短半轴长
9   d_s = 0.1# 过盈配合的过盈量
10  dL_b = 2.0# 在短轴方向上轴套的厚度
11
12  Size = dL_b/4.0# 网格尺寸
13  NumP = 20# 轴套外轮廓线离散数目
14  theta_base = [pi/2.0*i/NumP for i in range(0, NumP+1)]# 按角度均分轴和轴套截面
15  dList = [dL_b for theta in theta_base]# 轴套在离散点处的厚度序列
    # 计算轴外轮廓离散点坐标（x_shaft,y_shaft）
```

```python
16    x_shaft = [a_s*sin(theta) for theta in theta_base]
17    y_shaft = [b_s*cos(theta) for theta in theta_base]
# 计算切分轴截面所需要的轮廓线上的点坐标（xp_shaft,yp_shaft）
18    xp_shaft = [(a_s-dL_b)*sin(theta) for theta in theta_base]
19    yp_shaft = [(b_s-dL_b)*cos(theta) for theta in theta_base]
# 计算轴套内轮廓线上的离散点坐标（x_sleevei ,y_sleevei ）
20    x_sleevei = [(a_s-d_s)*sin(theta) for theta in theta_base]
21    y_sleevei = [(b_s-d_s)*cos(theta) for theta in theta_base]
22    x_sleeveo, y_sleeveo = [], []
# 根据给定的轴套厚度数据 dList，计算轴套外轮廓线上的离散点坐标（x_sleeveo ,y_sleeveo ）
23    for (i, theta) in enumerate(theta_base):
24        deltaL = dList[i]# 第 i 个离散点处轴套的厚度
25        if theta==0.0:# 离散点位于短轴方向上
26            x_sleeveo.append(x_sleevei[i])
27            y_sleeveo.append(y_sleevei[i]+deltaL)
28        elif theta==90.0:# 离散点位于长轴方向上
29            x_sleeveo.append(x_sleevei[i]+deltaL)
30            y_sleeveo.append(y_sleevei[i])
31        else:
# 先计算轴套内轮廓上离散点处法线斜率 dy2dx，再根据厚度计算外轮廓线上对应点的坐标
32            dy2dx = ((a_s-d_s)**2*y_sleevei[i])/((b_s-d_s)**2*x_sleevei[i])
33            x_sleeveo.append(x_sleevei[i]+deltaL/sqrt(1.0+dy2dx**2))
34            y_sleeveo.append(y_sleevei[i]+deltaL/sqrt(1.0+dy2dx**(-2)))
# 定义后续使用几何选择函数 findAt 时所需的参数
35    theta_pick = [pi/2.0*(i+0.5)/NumP for i in range(0, NumP)]
36    pickShaft = [((a_s*sin(i), b_s*cos(i), 0),) for i in theta_pick]
37    pickSleeve = [(((a_s-d_s)*sin(i),(b_s-d_s)*cos(i),0),) for i in theta_pick]
38    theta_pth = [pi/2.0*i/(4*NumP) for i in range(0, 4*NumP+1)]
39    pthPoints = [((a_s-d_s)*sin(i),(b_s-d_s)*cos(i),0) for i in theta_pth]
......
46    m = mdb.Model(name=modelName)
47    # 定义轴和轴套截面草绘图
48    s_shaft = m.ConstrainedSketch(name='shaft', sheetSize=200.0)
49    g1 = s_shaft.EllipseByCenterPerimeter(center=(0.0, 0.0), axisPoint1=
50        (a_s, 0.0), axisPoint2=(0.0, -b_s))
51    g2 = s_shaft.Line(point1=(0.0, 0.0), point2=(0.0, b_s))
52    g3 = s_shaft.Line(point1=(0.0, 0.0), point2=(a_s, 0.0))
53    s_shaft.autoTrimCurve(curve1=g1, point1=(-a_s, 0.0))
......
57    s_sleeve = m.ConstrainedSketch(name='sleeve', sheetSize=200.0)
58    g1 = s_sleeve.EllipseByCenterPerimeter(center=(0.0, 0.0), axisPoint1=
59        (a_s-d_s, 0.0), axisPoint2=(0.0, -b_s+d_s))# 内轮廓线为椭圆
60    SPoints = zip(x_sleeveo, y_sleeveo)
61    g2 = s_sleeve.Spline(points=SPoints)# 外轮廓线借助 zip 函数，使用样条构建
62    g3 = s_sleeve.Line(point1=(0, b_s-d_s), point2=SPoints[0])
63    g4 = s_sleeve.Line(point1=(a_s-d_s, 0), point2=SPoints[-1])
64    s_sleeve.autoTrimCurve(curve1=g1, point1=(-a_s+d_s, 0))
65    Sleeve = m.Part(name='Sleeve', dimensionality=TWO_D_PLANAR,
66        type=DEFORMABLE_BODY)
67    Sleeve.BaseShell(sketch=s_sleeve)
68    # 定义用于对轴和轴套切割的草绘图
```

```
69  SP_shaft = m.ConstrainedSketch(name='SP_shaft', sheetSize=200.0)
70  g1 = SP_shaft.EllipseByCenterPerimeter(center=(0.0, 0.0), axisPoint1=
71      ((a_s-dL_b), 0.0), axisPoint2=(0.0, -(b_s-dL_b)))
72  PointsIn, PointsOut = zip(xp_shaft, yp_shaft), zip(x_shaft, y_shaft)
73  for i in range(len(theta_base)):
74      SP_shaft.Line(point1=PointsIn[i], point2=PointsOut[i])
……
81  # 定义材料和截面属性并将其赋予对应的部件
82  matSteel = m.Material(name='steel')
……
90  faceShaft = Shaft.faces
91  faceShaft = Shaft.Set(name='shaft', faces=faceShaft)
92  Shaft.SectionAssignment(region=faceShaft, sectionName='Section-steel')
……
96  # 组装两个部件，并定义用于接触和边界条件设定的几何和面集合
97  root = m.rootAssembly
98  root.DatumCsysByDefault(CARTESIAN)
99  InstShaft = root.Instance(name='Shaft-1', part=Shaft, dependent=ON)
100 InstSleeve = root.Instance(name='sleeve-1', part=Sleeve, dependent=ON)
101 edgeShaft = InstShaft.edges
102 edges1 = edgeShaft.findAt(((a_s*sin(pi/4), b_s*cos(pi/4), 0.0),),)
103 edgesX1 = edgeShaft.findAt(((0.0, b_s/2.0, 0.0),),)
104 edgesY1 = edgeShaft.findAt(((a_s/2.0, 0.0, 0.0),),)
105 shaftSurface = root.Surface(side1Edges=edges1, name='shaftSurface')
106 edgeSleeve = InstSleeve.edges
107 edges2 = edgeSleeve.findAt((((a_s-d_s)*sin(pi/4),
108     (b_s-d_s)*cos(pi/4), 0.0),),)
109 edgesX2 = edgeSleeve.findAt(((0.0, (b_s-d_s+dL_b/10), 0.0),),)
110 edgesY2 = edgeSleeve.findAt((((a_s-d_s+dL_b/10), 0.0, 0.0),),)
111 sleeveSurface = root.Surface(side1Edges=edges2, name='sleeveSurface')
112 XsymmSet = root.Set(edges=edgesX1+edgesX2, name='Xsymm')
113 YsymmSet = root.Set(edges=edgesY1+edgesY2, name='Ysymm') # 对称边界条件集合
114 # 定义边界条件和接触关系
115 m.StaticStep(name='Load', previous='Initial')
116 m.XsymmBC(name='BC-Xsymm', createStepName='Initial', region=XsymmSet)
117 m.YsymmBC(name='BC-Ysymm', createStepName='Initial', region=YsymmSet)
118 intProp = m.ContactProperty('IntProp-1')
119 intProp.TangentialBehavior(formulation=FRICTIONLESS)
    # 定义面面接触对同时激活 Shrink fit 选项来实现过盈配合的计算
120 m.SurfaceToSurfaceContactStd(name='Int-1', createStepName='Load',
121     master=sleeveSurface, slave=shaftSurface, sliding=FINITE, thickness=ON,
122     interactionProperty='IntProp-1', interferenceType=SHRINK_FIT)
123 # 分割模型并划分网格
124 Shaft.PartitionFaceBySketch(faces=Shaft.faces[0], sketch=SP_shaft)
125 Sleeve.PartitionFaceBySketch(faces=Sleeve.faces[0], sketch=SP_sleeve)
126 eShaft = Shaft.edges
    # 注意参数的使用方法，我们需要将事先准备好的列表使用 * 号"解包"才可以传给 findAt
127 pEdges = eShaft.findAt(*pickShaft)
    # 控制边上的种子数目并将网格约束设定为不可变（"FIXED"）确保接触区节点对应
128 Shaft.seedEdgeByNumber(edges=pEdges, number=4, constraint=FIXED)
……
```

```
143 # 提交任务计算
144 job = mdb.Job(name=inpName, model=modelName, numCpus=1)
145 job.submit(consistencyChecking=OFF)
146 job.waitForCompletion()
……
```

运行上面的脚本我们可以得到特定轴套外轮廓（不同的 dList 代表不同的外轮廓形状）对应的 odb 结果文件。为了能自动化提取轴套内表面的最大主应力，我们可以利用后处理中的路径 Path 来获得轴套内表面的结果数据。

case_21_3ShaftMatchMesh.py

```
147 odb = session.openOdb(name=inpName+'.odb')
148 vp.setValues(displayedObject=odb)
149 vp.odbDisplay.display.setValues(plotState=(CONTOURS_ON_DEF, ))
150 vp.odbDisplay.setPrimaryVariable(variableLabel='S', outputPosition=
151     INTEGRATION_POINT, refinement=(INVARIANT, 'Max. Principal'), )
……
# 由于该路径的坐标值来自变形前构型，提取数据时必须使用 shape=UNDEFORMED
165 pth = session.Path(name='Fillet', type=POINT_LIST, expression=pthPoints)
166 data = session.XYDataFromPath(name=dataName, path=pth, shape=UNDEFORMED,
167     includeIntersections= False, labelType=TRUE_DISTANCE)
168 sCurve = session.Curve(xyData=data)
……
```

运行完程序可以得到如图 21-11 所示的结果。

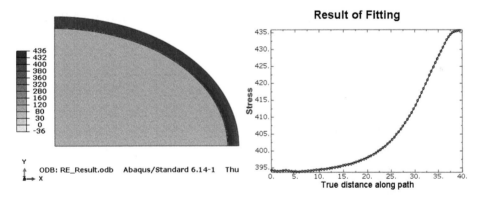

图21-11　计算结果：应力云图（左），轴套内表面的最大主应力分布（右）

21.2.3 优化策略与结果

在图 21-11 中可以看出如果使用均匀厚度（2.0mm）轴套，装配过后轴套内表面应力分布不均匀：在轴的长半轴位置处应力最大而短半轴处应力最小，应力极差（最大应力数值 - 最小应力数值）约为40Mpa。我们设计的目标就是找到某一种轮廓线使得轴套内轮廓上最大主应力的极差值最小。

为了寻找最优的轴套外轮廓（最优的厚度序列），我们可以考虑很多方法。比如直接搜索可行域，如果每个位置处厚度取值限定在 10 个水平，20 个位置的可能的厚度序列总共有 10^{20} 种可能！这种思路在这个问题上是不可行的。遗传算法和直接搜索方法类似也存在这样的问题。

◆ Tips：

采用何种优化策略与离散的方式关系很大。由于本例中将轮廓线离散成 20 段样条曲线，导致轮廓的参数多达 20 个因此使用直接搜索或者遗传算法都需要很大的计算量；如果尝试将轮廓线使用二次曲线、指数曲线等可以用少数几个参数定义的简单曲线来近似，参量数目大幅度减少，使得直接搜索或者遗传算法也变成了可选策略。

离散方法选择的关键在于最优轮廓是否可以被该离散方法的可行域中某个曲线所近似，如果可行域中任何一个曲线都不能很好的近似最优轮廓，那么这种方法就无法获得好的结果。本例子中的 20 个点的样条函数的可行域要远远大于任何一条简单函数代表的曲线。

直接搜索和遗传算法对当前这个问题无效，是因为它们没有很好地利用该问题的特点来做具有一定方向性的"搜索"。我们需要进一步考虑这个结构中的潜在条件。

考虑圆形轴套（内半径为 r_1，外半径为 r_2，材料杨氏模量为 E_1）与圆形轴（半径为 r_1+d，材料杨氏模量为 E_2）配合的情况，我们从经典弹性力学中可以获得在过盈配合中轴套内表面的最大主应力：

$$\sigma_\theta = \frac{r_2^2 + r_1^2}{r_2^2 - r_1^2} P_0$$

其中，

$$P_0 = \frac{d}{\frac{1}{E_2}\left[\frac{1+\mu}{Kr_1} + \frac{(1-\mu)r_1}{Kr_2^2}\right] + \frac{1}{E_1}[(1-\mu)r_1]}, K = \frac{1}{r_1^2 - r_2^2}$$

对不同的轴套厚度 t，我们可以计算出轴套内表面环向应力的数值，如图 21-12 所示：应力随着轴套厚度增大而减小。

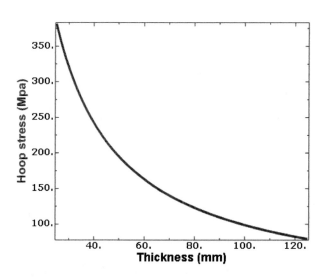

图21-12　轴套应力随轴套厚度的变化

借鉴从上面的圆形轴套得到的结论，我们认为对于椭圆型轴套，当增大轴套第 i 号位置处的厚度后，同样会减小轴套内表面 i 号位置处的应力，轴套其他位置的厚度对 i 号位置内表面应力数值影响较小。若整个系统的输入（轴套不同位置的厚度值）记作，

$$\vec{X} = (x_0 \quad x_1 \quad x_2 \quad ...)$$

而将系统的输出（轴套内轮廓不同位置的主应力值）记为，

$$\vec{Y} = (y_0 \quad y_1 \quad y_2 \quad \ldots)$$

整个系统可以记作，

$$y_i = y_i(\vec{X})$$

上面的分析给我们的信息就是，

$$\frac{\partial y_i}{\partial x_i} < 0，同时有，\left|\frac{\partial y_i}{\partial x_i}\right| >>> \left|\frac{\partial y_i}{\partial x_m}\right|, m \neq i$$

考虑到牛顿迭代法求解非线性方程的过程，我们利用泰勒展开公式将 y_i 在 x_1 处一次展开。考虑到第 i 处厚度 x_i 对该处应力 y_i 的贡献远大于其他位置，因此舍去其他微分量仅仅保留 x_i 分量的微分，

$$y_i = y_{1i} + (x_i - x_{1i})\frac{\partial y_i}{\partial x_i}$$

由上式我们可以构建出如下的迭代式，

$$x_{2i} = x_{1i} + (y_i - y_{1i})(\partial y_i / \partial x_i)^{-1} \Rightarrow$$

$$x_{2i} = x_{1i}\left[1 + C\left(\frac{y_{1i}}{y_{1r}} - 1\right)\right], C = -\frac{y_{1r}}{x_{1i}(\partial y_i / \partial x_i)}$$

其中，y_{1r} 为前次迭代的应力参考数值，x_{1i} 为前次迭代轴套 i 号位置处的截面厚度，x_{2r} 为当前迭代中轴套 i 号位置处的截面厚度。由前面的分析可以知道上式中的系数 C 为一正值。

上面的分析结果给出的是一个直观的迭代求解策略：若当前轴套某处应力值偏大，则使用应力相对差异值修正该处的厚度，进而该处应力减小，使得系统的应力分布情况向均匀分布方向发展。具体流程如图 21-13 所示。

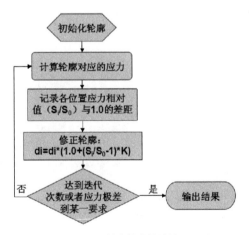

图 21-13　轴套优化算法流程

算法的实现如下：

case_21_4Shaft_Iteration.py

```
1    # -*- coding: mbcs -*-
2    import csv
……
# 源自 case_21_3.py 的计算模型应力的函数，返回轴套内对应位置表面最大主应力序列
```

```
 11  def performCAE(dSleeveList, NumS=20):
......
167      data = session.XYDataFromPath(name=dataName, path=pth, shape=UNDEFORMED,
168          includeIntersections= False, labelType=TRUE_DISTANCE)
169      Stress = zip(*data.data)[1]
170      Distance = zip(*data.data)[0]
171      output, Dist = [], []
172      for (i, item) in enumerate(Distance):# 去除同一个点两个应力值的情况
173          if item not in Dist:
174              Dist.append(item)
175              output.append(Stress[i])
176      return output
# 迭代优化函数
179  def iterateShape(init, NumSeg, upLimit=50, sigma=0.2):
180      shape0 = shapePre =init
181      result0 = resultPre = init
182      Sdata0 = SdataPre = 1000.0
183      upLimit = upLimit
184      NumS = NumSeg
185      sigma = sigma
186      outFile = csv.writer(file('out.csv', 'wb'))
187      i = 0
188
189      theta_base = [90.0*m/NumS for m in range(0, NumS+1)]
190      shape2Plot, result2Plot = [], []
191      while i<upLimit:# 设定迭代上限,避免不收敛情况出现
192          # execute a iteration
193          try:
194              refer = resultPre[0]
195              relatiValue = [item/refer-1.0 for item in resultPre]
             # 根据前一次计算结果修正轴套轮廓数据
196              shape0 = [shapePre[k]*(1.0+item*sigma) for (k, item) in \
197                  enumerate(relatiValue)]
198              result0 = performCAE(shape0, NumS)
199              Sdata0 = max(result0)-min(result0)
200              infor = 'Normal interation'
201              q = 1
202              while Sdata0>=SdataPre:# 若发现迭代后应力极差变大,sigma 值减半
203                  sigma = 0.5*sigma# 减小 sigma 值可以帮助系统平稳迭代
204                  infor = 'Cutback occurs: decrease sigma '
205                  refer = resultPre[0]
206                  relatiValue = [item/refer-1.0 for item in resultPre]
                 #update shape value according to previous stress result
208                  shape0 = [shapePre[k]*(1+item*sigma) for (k, item) \
209                      in enumerate(relatiValue)]
210                  result0 = performCAE(shape0, NumS)
211                  Sdata0 = max(result0)-min(result0)
212                  q+=1
213                  if q>3: break#3 次 sigma 减半发生则判定系统不收敛,退出当前迭代
214
215              shape2Plot.append(zip(theta_base, shape0))
```

```
216             result2Plot.append(zip(theta_base, result0))
217             # 写入日志信息
218             outStr0 = ['Iter'+str(i), infor, 'sigma=' + str(sigma)]
219             outStr1 = ['shapeValue=']
220             [outStr1.append(item) for item in shape0]
221             outStr2 = ['stressValue=']
222             [outStr2.append(item) for item in result0]
223             outStr2.append(Sdata0)
224             outFile.writerow(outStr0)
225             outFile.writerow(outStr1)
226             outFile.writerow(outStr2)
227             # 更新状态存储变量
228             shapePre = shape0
229             resultPre = result0
230             SdataPre = Sdata0
231             i+=1
232
233         except BaseException, e:
234             break
235             strE = ['Iter'+str(i), 'Failure caused by '+ str(e),\
236                 'Cutback occurs!']
237             outStr2 = ['stressValue=']
238             [outStr2.append(item) for item in result0]
239             outFile.writerow(strE)
240             outFile.writerow(outStr2)
241             sigma = 0.5*sigma
242             i+=1
243
244     return shape2Plot, result2Plot# 返回结果数据
245
246 if __name__ == '__main__':
......
# 数据处理与绘图
```

运行上面的代码, 程序将自动绘制整个迭代过程图。图 21-14 中上面一幅图展示的是整个迭代过程中轴套内表面最大主应力的变化过程, 最终经过 20 次迭代, 应力最大值与最小值的差距从起初的 41.7Mpa 减小到 1.5Mpa; 而图 21-14 中的下面一幅图展示的是对应的轴套各个截面厚度在迭代过程中的变化情况, 从最初的等截面厚度轴套变为厚度分布在 2.00mm ~ 2.25mm 之间变化的变截面轴套。

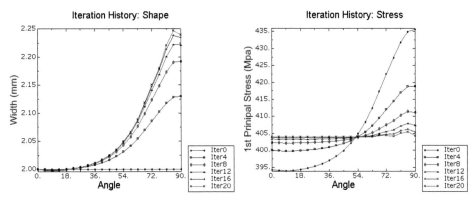

图21-14 算法迭代历程与结果

21.3 笔盖的插入力的确定

21.3.1 问题描述

这一节我们研究笔盖的设计问题。从力学角度看设计笔盖时需要考虑：笔盖易于和笔体配合，同时笔盖盖好后不会因意外因素脱落。因此笔盖的设计必须满足一定的插入力和拔出力要求。通常设计者会在笔盖和笔体之间设计一些相互配合的卡槽结构来提供所需的插拔力。

图 21-15 给出了一个简化的具有 8 个触点的镂空笔体和笔盖的装配模型。笔体和笔盖上设计的触点用来保证插拔力。当固定触点的切面形状和沿笔体轴向位置以后，触点数目和笔体材料厚度就成了决定插拔力的主要因素。下面我们通过参数化模型确定最优的笔盖设计方案。

为了提高效率，分析中仅仅截取部分模型用于插拔力计算。模型具体参数如下：
笔盖内径 12mm；
每个触点对应的角度值 20°；
笔盖凸楞的下檐距笔盖下边缘 3mm；
笔体凸接触点上缘距笔体上边缘 4mm；
笔体镂空段长度为 6mm；
笔体或者笔盖中凸楞（触点）的插入和拔出的配合面斜坡均为角度 15°；
凸楞（触点）的轴向长度 3mm；
笔盖和笔体中各截取 25mm 在分析中使用；
笔盖和笔体材料都选择杨氏模量为 2300Mpa 的塑料。

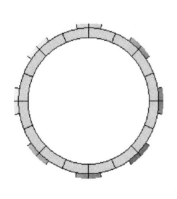

图21-15a 镂空笔体模型

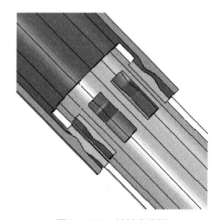

图21-15b 接触点截面

要求：
求出最优的参数配合（接触点数目和笔盖厚度）使得插拔力 F 满足，15N>F>10N。

21.3.2 参数化模型建模

根据模型周期对称的特点，我们建立如图 21-16 所示的简化模型进行分析。

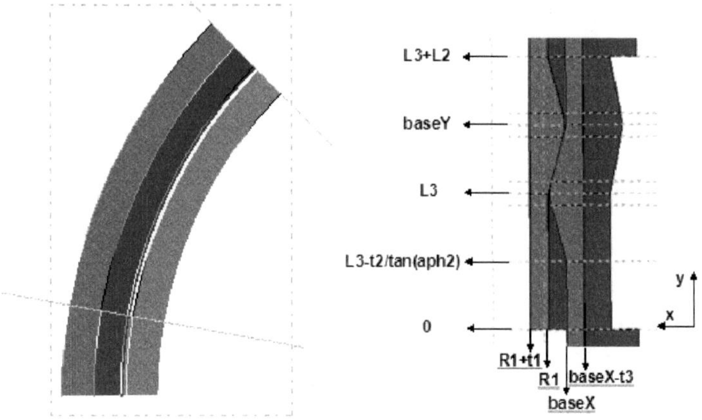

图21-16 根据周期性简化的计算模型

建模的两个关键点：需要事先计算好几何关键点的坐标（如图21-16右图所示）；使用旋转切割的方式生成笔体镂空特征。

case_21_5.py

```
1   # -*- coding: mbcs -*-
    #math库用于数据计算；自建的utility库中有根据半径筛选边的函数
2   from math import *
3   from abaqus import *
4   from abaqusConstants import *
5   from caeModules import *
6   from utility import getByRadius
7
8   Nbul = 4# 触点个数
9   t0 = 0.8# 笔盖和笔体厚度
10
11  Abula = 20# 单个触点对应的圆周角
12  L1 = 25.0# 分析中笔盖长度
13  L3 = 3.0# 笔盖入口到触点的距离
14  R1 = 6.0# 笔盖内半径
15  t1 = t0# 笔盖厚度
16
17  L4 = 25.0# 分析中使用的笔体长度
18  L5 = 4.0# 笔体上端到接触点的距离
19  t3 = t0# 笔体厚度
20  L6 = 6.0# 笔体上镂空的长度
21
22  L2 = 3.0# 触点区的长度
23  aph1 = 15.0# 插入坡度角度
24  aph2 = 15.0# 拔出坡度角度
……
    # ::建立镂空笔体的模型
55  s2 = md.ConstrainedSketch(name='pen', sheetSize=200.0)
56  g1 = s2.ConstructionLine(point1=(0.0, -100.0), point2=(0.0, 100.0))# 旋转轴
57  c1 = s2.FixedConstraint(entity=g1)
58  baseX, baseY = R1-t2, L2+L3-t2/tan(aph2)# 计算关键点坐标
59  g2 = s2.Line(point1=(baseX, baseY), point2=(R1, L3))
60  g3 = s2.Line(point1=(R1, L3), point2=(baseX, L3-t2/tan(aph2)))
……
```

```
# 在两条线之间添加倒角特征,注意其中 nearPoint 参数给出大概的倒角位置(当两条曲线有
# 多个交点或者可能形成多个倒角时,nearPoint 参数可以帮助确定倒角的位置)。
67  g9 = s2.FilletByRadius(radius=rdFt, curve1=g2, nearPoint1=(R1, L3),
68      curve2=g3, nearPoint2=(R1, L3))
69  pPen = md.Part(name='pen', dimensionality=THREE_D,
70      type=DEFORMABLE_BODY)
71  pPen.BaseSolidRevolve(sketch=s2, angle=360.0/Nbul/2.0,
72      flipRevolveDirection=OFF)
73  dat = pPen.datums
74  pd1 = pPen.DatumPointByCoordinate(coords=(20.0*cos(pi/Nbul),
75      0.0,20.0*sin(pi/Nbul)))
76  axis1 = pPen.DatumAxisByPrincipalAxis(principalAxis=YAXIS)
77  plane1 = pPen.DatumPlaneByLinePoint(line=dat[axis1.id],
78      point=dat[pd1.id])#定义旋转切割特征的草绘平面
79  tf = pPen.MakeSketchTransform(sketchPlane=dat[plane1.id],
80      sketchUpEdge=dat[axis1.id], sketchPlaneSide=SIDE2,
81      sketchOrientation=LEFT, origin=(0.0,baseY-L2/2.0,0.0))#定义草绘平面的空间位置
82  sCut = md.ConstrainedSketch(name='Scut',sheetSize=200, transform=tf)
......
87  pPen.CutRevolve(sketchPlane=dat[plane1.id], sketchPlaneSide=SIDE2,
88      sketchUpEdge=dat[axis1.id], sketchOrientation=LEFT, sketch=sCut,
89      angle=180.0/Nbul-Abula/2.0)#添加旋转切割特征,形成笔体上的镂空段
......
#::定义材料属性并赋值(代码省略),并定义组装体和载荷步
103 root = md.rootAssembly
104 root.DatumCsysByDefault(CARTESIAN)
105 instPen = root.Instance(name='Pen', part=pPen, dependent=ON)
106 instCov = root.Instance(name='Cover', part=pCover, dependent=ON)
107 md.StaticStep(name='Step', previous='Initial',
108     maxNumInc=1000, initialInc=0.1, maxInc=0.1)
# 为了可以看到,在笔体配合过程中的插入力,该载荷步设置 10 个输出点
109 md.fieldOutputRequests['F-Output-1'].setValues(numIntervals=10)
#定义接触对信息
111 fcs1 = instPen.faces
112 point1 = (0, baseY-L2/2.0+L6/2.0-1.0, 0)
113 point2 = (0, baseY-L2/2.0-L6/2.0+1.0, 0)
# 对于旋转生成的模型使用 getByBoundingCylinder 函数选取几何比较方便
114 sFaces1 = fcs1.getByBoundingCylinder(center1=point1, center2=point2,
115     radius=R1+2.0)
116 surf1 = root.Surface(side1Faces=sFaces1, name='Surf1')#side1Faces 参数表明该面法向向外
......
123 conProp = md.ContactProperty('IntProp-1')
124 conProp.TangentialBehavior(formulation=PENALTY, table=((0.1, ), ),
125     maximumElasticSlip=FRACTION, fraction=0.005)#摩擦系数为 0.1
126 md.SurfaceToSurfaceContactStd(name='Int-1', createStepName='Initial',
127     master=surf2, slave=surf1, sliding=FINITE,
128     interactionProperty='IntProp-1')
#::定义载荷和边界条件
130 Csys = root.DatumCsysByThreePoints(name='cDatum', coordSysType=CYLINDRICAL,
131     origin=(0.0, 0.0, 0.0), point1=(1.0, 0.0, 0.0), point2=(0.0, 0.0, 1.0))#定义圆柱坐标系
......
```

```
147 datum = root.datums[Csys.id]
148 xrp, zrp = (R1+t1/2.0)*cos(pi/Nbul/2.0), (R1+t1/2.0)*sin(pi/Nbul/2.0)
149 rp = root.ReferencePoint(point=(xrp, L1, zrp))#定义输出力的参考点
150 rps = root.referencePoints
151 RPSet = root.Set(referencePoints=(rps[rp.id],), name='RPSet')#RPSet 会在后处理中用到
152 md.Coupling(name='coupling', controlPoint=RPSet, surface=Fixs, u3=ON,
153         influenceRadius=WHOLE_SURFACE, couplingType=KINEMATIC,
154         localCsys=datum)#定义耦合，使得 RPSet 上可以输出插入力
155 md.DisplacementBC(name='sym-1', createStepName='Initial',
156         region=sym1, u2=SET, ur1=SET, ur3=SET, localCsys=datum)#定义对称边界 1
157 md.DisplacementBC(name='sym-2', createStepName='Initial',
158         region=sym2, u2=SET, ur1=SET, ur3=SET, localCsys=datum)#定义对称边界 2
159 md.DisplacementBC(name='Fix', createStepName='Initial',
160         region=RPSet, u3=SET, localCsys=datum)#固定 RPSet 端面
```

CAE 分析中网格的大小以及匹配情况对计算结果影响比较大，因此我们需要对模型进行适当的切分来保证网格质量：笔体和笔筒在厚度方向至少有 4 个网格，并且接触区域网格细化。具体切分和布种情况如图 21-17 所示，整个过程可以使用如下的代码实现。

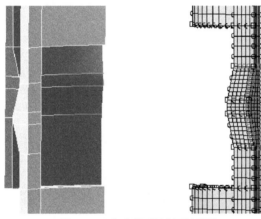

图21-17 切分模型控制网格质量

case_21_5.py

```
#：：切割模型控制网格生成过程
162 datPen = pPen.datums
163 planes = []
# 使用预先计算好的坐标数据生成辅助面
164 pd2 = pPen.DatumPointByCoordinate(coords=(20.0*cos(Abul/2.0),
165         0.0,20.0*sin(Abul/2.0)))
166 planes.append(pPen.DatumPlaneByLinePoint(line=datPen[axis1.id],
167         point=datPen[pd2.id]).id)
……
# 使用 utility 中的函数 getByRadius 可以帮助我们获得笔体中接触点上的倒角面的上下限的
# 坐标值：从位于 Z 平面上的倒角为 rdFt 的边的端点坐标给出
182 result = getByRadius(pPen, rdFt)
183 coorY, coorX= result['coordY'], result['coordX']#记录倒角平面上下端点的坐标值
184 coorde = result['Edge'][0].pointOn[0]#记录倒角特征弧线（Z平面内）上一点坐标
185 pd7 = pPen.DatumPointByCoordinate(coords=(0.0, coorY[0], 0.0))
186 pd8 = pPen.DatumPointByCoordinate(coords=(0.0, coorY[1], 0.0))
187 planes.append(pPen.DatumPlaneByPointNormal(point=datPen[pd7.id],
188         normal=datPen[axis1.id]).id)
```

```
189 planes.append(pPen.DatumPlaneByPointNormal(point=datPen[pd8.id],
190     normal=datPen[axis1.id]).id)
# 使用生成的辅助面切分笔体部件
191 for idi in planes:
192     datPen = pPen.datums
193     cls = pPen.cells
194     pPen.PartitionCellByDatumPlane(datumPlane=datPen[idi], cells=cls)
# : : 布种划分网格
196 egs1 = pPen.edges
197 x, y1, y2, y3, y4 = R1-t2-t3/2 ,baseY, coorY[1], coorY[0], baseY-L2
198 eg1 = egs1.findAt(((x,y1,0),),((x,y2,0),),((x,y3,0),),((x,y4,0),))
199 pPen.seedEdgeByNumber(edges=eg1, number=4, constraint=FIXED)
200 eg2 = egs1.findAt(((R1-t2-t3, coorde[1],0),), (coorde,))
201 pPen.seedEdgeByNumber(edges=eg2, number=4, constraint=FIXED)
202 x1, x2 = (coorX[0]+R1-t2)/2.0, (coorX[1]+R1-t2)/2.0
203 if coorY[0]<coorY[1]:# 判断找到的弧线的端点坐标的相对位置
204     y1, y2 = (coorY[0]+baseY-L2)/2.0, (coorY[1]+baseY)/2.0
205 else:
206     y1, y2 = (coorY[0]+baseY)/2.0, (coorY[1]+baseY-L2)/2.0
207 eg3 = egs1.findAt(((x1,y1,0),),((R1-t2-t3,y1,0),),)
208 eg4 = egs1.findAt(((x2,y2,0),),((R1-t2-t3,y2,0),),)
209 pPen.seedEdgeByNumber(edges=eg3, number=8, constraint=FIXED)
210 pPen.seedEdgeByNumber(edges=eg4, number=8, constraint=FIXED)
211 eg5 = egs1.findAt((((R1-t2)*cos(Abul/4.0),baseY,(R1-t2)*sin(Abul/4.0)),),)
212 pPen.seedEdgeByNumber(edges=eg5, number=5, constraint=FIXED)
213 pPen.seedPart(size=0.4, deviationFactor=0.1)
214 pPen.generateMesh()
……
264 md.DisplacementBC(name='Push', createStepName='Step',
265     region=Push, u3=-Lmv, localCsys=datum)# 使用位移控制笔体运动
……
```

上面的模型中网格控制的最终效果如图 21-18 中的左图所示。整个模型在两个简化面上使用柱坐标系加载圆周对称边界条件；笔体下端施加强制位移载荷；笔盖上端使用耦合参考点固定。笔盖上端面与参考点 RPSet 做运动耦合主要是为了方便后续提取插入力：输出参考点 RPSet 的反力值就可以得到插入力的大小（注意反力值的方向为 Y 负方向，因此值为负值）。

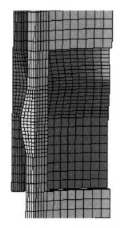 

图21-18　最终网格和边界载荷

模型计算完成后，输出参考点 RPSet 的反力的变化过程可得图 21-19。为了自动提取最大反力结果，我们需要编写后处理的脚本程序来提取最终的反力值大小。

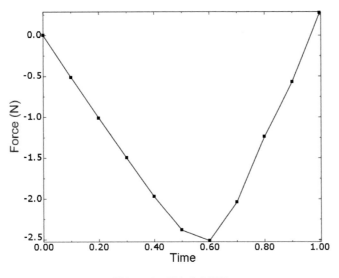

图21-19　反力变化历程

case_21_5.py

```
#：：提取反力结果
271 odb = session.openOdb(name=INPName+'.odb')
272 session.viewports['Viewport: 1'].setValues(displayedObject=odb)
273 xyList = xyPlot.xyDataListFromField(odb=odb, outputPosition=NODAL,
274     variable=(('RF', NODAL, ((COMPONENT, 'RF2'), )), ), 
275     nodeSets=('RPSET', ))
276 data = xyList[0].data
277 Result = abs(min(zip(*data)[1]))*Nbul
```

21.3.3　优化策略与结果

对该问题，我们可以使用一种比较直观的方法来求解：拟合。首先我们需要针对不同的参数配合计算其对应的插入力；然后对参数-结果数据进行拟合得到比较好的"响应函数"；进而通过求解响应函数的极值来确定系统的可能最优解；最后需要对结果进行验证。

我们先对均匀分布的参数组合进行分析得到对应的插入力的数值。这一步只需要将前面的建模分析的脚本包装为函数，在主函数中循环调用该函数即可。如下的代码运行后会将均匀分布的 9 个参数模型的计算结果数据存入压缩文件 data.pkl 中。

case_21_6.py

```
1   # -*- coding: mbcs -*-
2   import pickle
……
25  def getForce(numbers, thickness, RName = ''):#CAE 建模计算求解函数
……
302     return Result*Nbul
#计算9组参数组合的结果，并记录入结果文件 data.pkl 中
304 if __name__=='__main__':
```

```
305        numLimit, thkLimit, nDiv = 12, 1.2, 3
306        numbers, thickes, results = [], [], []
307        for i in range(1,nDiv+1):
308            for j in range(1,nDiv+1):
309                numi = numLimit*i/nDiv
310                thki = thkLimit*j/nDiv
311                numbers.append(numi)
312                thickes.append(thki)
313                results.append(getForce(numi, thki, str(i)+str(j)))
314
315        output = open('data.pkl', 'wb')
316        pickle.dump(numbers, output)
317        pickle.dump(thickes, output)
318        pickle.dump(results, output)
319        output.close()
```

触点个数对插入力的影响近似为线型关系，而笔体的刚度和壁厚之间存在三次方关系，再考虑到两个输入量之间的相互作用，我们选择如下的响应函数形式对计算数据进行拟合：

$$z = a_0 xy + a_1 x + b_3 y^3$$

我们使用 Scipy 中提供的 curve_fit 来进行多项式拟合（代码参见 case_21_7.py）。最终的拟合结果如图 21-20 所示。所有数据点处拟合函数的残差平方的均值为 1.86。具体拟合函数结果为：

$$z = 4.49xy - 1.08x + 3.35y^3$$

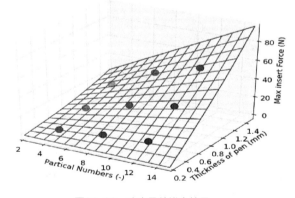

图21-20　响应函数拟合结果

case_21_7.py

```
1   # -*- coding:utf-8 -*-
2   import pickle
3   import numpy as np
4   from scipy import optimize as syop
5
6   def f4fit(v, *args):  # 目标响应函数
7       x, y = v
8       ab0, a1, b3 = args
9       return ab0*x*y + a1*x + b3*y**3
# 从文件 data.pkl 中载入数据
11  output = open('data.pkl', 'rb')
```

```
12    x = pickle.load(output)
13    y = pickle.load(output)
14    z = pickle.load(output)
15    output.close()
16    x = np.array(x)
17    y = np.array(y)
18    z = np.array(z)
19    v = np.array([x,y])
20    guess = [1.0, 1.0, 1.0]
21    params, params_cov = syop.curve_fit(f4fit,v,z,guess)
22    resd = [z[i] - f4fit([x[i],y[i]], *params) for i in range(len(x))]#计算残差值
......
27    #利用拟合函数构造数据点
28    x1 = np.linspace(2, 15, 15)
29    y1 = np.linspace(0.2, 1.5, 15)
30    x1 , y1 = np.meshgrid(x1,y1)
31    v1 = np.vstack([x1.flatten(),y1.flatten()])
32    zfit = f4fit(v1, *params)
33    zfit = zfit.reshape((15,15))
34    #同时显示数据点和拟合函数
35    import matplotlib.pyplot as plt
36    from mpl_toolkits.mplot3d import Axes3D
37    fig = plt.figure()
38    ax = fig.add_subplot(111,projection='3d')
39    ax.scatter(x, y, z, s=90, marker='o')
40    wf = ax.plot_wireframe(x1,y1,zfit, rstride=1, cstride=1)
41    ax.set_xlabel('Partical Numbers (-)')
42    ax.set_ylabel('Thickness of pen (mm)')
43    ax.set_zlabel('Max insert Force (N)')
44    plt.show()
```

若笔体壁厚为0.8mm，利用获得的响应函数我们可以快速估算出两个可行解，（4,0.8）和（5,0.8）。最后我们使用脚本 case_21_5.py 对这两组结果进行检验。响应函数预测的参数组合（4,0.8）和（5,0.8）对应的插入力分别为11.76N和14.28N，而实际建模分析结果为10.06N和13.78N。至此我们完成了利用响应函数寻找满足特定要求的设计任务。

◆ Tips：

使用上述方式建立响应函数的方式对参变量较少的情况（两个或者3个）比较合适，当参变量较多系统比较复杂的时候很难找到某一个多项式可以很好地拟合所给的数据。这个时候插值方法就成了比较好的方法，比如基于径向基函数（Radial Basis Function，简称RBF）的插值算法或者更复杂的高斯回归算法（Kriging方法）。

Scipy库中提供了RBF插值函数，比如对上面例子中的数据，我们可以利用如下的语句建立RBF相应函数。

```
RBFFit = syip.Rbf(x,y,z,function='gaussian')
```

其中，x,y,z为数据，而 function 参数代表传入的基函数形式。运行附件中的脚本 case_21_8.py 就可以得到如图21-21所示的响应函数。

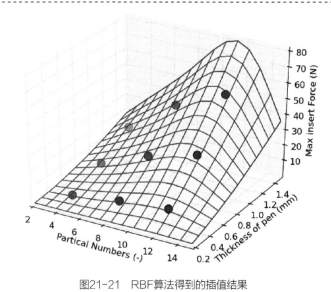

图21-21　RBF算法得到的插值结果

22 章 分析之间的数据传递

Abaqus 中结构分析相关求解器有 Abaqus/Standard（隐式求解器）和 Abaqus/Explicit（显式求解器）。使用 Abaqus/Standard 求解器我们可以高效地分析结构静力问题，稳态传热传质问题以及部分准静态问题；而对于冲击爆炸等瞬态过程，大变形材料成型或者其他高度非线性问题 Abaqus/Explicit 是更好的选择。

现实中一个完整的分析流程中常常既包括稳态分析也包括瞬态分析。如图 22-1 所示的金属材料成型过程中：我们需要先使用 Abaqus/Explicit 完成部件成型分析（大变形），然后使用 Abaqus/Standard 进行回弹分析（节省分析时间）。这一流程需要将 Abaqus/Explicit 的分析结果传入到 Abaqus/Standard 中。

图22-1 成型回弹分析过程

除此之外，一些大变形分析过程常常由于网格的严重畸变导致分析不能顺利进行，适当利用 Abaqus 提供给我们的分析间传递数据的方法可以帮助我们实现类似网格重划的功能，使得分析能顺利完成。

22.1 数据传递方法之InitialState

这一节中我们使用的方法为初始状态场方法，其可以帮助我们把前面计算的材料状态按照网格传递到下一个分析中。由于材料状态的传递依赖网格信息，因此这一过程要求后一个分析不能修改要传递数据部件的网格。

22.1.1 数据传递前的准备

在 Abaqus/CAE 界面中运行附件中的脚本 case_22_1.py，可以得到如 22-2 左图所示的大摩擦系数状况下的单向压缩模型。为了使得数据可以在后续分析中使用，脚本中必须设定记录重启动数据。具体脚本如下所示：

```
myStep = myModel.StaticStep(name='Step-1', previous='Initial', nlgeom=ON,
    maxNumInc=1000, initialInc=0.1, minInc=1e-06, maxInc=0.4)
myStep.Restart(frequency=0, numberIntervals=10, overlay=OFF, timeMarks=ON)
```

其中，numberIntervals=10 表示该步等间距记录 10 个重启动数据；而 timeMarks=ON 表示在精确的时间点处记录重启动数据。对应的 CAE 操作为：Step 模块中菜单栏选择 Output->Restart Requests 调出重启动数据设置对话框。

将脚本 case_22_1.py 所建立的模型提交计算后，可以获得图 22-2 右图所示的应力云图。下一小节我们就以这个计算模型为例来说明多分析步间数据传递的基本步骤。

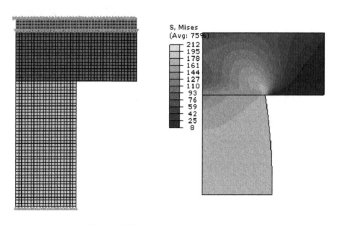

图22-2 单向压缩模型（左）和压缩后的结果（右）

22.1.2 Standard数据导入Explicit的步骤

通常的做法是先将现有的模型复制一份作为基础，通过适当修改来获得用于后道分析的模型。在运行完 case_22_1.py 后，在 CAE 命令行下键入如下脚本：

```
>>> from abaqusConstants import *
>>> copyMdb = mdb.Model(name='copyModel', objectToCopy=myModel)
>>> copyMdb.materials['Alu'].Density(table=((2.7e-09, ), ))
>>> copyMdb.materials['steel'].Density(table=((7.9e-09, ), ))
>>> copyMdb.ExplicitDynamicsStep(name='Step-1', previous='Initial',
...     maintainAttributes=True, timePeriod=0.0001)
>>> copyMdb.fieldOutputRequests['F-Output-1'].setValues(numIntervals=2)
```

其中修改材料是由于在前道的静态分析过程中没有定义材料的密度，而在后道的显式分析中密度是必须定义的；另外需要重新定义显式分析载荷步，以及对应的输出要求。

紧接着就是为后道分析模型导入前道计算的结果。

```
>>> instances = copyMdb.rootAssembly.instances.values()
>>> copyMdb.InitialState(fileName='Data4Transfer', endStep=1, endIncrement=20,
...     name='PreField', createStepName='Initial', instances=instances)
```

其中我们需要确保后道分析中部件实例名称与前道分析中部件实例名称相同；endStep 和 endIncrement 参数指定要导入的状态场的载荷步以及增量步数目，其默认值为最后一个载荷步的最后一个增量步；instances 参量指定要设定初始状态场的部件实例列表，我们可以根据需要为某一个或者全部部件导入前道分析的结果。完成上述设置后，我们就可以提交模型进行计算了，结果对比如下：

从图 22-3 可以看出，上述方法将 Abaqus/Standard 的计算结果（时间等于 1.0s）传递给 Abaqus/Explicit 模型作为初始状态（时间等于 0.0）。有一点需要指出，由于 Abaqus/Standard 和 Explicit 在算法上的不同，相同边界下两者的计算结果会有细微差别，两者之间进行数据传递时，程序会对当前的状态根据当前模型的设置进行一次应力平衡。即使在相同的边界条件下重新平衡后的应力结果也会与前道分析结果有细微差别。上述方法和脚本已经全部记录在 case_22_2.py 中，读者可以直接运行附件中的脚本语句。

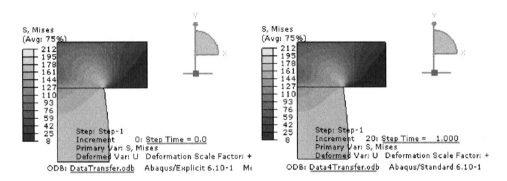

图22-3　导入后的应力效果

◆ Tips：

如果希望导入变形后的网格，使用 PartFromOdb 函数即可。

```
>>> from abaqusConstants import *
>>> odb = session.openOdb('Data4Transfer.odb')①
>>> p = mdb.models['Model-1'].PartFromOdb(name='part10', instance='SPECIMAN',
...      odb=odb, shape=DEFORMED, step=0, frame=10)
```

其中，name 参数指定新部件的名称；instance 参数指定要从原分析中导入的部件实例名称（注意大小写）；shape 参数可选择 DEFORMED 或者是 UNDEFORMED；step 参数指定导入的载荷步，0 表示第 1 步，N 表示第 N+1 步；frame 参数指定要导入的具体哪一帧数值，0 表示第 1 帧，N 表示第 N+1 帧。上面语句执行的效果如图 22-4 所示。进一步也可以使用本节讲到的方法为该孤立网格实体设置初始状态变量，直接用于后续分析。

图22-4　导入第0步第10帧的变形网格

22.1.3　数据导入实例：冲压成型分析

问题描述

这一节给出的是本章开始提到的金属板材成型分析的具体实例。模具布局如图 22-5 所示，板材厚度为 1.0mm，弹性模量为 70GPa，屈服点为 300MPa。

---

① 请确保该 odb 文件 'Data4Transfer.odb' 在当前工作目录下

具体结构参数数据如下：

Gap = 6mm；

Dp = 48mm；

Dd = 50mm；

W = 50mm；

Rd = 5.0mm；

Rp = 5.0mm。

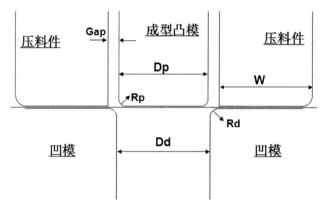

图22-5　板材成型示意图

参数模型建立

我们先使用 Abaqus/Standard 进行预分析，完成压边力的加载过程；然后再将材料状态结果传入 Abaqus/Explicit 进行冲压变形分析；最后我们需要将拉伸变形后的材料状态传入 Abaqus/Standard 进行回弹分析。

分析模型中板材材料模型选择理想的弹塑性模型，弹性模量为 70GPa，屈服点 300MPa。模具使用解析刚体表示，板材选择使用壳单元 S4R 来模拟。在冲压过程中使用一定的压边力保证压边件与板材之间的接触，在模拟的过程中给压边件赋加与板材料重量相匹配的质量，防止出现接触对质量差别过大，影响分析的进行。

利用 .rpy 文件记录的操作日志我们可以修改得到 case_22_3.py 所示的脚本程序。

case_22_3.py

```
1   # -*- coding: mbcs -*-
    # 定义输入数据变量
    ......
    #------------------------ 定义第1步分析：压边（Abaqus/Standard）------------------------
27  Mdb()
28  staModel = mdb.Model(name='Step1_Static')
29  # 定义生料模型
30  s = staModel.ConstrainedSketch(name='blank', sheetSize=200.0)
31  s.setPrimaryObject(option=STANDALONE)
32  s.rectangle(point1=(0.0, 0.0), point2=(length/2.0, width))
33  p = staModel.Part(name='blank', dimensionality=THREE_D,
34      type=DEFORMABLE_BODY)
35  p.BaseShell(sketch=s)
36  s.unsetPrimaryObject()
37  # 定义冲头模型
38  s = staModel.ConstrainedSketch(name='holder', sheetSize=200.0)
```

```python
39  s.setPrimaryObject(option=STANDALONE)
40  tempW = Dpunch/2.0+GapHP
41  g1 = s.Line(point1=(tempW, Hpunch), point2=(tempW, 0.0))
42  g2 = s.Line(point1=(tempW, 0.0), point2=(tempW+Wholder, 0.0))
43  g3 = s.Line(point1=(tempW+Wholder, 0.0), point2=(tempW+Wholder, Hpunch))
44  s.FilletByRadius(radius=Rholder, curve1=g2, nearPoint1=(tempW+Wholder,
45      0.0), curve2=g3, nearPoint2=(tempW+Wholder, 0.0))
46  p = staModel.Part(name='holder', dimensionality=THREE_D,
47      type=ANALYTIC_RIGID_SURFACE)
48  p.AnalyticRigidSurfExtrude(sketch=s, depth=Dshow)
49  s.unsetPrimaryObject()
......
85  # 装配部件
86  a = staModel.rootAssembly
87  a.DatumCsysByDefault(CARTESIAN)
88  inst1 = a.Instance(name='blank', part=staModel.parts['blank'],
89      dependent=ON)
......
# 移动部件位置，使得板料初始位置与冲头接触。装配时需注意考虑板材厚度。
96  inst1.rotateAboutAxis(axisPoint=(0.0, 0.0, 0.0), axisDirection=(
97      10.0, 0.0, 0.0), angle=90.0)
98  inst1.translate(vector=(0.0, -thick/2.0, 0.0))
# 定义用于控制各模具的自由度的参考点以及对应集合
99  rp1 = a.ReferencePoint(point=(0.0, Hpunch/2.0, 0.0))#punch
......
104 rpPunch = a.Set(name='rpPunch', referencePoints=(rps[rp1.id],))
......
107 es = inst1.edges
108 e = es.findAt(((0.0, -thick/2.0, width/2.0),),)
109 symmSet = a.Set(name='SymmX', edges=e)# 对称模型的对称边界集合
# 定义接触表面集合，参数 side2Faces/side1Faces 代表不同的法相的面
......
113 surBlankUp = a.Surface(side2Faces=inst1.faces, name='SurfBlankUp')
114 surBlankDown = a.Surface(side1Faces=inst1.faces, name='SurfBlankDown')
# 定义载荷步并且设定记录重启动数据
116 step1 = staModel.StaticStep(name='Step-1', previous='Initial', nlgeom=ON)
117 step1.Restart(frequency=0, numberIntervals=4, overlay=ON, timeMarks=ON)
118 staModel.fieldOutputRequests['F-Output-1'].setValues( numIntervals=4)
# 定义接触，刚体约束以及配重
120 staModel.ContactProperty('IntProp-1').TangentialBehavior(
121     formulation=PENALTY, table=((friCoef, ), ), fraction=0.005)
122 staModel.SurfaceToSurfaceContactStd(name='Int-1', createStepName='Step-1',
123     master=surPunch, slave=surBlankUp, sliding=FINITE, thickness=ON,
124     interactionProperty='IntProp-1')
......
131 staModel.RigidBody(name='Const-1', refPointRegion=rpPunch,
132     surfaceRegion=surPunch)
......
137 staModel.rootAssembly.engineeringFeatures.PointMassInertia(
138     name='Inertia-1', region=rpHolder, mass=mass, alpha=0.0,
139     composite=0.0)
```

```
......
163 job.waitForCompletion()
# 后续分析要用到前步分析结果，因此脚本需要等待前步分析结束

#------------------------ 定义第 2 步分析：变形（Abaqus/Explicit）------------------------
165 punchTime = depth/velocity
166 expModel = mdb.Model(name='Step2_Explicit', objectToCopy=staModel)# 复制模型
167 expModel.ExplicitDynamicsStep(name='Step-1', previous='Initial',
168     maintainAttributes=True, timePeriod=punchTime)# 替换载荷步为显式分析步
# 定义初始变量场载荷，从第 1 步分析中获得材料状态
170 instances = (expModel.rootAssembly.instances['blank'],)
171 expModel.InitialState(fileName='Step1_Static', name='PreField',
172     createStepName='Initial', instances=instances)
# 定义冲头移动速度以及幅值曲线（平滑幅值曲线）
173 expModel.VelocityBC(name='BC-3', createStepName='Initial', region=rpPunch,
174     v1=0.0, v2=0.0, v3=0.0, vr1=0.0, vr2=0.0, vr3=0.0)
175 expModel.SmoothStepAmplitude(name='Amp', timeSpan=STEP,
176     data=((0.0, 0.0), (punchTime/2.0, 1.0), (punchTime, 0.0)))
177 expModel.boundaryConditions['BC-3'].setValuesInStep(
178     stepName='Step-1', v2=-velocity, amplitude='Amp')
179 job = mdb.Job(name='Step2_Explicit', model='Step2_Explicit', type=ANALYSIS,
180     parallelizationMethodExplicit=DOMAIN, numDomains=1 , numCpus=1,
181     multiprocessingMode=DEFAULT)
182 job.submit(consistencyChecking=OFF)
183 job.waitForCompletion()# 等待变形分析结束

#------------------------ 定义第 3 步分析：回弹（Abaqus/Standard）------------------------
185 endModel = mdb.Model(name='Step3_Static', objectToCopy=expModel)# 复制模型
# 替换载荷步为隐式分析步
186 endModel.StaticStep(name='Step-1', previous='Initial', nlgeom=ON)
187 endModel.fieldOutputRequests['F-Output-1'].setValues(numIntervals=8)
# 定义初始变量场载荷，从第 2 步的变形分析中获得材料最后状态
188 instances = (endModel.rootAssembly.instances['blank'],)
189 endModel.predefinedFields['PreField'].setValues(
190     updateReferenceConfiguration=ON, fileName='Step2_Explicit')
# 回弹分析中需将模具部件删除，或者将其固定并抑制接触对作用，这里选择后者
191 for item in endModel.interactions.values():
192     item.suppress()
193 endModel.EncastreBC(name='BC-1', createStepName='Initial', region=symmSet)
194 endModel.EncastreBC(name='BC-2', createStepName='Initial', region=rpDie)
195 endModel.EncastreBC(name='BC-3', createStepName='Initial', region=rpPunch)
196 endModel.EncastreBC(name='BC-4', createStepName='Initial', region=rpHolder)
# 定义分析步并提交计算
197 job = mdb.Job(name='Step3_Static', model='Step3_Static', type=ANALYSIS,
198     multiprocessingMode=DEFAULT, numCpus=1, numDomains=1)
199 job.submit(consistencyChecking=OFF)
200 job.waitForCompletion()
```

上面的脚本文件运行完成后我们可以得到 3 个 ODB 文件，分别对应 3 个分析过程。图 22-6 给出了 3 个过程最终的结果：左图是压边件（未显示）压下后的应力分布；中间给出的是冲压过程的板材的应力分布；右边一图是撤除模具后板材回弹后的结果。从结果可以看出冲压完成后成型件会有一定的回弹量，这

个回弹量会影响成型件的成型质量。在成型件上取两点（如图22-6右图所示），从这两点所决定的直线与y轴的夹角就是对应的回弹角度值。

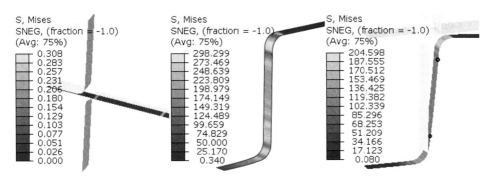

图22-6　板材成型分析结果

根据划分的网格和回弹后的结果，下面取节点667和730来计算回弹角度值。我们需要知道上述节点变形后的坐标值，这个信息可以从节点的初始坐标和变形量间接获得。具体的Python脚本如下：

```
# 处理结果计算回弹角度数值
202 from odbAccess import *
203 NodeInfor = ('BLANK', (667,730))
204 o = openOdb(path='Step3_Static.odb', readOnly=False)# 利用回弹计算的ODB
205 a = o.rootAssembly
206 i = 0
207 setName = 'NSet'+str(i)
208 while a.nodeSets.has_key(setName):
209     i = i + 1
210     setName = 'NSet'+str(i)
211 NSet = a.NodeSetFromNodeLabels(name=setName,nodeLabels=(NodeInfor,))
# 上面206～211行代码，将节点667和730定义在一个集合中；While语句用于处理所给的
# 集合名称已经被占用的情况。
212 frame = o.steps['Step-1'].frames[-1]
213 fop = frame.fieldOutputs['U']
214 fopFromSet = fop.getSubset(region=NSet).values# 获得两个节点的变形结果数据对象
215 Def = []
216 for n in range(len(NSet.nodes[0])):
217     PreCoord = NSet.nodes[0][n].coordinates# 记录节点的初始坐标
218     dispU = fopFromSet[n].data# 记录节点的变形量
219     Def.append(dispU + PreCoord)# 计算变形后的节点坐标
220 o.close()
221 kValue = abs((Def[1][0]-Def[0][0])/(Def[1][1]-Def[0][1]))
222 AValue = atan(kValue)/pi*180.0# 计算两点所定直线与y轴的夹角
```

上面的后处理程序计算出当前工况下板料回弹角度为5.27°。

结果分析

上面建立的脚本（case_22_3.py）可以用来研究不同的输入参数对于成型件回弹量的影响。下面我们选择两个参数（生料屈服点和冲压模圆角）来举例说明。

本书附件中脚本case_22_4_CompareYP.py给出屈服点在50.0Mpa到500.0MPa之间选择时，回弹角度的变化情况。具体结果如图22-7所示：当材料的屈服点小于150.0MPa时，成型件几乎不发生回弹；之后随着屈服点提高，回弹量逐步增大。

图 22-8 是本书附件中脚本 case_22_4_CompareRp.py 的计算结果：可以看出冲压模圆角大小对回弹量的影响。

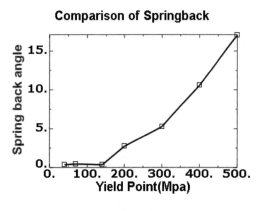
图22-7　板材屈服点对回弹量的影响

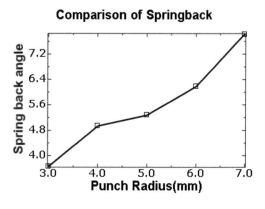
图22-8　冲压模圆角大小对回弹量的影响

22.2　数据传递方法之Map solution

初始状态场法要求前后分析中部件的网格必须相同，而有时候我们需要在网格不完全相同的实体之间映射材料状态，比如网格变形扭曲以至于分析不能继续进行的情况。Abaqus 提供的解决方法是关键字 *Map solution。该关键字的作用是依据空间位置将上一次分析的结果映射到当前模型对应位置的材料上。

22.2.1　Map solution使用格式

关键字 Map solution 并不支持在 Abaqus/CAE 中设置，只能通过编辑对应的 INP 文件来使用。下面是 Abaqus 帮助文档中给出的具体使用格式。

```
*HEADING
*NODE
** 定义变形后部件网格重划后的节点信息
*ELEMENT
** 定义变形后部件网格重划后的单元信息
……
*MAP SOLUTION, STEP=step, INC=inc
** 移动原部件使得其空间位置与新网格空间位置重合
*STEP
*STATIC (or *COUPLED TEMPERATURE-DISPLACEMENT or *GEOSTATIC or *SOILS or *VISCO)
……
*END STEP
```

下面借助帮助文档中的例子来说明 Map solution 关键字使用的具体步骤，Abaqus Example Problems Guide >> 1.3 Forming analyses >> 1.3.1 Upsetting of a cylindrical billet: quasi-static analysis with mesh-to-mesh solution mapping (Abaqus/Standard) and adaptive meshing (Abaqus/Explicit)。在开始之前，请从帮助文档中下载文件，billet_case1_std_coarse、billet_coarse_nodes、billet_coarse_elem、billet_case1_std_coarse_rez、billet_ coarse_nodes_rez，billet_coarse_elem_rez 以及 billet_rezone.py。

针对某一特定分析首先需要建立分析模型，完成初步计算，确定需要引入后续分析的载荷点。billet_case1_std_coarse.inp 完成的就是这一工作。在命令行下提交该文件，我们可以得到大摩擦系数情况下单项压缩的初步模拟结果，如图 22-9 所示。左图是载荷完全加载后的结果，部分网格严重扭曲，分析结果可靠度严重下降。为了得到更为可信的分析结果，选取加载 73% 位移载荷时的变形结果（图 22-9 右图）作为分析重启动点，重划网格并用 Map solution 来映射结果。

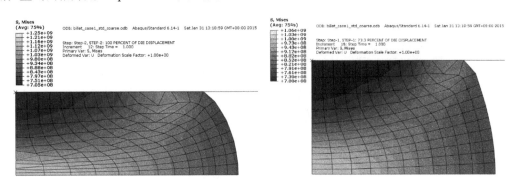

图22-9 单轴压缩变形结果

重划网格前，我们需要得到变形后的几何，Abaqus 提供的函数可以帮助用户解决 2D 网格到几何实体的问题，billet_rezone.py 文件给出了具体的脚本：

billet_rezone.py

```
1   """
2   Reads the output database file and imports the deformed shape of
3   the billet at the end of step 1 as an orphan mesh part.  The
4   orphan mesh part is then used to create a 2D solid part which
5   can be meshed by the user.
6   """
7   from abaqus import *
8   from abaqusConstants import *
9   import part
10
11  # NOTE:  USER MUST DEFINE THESE VARIABLES.
12  odbName = 'billet_case1_std_coarse.odb'    # Name of output database file.
13  modelName = 'Model-1'         # Model name.
14  orphanInstance = 'BILLET-1'   # Deformed instance name.
15  deformedShape = DEFORMED      # Shape.
16  angle = 15.0                  # Feature angle.
17  importStep = 0                # Step number.
18
19  # Import orphan mesh part.
20  orphanBillet = mdb.models['Model-1'].PartFromOdb(fileName=odbName,
21                                              name='orphanBillet',
22                                              instance=orphanInstance,
23                                              shape=deformedShape,
24                                              step=importStep)
25
26  # Extract 2D profile and create a solid part.
27  newBillet = mdb.models['Model-1'].Part2DGeomFrom2DMesh(name='newBillet',
28                                              part=orphanBillet,
```

```
29                                                    featureAngle=angle)
30
31 print 'Deformed billet is now ready for rezoning.'
```

使用的时候需要根据自己的情况修改对应参数，odbName, modelName 等。将该文件放在 Abaqus 的当前工作目录下，使用 File->Run Script 运行即可完成从图 22-10 左图所示的网格部件到右图所示的几何部件的转化。在新几何部件上可以划分新网格，进一步设置边界条件并加载余下的载荷，输出新的 INP 文件，billet_case1_std_coarse_rez.inp。

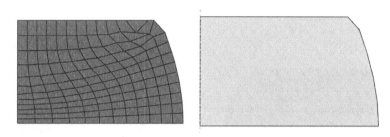

图22-10 从变形的网格中提取几何

为了导入前面分析的结果，我们需要为上面输出 INP 文件添加 Map solution 关键字，具体格式如图 22-11 所示。

```
111 ** Interaction: RIGID to ASURF
112 *Contact Pair, interaction=ROUGH
113 ASURF, RIGID-1.RIGID
114 *MAP SOLUTION, STEP=1
115 **
116 ** STEP: STEP-1
117 **
118 *Step, nlgeom, inc=200
119 STEP-1: REZONED MESH MOVE TO 100 PERCENT DIE DISPLACEMENT
```

图22-11 添加Map solution关键字后的INP文件

新 INP 文件运行的时候必须指定原分析文件，可以使用命令提交该任务。

```
abaqus job=billet_case1_std_coarse oldjob=billet_case1_std_coarse_rez cpus=2 int
```

图 22-12 给出了计算的结果，左图为映射以及应力平衡后的应力分布，右图为使用新网格分析完成的网格变形及应力结果。

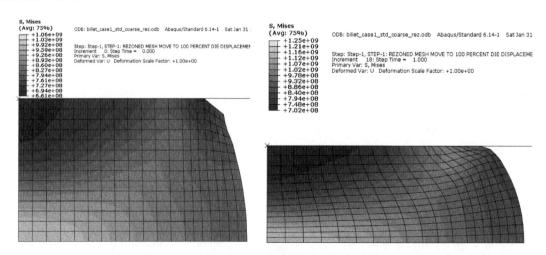

图22-12 使用Map solution后新网格的分析结果Time=0（左）Time=1（右）

22.2.2 数据映射实例：拉拔成型

问题描述

钢丝从粗到细需要经过多次拉拔来实现，其流程如图22-13所示，某些情况下还需要加入热处理工艺。这一节我们将模拟多道次冷拉工艺下，钢丝从ø1.0mm ~ ø0.45mm的变形过程。

拉拔模是钢丝拉拔过程的重要工艺部件，其设计参数直接决定拉拔工艺的效率和成品钢丝的质量。图22-13给出了拉拔模模芯的具体结构。入模角为 α，入口直径为 D_1；保持区长度为 L，直径为 D_0；出模角为 β，出口直径为 D_2。钢丝塑性变形主要发生在入模区域，入模角 α，保持区直径 D_0 以及变形前钢丝直径 D 是影响钢丝应力分布的3个主要参数。变形前钢丝截面积与变形后截面积的比值称为该道次拉拔的压缩比 γ。当设计压缩比过大时，拉拔需要的拉拔力急剧增大，容易发生拉断的情况；但若压缩比过小，钢丝变形小，生产效率低。另外，由于成品是经过一系列的拉拔模链变形而成，不同的模链组合（D，α，D_0）会对最终产品性能和生产工艺产生巨大影响。表22-1给出了本例需要分析的模链参数数据。

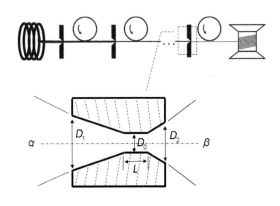

图22-13 钢丝拉拔模示图

表22-1 待分析模链参数

道次	入丝直径	出丝直径	入模角	理论平均塑性应变	半成品屈服点
1	1.00	0.91	9.0	0.19	1359
2	0.91	0.83	9.0	0.38	1414
3	0.83	0.76	9.0	0.55	1473
4	0.76	0.69	9.0	0.74	1538
5	0.69	0.64	9.0	0.91	1607
6	0.64	0.58	9.0	1.09	1677
7	0.58	0.53	9.0	1.26	1755
8	0.53	0.49	9.0	1.42	1834
9	0.49	0.45	9.0	1.60	1918

分析流程定制

在分析之前我们需要确定要使用的材料模型。钢丝通过模具挤压变形的过程是高应变率的大变形分析，由于材料的动态特性难以获得，后续简化为弹塑性模型。材料模量使用200.0GPa，塑性段数据由不同压缩率下钢丝的屈服极限转化而来，如表22-1所示。表中的理论平均塑性应变来自如下公式：

$$\varepsilon_{pl} = \ln(L_2/L_1) = 2.0\ln(R_1/R_2)$$

其中，L_1 和 L_2 分别表示拉伸前后钢丝长度；而 R_1 和 R_2 分别表示拉伸前后钢丝半径。简化起见，最终用于分析的材料模型如图 22-14 中实线所示，图中圆点标出了原始的等效塑性数据。

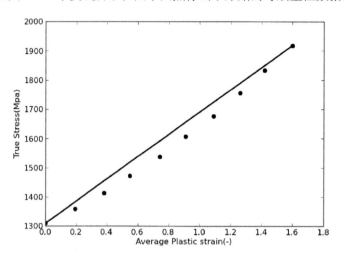

图22-14　钢丝等效塑性曲线

不考虑惯性效果和应变速率对材料性能的影响，下面采用 Abaqus/Standard 模拟每一个拉拔过程：根据上一道次的拉拔分析结果形成下一道次模型，并使用 Map solution 将材料状态映射到后续分析中。通过简单的 CAE 操作可以形成 rpy 文件，以此为基础可以得到如下的程序段。由于需要从 Excel 文件中读取模链数据，因此计算前必须先将 xlrd 模块安装到 Abaqus 目录中，具体请参考第 10 章的方法[①]。

case_22_5.py

```
1   # -*- coding: mbcs -*-
2   import os, sys, os.path, pickle
3   import xlrd
……
10  sourceFile = 'model.xls'# 读取该文件中的模链参数数据
11  PKLResult = 'result.pkl'# 分析结果写入该文件
12  Num = 9# 定义模链道次数目
13  cur_path = os.path.abspath('.')
14  para_path = os.path.join(cur_path, sourceFile)
15  datas = xlrd.open_workbook(para_path)# 打开 Excel 文件
16  sh = datas.sheet_by_name('ProcessParameters')# 获取对应表单
17  Di_s = []
18  Do_s = []
19  Rd_s = []
20  for i in range(1,Num+1):
21      Di_s.append(sh.cell_value(i, 1))# 记录入丝直径
22      Do_s.append(sh.cell_value(i, 2))# 记录出丝直径
23      Rd_s.append(sh.cell_value(i, 3)/180.0*pi)# 记录模角数据
24
25  Mdb()
26  Ratio = 4.0 # 要分析钢丝长度与直径的比值
……
37  record = open(PKLResult,'wb')
38  for i in range(Num):
```

[①] 推荐直接将 Python27 安装目录 \Lib\site-packages 中 xlrd 相关文件夹复制到 Abaqus 安装目录 \6.14-1\tools\SMApy\Python2.7\Lib\site-packages

```
39      modelName = 'wireDrawing'+str(i+1)
40      Di = Di_init
41      Do = Do_s[i]
42      Rd = Rd_s[i]
43      press = 50.0# 简化的恒定后拉力,使用 pressure 加载(Mpa)
44      DieDraw = mdb.Model(name=modelName)
45      # 定义钢丝轴对称模型
......
53      sWire.Line(point1=(0.0, 0.0), point2=(Di/2.0, 0.0))
54      pWire = DieDraw.Part(name='wire', dimensionality=AXISYMMETRIC,
55              type=DEFORMABLE_BODY)
56      pWire.BaseShell(sketch=sWire)
57      sWire.unsetPrimaryObject()
58      # 定义拉丝模,类型采用解析刚体
......
65      sDie.Line(point1=(Di*Delta/2.0, posY1), point2=(Do/2.0, posY2))
66      sDie.Line(point1=(Do/2.0, posY2), point2=(Do/2.0, posY2-HoldL))
67      pDie = DieDraw.Part(name='die', dimensionality=AXISYMMETRIC,
68              type=ANALYTIC_RIGID_SURFACE)
69      pDie.AnalyticRigidSurf2DPlanar(sketch=sDie)
70      sDie.unsetPrimaryObject()
71      Disp = Di*Ratio*(Di/Do)**2 + HoldL + abs(posY2)
72      DispL.append(Disp - abs(posY2))
#Disp 为该道次模拟中钢丝全部拉出拉丝模所需要理论移动量
#Di*Ratio*(Di/Do)**2 为变形后钢丝长度, HoldL 为定径带长, posY2 为初始位置
# 记录 Disp - abs(posY2) 数值为 Map solution 准备参数
......
89      DieDraw.steps['drawing'].Restart(frequency=0, numberIntervals=1,
90              overlay=ON, timeMarks=OFF)
# 使用 Map solution 必须要记录重启动数据
91      # 定义集合,面,参考点
......
115     coup1 = DieDraw.Equation(name='Const-1', terms=((1.0, 'move', 2),
116             (-1.0, 'move_refP', 2)))# 节点自由度耦合用来加载位移边界
117     rigi1 = DieDraw.RigidBody(name='Const-3', refPointRegion=refDie,
118             surfaceRegion=conM)# 定义刚性面及其参考点
119     # 划分网格
120     sWire = pWire.edges
121     edge1 = sWire.findAt(((Di/2.0, Di*Ratio/2.0, 0.0),),)
122     edge2 = sWire.findAt(((Di/4.0, 0.0, 0.0),),)
123     pWire.setMeshControls(regions=pWire.faces, elemShape=QUAD,
124             technique=STRUCTURED)# 结构化四边形网格
125     DivL, DivH = 120, 12# 确定种子数目方便后续查找节点,计算回弹量
126     pWire.seedEdgeByNumber(edges=edge1, number=DivL, constraint=FIXED)
127     pWire.seedEdgeByNumber(edges=edge2, number=DivH, constraint=FIXED)
128     elemType1 = mesh.ElemType(elemCode=CAX4R)# 一阶轴对称单元
......
136     BC2.setValuesInStep(stepName='drawing', u2=-1.0*Disp)# 位移载荷由 Disp 提供
......
143     if i==0:# 第 1 道次前钢丝处于均质无初始应力状态,不要提供重启动数据
144         myJob.submit()
```

```
145         myJob.waitForCompletion()
146         odb = session.openOdb(name = inpName+'.odb')
147         vp.setValues(displayedObject=odb)
148         label = int(DivL/2)*(DivH+1) # 钢丝中间位置的表面上一节点编号
149         inst = odb.rootAssembly.instances['WIRE']
150         node = inst.getNodeFromLabel(label=label) # 获得该节点对象
151         XX0 = node.coordinates[0] # 节点初始坐标
152         frame = odb.steps.values()[-1].frames[-1]
153         fopU = frame.fieldOutputs['U']
154         DispXX1 = fopU.getSubset(region=node).values[0].data[0] # 径向变形量
155         Di_init = (XX0 + DispXX1)*2.0 # 最终出模钢丝的直径
#Di_init 将作为下一道次入丝的直径
156         DoRL.append(Di_init) # 记录出丝直径
157         odbpath = os.getcwd()
158         oo = session.odbs[os.path.join(odbpath, inpName+'.odb')]
159         xyList = session.xyDataListFromField(odb=oo, outputPosition=NODAL,
160             variable=(('RF', NODAL, ((COMPONENT, 'RF2'), )), ),
161             nodeSets=('MOVE_REFP', ))[0]
```

稳定的钢丝拉拔过程的拉拔力接近恒值,在有限元计算过程中由于离散网格和接触状态不断改变,拉拔力呈现出"抖动"的情况。将上面脚本中 xyList 的数据做图可以得到类似图 22-15 所示的图形,其给出了某道次计算过程中反力(拉拔力)随着拉拔过程的变化历程:0.0 ~ 0.1s 之间钢丝刚刚进入变形区,拉拔力逐步增大;0.1 ~ 0.8s 稳定拉拔过程,拉拔力相对稳定;0.8 ~ 1.0s 钢丝末端逐渐离开变形区。

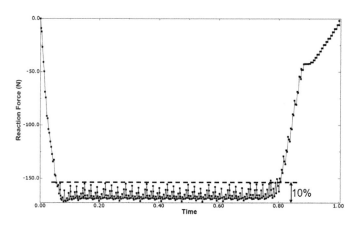

图22-15　拉拔力的变化历程

为了给出该工艺过程的拉拔力,我们需要对数据做一些处理。本例中采用如下算法:

从序列 xyList 中确定最大拉拔力 Fpeak;

从序列 xyList 中筛选与 Fpeak 相差 10% 之内的所有数据点;

对获得的新数据点求平均,该值就是我们所需要的拉拔力。

具体的程序实现如下:

```
162         DataF = zip(*xyList)[1] # 获取位移边界处拉拔力序列
163         PeakF = min(DataF) # 计算 Fpeak
164         forces = [item for item in DataF if abs((item/PeakF)-1.0)<0.1] # 获取稳定区数据
165         Force_init = abs(sum([forces])/len(forces)) # 计算平均拉拔力
166         ForceL.append(Force_init)
167         oldJob = inpName # 下一道次拉拔计算需要上一道次计算结果文件
```

```
168        Ymid = Di*Ratio/2.0
169        rads = Di/2.0
170        pth = session.Path(name='Pth'+str(i), type=RADIAL,
171            expression=((0, Ymid, 0), (0, Ymid, 1), (rads, Ymid, 0)),
172            circleDefinition=ORIGIN_AXIS, numSegments=20, radialAngle=0,
173            startRadius=0, endRadius=CIRCLE_RADIUS)# 定义 path
174        vp.odbDisplay.display.setValues(plotState=(CONTOURS_ON_DEF, ))
175        vp.odbDisplay.setPrimaryVariable(variableLabel='S',
176            outputPosition=INTEGRATION_POINT,
177            refinement=(COMPONENT, 'S22'), )
178        S22 = session.XYDataFromPath(name='Data'+str(i), path=pth,
179            includeIntersections=False, projectOntoMesh=False,
180            pathStyle=PATH_POINTS,shape=UNDEFORMED)# 提取轴向残余应力
181        S22Data = zip(*S22.data)[1]
182        S22L.append(S22Data)
183        odb.close()
```

利用第 8 章处理 Map Solution 的方法，在 CAE 生成的原始 INP 文件中插入对应的 Map solution 关键字获得新 INP 计算文件。在这之后使用如下命令提交计算：

```
Abaqus job=newINP oldjob=oldData int cpus=6
```

而下一步的模型建立需要上一道次计算结果数据，因此需要在脚本中实现命令行提交计算并等待求解完成。这一过程我们使用 Python 标准库提供的函数 output = os.popen(comd) 来实现，提交命令后会暂停脚本执行等待计算完成。

```
185        fold = open(inpName+'.inp','r')
186        newName = inpName + '_Mapped'
187        fnew = open(newName+'.inp','w')
188        sold=fold.readlines()
189        for s in sold:
190            fnew.write(s)
191            ss=s.split()
192            if len(ss)>=2:
193                if (ss[0]=='*End')&(ss[1]=='Assembly'):
194                    YY = DispL[-2]
195                    trans = '0.0,' + str(YY) + ',0.0' + '\n'
196                    fnew.write('*Map solution\n')
197                    fnew.write(trans)
198        fold.close()
199        fnew.close()
200        comd = 'abaqus job='+newName+' oldjob='+oldJob+' int cpus=6'
201        output = os.popen(comd)
202        print output.read()
203        odb = session.openOdb(name = newName+'.odb')
204        vp.setValues(displayedObject=odb)
205        label = int(DivL/2)*(DivH+1)
206        inst = odb.rootAssembly.instances['WIRE']
207        node = inst.getNodeFromLabel(label=label)
208        XX0 = node.coordinates[0]
209        frame = odb.steps.values()[-1].frames[-1]
210        fopU = frame.fieldOutputs['U']
211        DispXX1 = fopU.getSubset(region=node).values[0].data[0]
```

```
212         Di_init = (XX0 + DispXX1)*2.0
213         DoRL.append(Di_init)
214         odbpath = os.getcwd()
215         oo = session.odbs[os.path.join(odbpath, newName+'.odb')]
216         xyList = session.xyDataListFromField(odb=oo, outputPosition=NODAL,
217             variable=(('RF', NODAL, ((COMPONENT, 'RF2'), )), ),
……
```

通过数据处理可以得到 1~9 道次中拉拔力的变化情况。为了使得不同道次拉拔力具有可比性，使用该道次变形后钢丝的截面积来归一化处理拉拔力，结果如图 22-16。随着拉拔的进行，钢丝相对拉拔力也逐渐增大，这是材料加工硬化导致的。

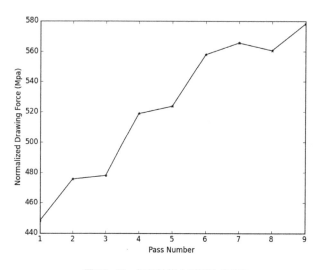

图22-16　钢丝拉拔力随道次的变化

由于复杂应力状态的存在，拉拔中钢丝不同部位的变形量不同，最终的钢丝都会有残余应力的存在。考虑轴向应力在钢丝截面上的分布，我们可以将不同道次的钢丝轴向残余应力绘制如图 22-17 所示。从图上可以看出钢丝冷拉加工后表面都为拉应力，而芯部为压应力，这是因为拉拔过程中表面塑性变形小于芯部塑性变形量，表层材料阻止内层材料的延伸。随着拉拔道次的增加，残余应力分布不均匀的情况加剧了。

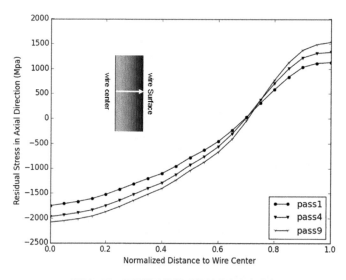

图22-17　不同道次拉拔后钢丝残余应力分布

工艺参数研究

利用上面的参数化模型，我们可以进一步研究不同的参数对生产过程的影响。简单起见，我们仅仅考虑模角对加工能耗（简化为拉拔力所做功）和成品特性（截面残余应力分布）的影响。

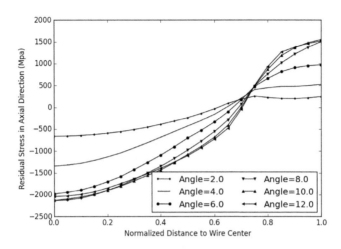

图22-18 不同模角对最终成品钢丝残余应力分布的影响

图 22-18 绘制不同模角对钢丝残余应力分布的影响。从图中可以清楚看出随着模角增大，成品钢丝残余应力增大。这与大模角时钢丝变形不均匀度增大的认识是一致的。

进一步，不均匀的残余应力会阻止钢丝的回弹，由于变形不均匀程度随着模角增大而增大，钢丝回弹量随着模角增大而减小，最终成品钢丝直径也随着模角增大而减小，如图 22-19 所示。

残余应力和钢丝最终直径可以直接提取，而加工能耗需要从拉拔力中间接推导。考虑初始单位长度的钢丝，在经过一道次拉拔后长度变为，

$$1.0 \times \left(\frac{D_i}{D_o}\right)^2$$

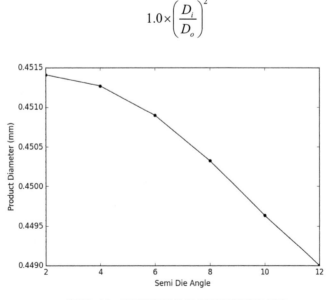

图22-19 不同模角对最终成品钢丝直径的影响

case_22_6.py

```
1    # -*- coding: mbcs -*-
......
10   def getDataFromExcel(sourceFile, Num):  # 读取模链数据的函数
```

```
......
25
26      def wireDrawing(Di_s,Do_s,Rd_s,fric = 0.05,Ratio = 4.0):# 计算模链的函数
......
40          unitL = 1.0# 单位长度
41          UnitEnergy = 0# 初始能耗
42          Num = len(Di_s)
43          leng = unitL# 初始道次单位长度的钢丝拉拔到当前道次的长度
44          for i in range(Num):
......
171                 Force_init = abs(sum(forces)/len(forces))
172                 ForceL.append(Force_init)
173                 leng = leng*(Di/Di_init)**2# 计算现实长度
174                 UnitEnergy = UnitEnergy + Force_init*leng# 累加当前道次功耗
......
238         return (Dwire, leng, UnitEnergy, S22Data)
239
240     if __name__=='__main__':
# 循环计算模角为 [2.0, 4.0, 6.0, 8.0, 10.0, 12.0] 的工艺结果
```

分析结果表明模角对拉拔过程的能耗影响很大（参看图 22-20）：随着模角增大单位钢丝加工能耗先降低再升高，当半模角为 8°时获得最小能耗。这种现象主要是两个因素共同作用的结果：大模角导致变形区变短，钢丝和拉丝模接触面积减小，减小了摩擦功耗；另一方面大模角增大了塑性变形量，材料变形的塑性功增大。

有兴趣的读者可以尝试仿照上面程序的过程提取每一道次的摩擦功和塑性功，看看两者随着模角的变化情况。这样可以帮助我们更清楚地了解图 22-20 所示的功耗曲线的底层原因。

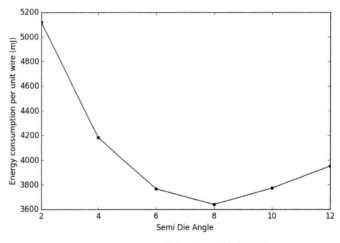

图22-20　不同模角对加工能耗的影响

第23章 Python和子程序

Abaqus 中用户自定义子程序为使用者提供了拓展 Abaqus 分析能力的重要途径。利用它可以完成很多复杂的计算分析任务。本节我们讲述如何使用 Python 开发含有子程序的 Abaqus 计算流程[①]。

23.1 Fortran基本用法

其与 Python 相同，Fortran 是一种高级程序语言，有特定的变量类型、运算符以及流程控制语法。

23.1.1 Fortran基本语法

变量声明

INTEGER i, j	声明变量i, j为整型变量
REAL A, B, C	声明变量A，B，C为实型变量
CHARACTER SN	声明变量SN为字符型变量
REAL beta(8)或者REAL*8 beta	声明长度为8的实型数组变量beta
REAL pi PARAMETER (pi=3.14159)	声明实型常量pi

运算符

关系运算符	.GT. (>)	大于
	.GE. (>=)	不小于
	.LT. (<)	小于
	.LE. (<=)	不大于
	.EQ. (==)	等于
	.NE. (/=)	不等于
逻辑运算符	.AND.	逻辑与
	.OR.	逻辑或
	.NOT.	逻辑非
常用函数	ABS	求绝对值
	EXP	指数运算
	SIN	正弦值
	SQRT	平方根
	LOG/LOG10	自然对数/常用对数

① 必须安装好 Abaqus+Fortran+visual studio 工作环境，推荐 Abaqus6.14+Intel Fortran2013+Visual Studio 2013。

流程控制

选择结构（IF）	IF (e) THEN
	Block1
	END IF
		当e真，执行Block1，否则不执行任何语句

	IF (e) THEN
	Block1
	ELSE
	Block2
	END IF
		当e真，执行Block1，否则执行Block2

	IF (e1) THEN
	Block1
	ELSEIF(e2) THEN
	Block2
	END IF
		当e1真，执行Block1，e1假但e2真则执行Block2

循环结构（DO）	DO Block1 END DO	重复循环执行Block1，直到遇到EXIT语句后退出循环；Block1中必须有EXIT语句
	DO n=1,20,2 Block1 END DO	控制变量n从1～20，增量为2，逐一循环迭代Block1

程序框架

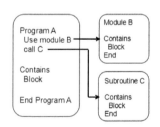

图23-1　Fortran程序框架

如图23-1所示，每个Fortran程序都包含一个主程序和若干个过程程序单元。过程程序在主程序执行时被调用。

23.1.2　Fortran程序实例

下面的程序可以确定某点是否在半径为2.0的圆内：其主程序为EXAMPLE，负责输入输出信息；过程程序单元为distance，负责判断节点是否在所给圆内。主程序中的call distance（）完成对过程程序distance的调用。

```
1     C*****7**********************************
2           program EXAMPLE
3           real x(5),y(5)
4           integer z(5)
5           common z
6           x = [1.0,1.5,2.0,2.5,3.0]
```

```
7          y = [1.0,1.2,1.5,1.8,2.0]
8          call distance(x,y)
9          print *, 'z=', z
10         pause
11         stop
12      end
13
14      subroutine distance(x_,y_)
15         integer a(5)
16         common a
17         real x_(5), y_(5), temp
18         do i=1,5
19           temp=sqrt(x_(i)**2+y_(i)**2)
20           if (temp .LT. 2.0) then
21             a(i)=0
22           else
23             a(i)=1
24           end if
25         end do
26         return
27      end
```

在 Abaqus 中 standard.exe 就是一个主程序（如图 23-1 中的 A），而我们在 Abaqus 中编写的每一个子程序都是一个过程程序（如图中的 C）。Abaqus 为每个子程序定义了与主程序的接口，如本例中的全局变量 a(z)，使用者只需要根据自己的实际情况更新部分变量即可。在 Abaqus 6.14 中，默认仍采用 fortran77 固定格式[①]，子程序的扩展名为 .for。

◆ Tips：

编写 fortran77 固定格式程序需要注意的几点：
（1）如果某行以 C,c 或 * 开头，则该行被当成注释。
（2）每行前 6 个字符不能写程序代码，可空着，或者 1～5 字符以数字表明行代码（用作格式化输入出等）；7～72 为程序代码编写区；73 以后被忽略。
（3）可以续行，续行的第 6 个字符必须是 "0" 以外的任何字符。
（4）数组必须先声明分配内存，然后再使用。
（5）INCLUDE 语句可以将另一个文件中的原程序段包括进来，实现复制功能。

23.2 Python 处理子程序的一般方法

如果分析过程包含子程序，而其数据可以在 CAE 中定义，我们可以按照前面几章介绍的方法来进行 Python 二次开发。比如下面的脚本帮助我们定义了如图 23-2 所示的 UMAT 子程序需要的材料参数。调用子程序时，这些参数通过程序接口以数组 PROPS(NPROPS) 的形式传入 UMAT 子程序中。

```
>>>mdb.models['Model-1-Copy'].Material(name='Umat1')
>>>mdb.models['Model-1'].materials['Umat1'].UserMaterial(
    mechanicalConstants=(210000.0, 0.3, 167000.0))
```

---

① 通过向 abaqus_v6.env 文件中的 compile_fortran 项添加值 '/free'，就可以使用 fortran90/95 自由格式来编写子程序。

图23-2 定义UMAT子程序参数

除 UMAT、FRIC 等子程序的输入参数可以直接在 CAE 中定义外，其他一些子程序的输入参数需要在子程序文件中定义。这种情况需要直接处理 Fortran 程序文件。一般的做法是事先准备好一个子程序模板，每次使用 Python 脚本修改该模板中的参数数值生成新的子程序源文件供计算调用。

以 23-3 所示的子程序模板为例，我们可以使用如下的程序生成 rad1=60.0, Tforce=100.0，num=10 的新子程序。

```
11          parameter (pi = 3.1415926, num = 8)
12          real beta(num),theta(num),the2(num),force(num)
13     C
14          Tforce=100000.0
15          rad1=80.0
```

图23-3 某子程序模板TEMPLATE.for

```
>>>import os, os.path, re
>>>f1=open('TEMPLATE.for','r')
>>>f2=open('NEW.for','w')
>>>for line in f1.readlines():# 读取模板中的每一行内容
        ss=line.strip()# 去掉当前行字符串的前后的空格位
        ss0=re.split('=',ss)# 使用 '=' 切分字符串
        ss1=re.split('=',line)
        if len(ss0)==3:# 只有第 11 行含有两个 = 号，切分后会有 3 段字符串
            sstemp=ss1[0]+'='+ss1[1]+'='+str(10)+')\n'# 使用新参数数值 10 组装新行内容
            f2.writelines(sstemp)
        elif ss0[0]=='Tforce':# 第 14 行用 = 号切分后，第 1 字符串为 Tforce
            sstemp=ss1[0]+'='+str(100.0)+'\n'# 使用新参数 100.0 组装新内容
            f2.writelines(sstemp)
        elif ss0[0]=='rad1':
            sstemp=ss1[0]+'='+str(60.0)+'\n'
            f2.writelines(sstemp)
        else:
            f2.writelines(line)# 其他不需要修改的行直接写入新子程序文件
>>>f1.close()
>>>f2.close()
```

下面是两个使用上述方法开发的应用实例：一个实例是使用 Dload 子程序模拟简化的轴承运行过程；另一个实例是利用 Dflux 子程序模拟平板焊接过程。

23.3 实例：Dload动态轴承载荷

使用 Abaqus 直接模拟轴承工作过程时，由于接触点多常常会出现不收敛的情况。如果我们借助 Hertz 接触理论来简化接触计算，直接将 Hertz 接触理论计算的压力结果施加到外圈对应位置则会大大简化计算量。

23.3.1 滚子间力的分布

为了获得 Hertz 接触压力，我们需要知道单个滚子与外滚道之间的压力。参考 SolidWorks 帮助文档[①]，我们可以假定不同滚子接触力分布函数符合正弦或者抛物线形式。

考虑滚子无限多的极限情况，图 23-4 左图的情况则会简化为如图 23-4 右图所示。其中，1 代表轴，2 代表内圈，3 代表外圈。2 和 3 之间的接触压力可以看作为滚子接触力。

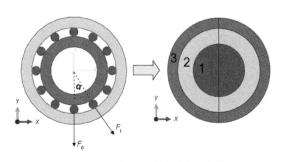

图23-4　滚子间的接触力分布示意图

在 Abaqus 中建立简单的平面应力模型，固定外圈（3）的外表面，在轴（1）上施加均布力进行计算可以知道滚子接触力的分布概况。图 23-5 列出了 Abaqus 分析结果和两种假设的对比，可以看出两种假设都可以比较好地近似该工况[②]下滚子接触力的分布规律。本例的后续计算基于正弦分布假设展开。

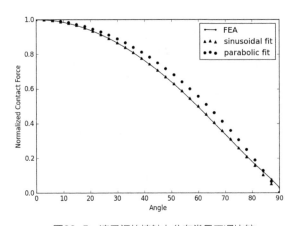

图23-5　滚子间的接触力分布常见工况比较

[①] http://help.solidworks.com/2012/English/SolidWorks/cworks/c_Bearing_Loads.htm

[②] 不同的工况：轴的刚度、轴承座的刚度等都会影响滚子接触力的结果。

考虑如图 23-6 所示的轴承,受载荷为 F,滚子 i 与外圈的接触力 F_i。根据正弦分布假设,应有,

$$F_i = F_0 \cos \alpha_i, |\alpha_i| \leqslant 90°$$

另外由受力平衡有,

$$\sum_{i=1}^{N} F_i \cos \alpha_i = F$$

结合上述两式可得到任一滚子在某时刻的接触力大小为,

$$F_i = \frac{F \cos \alpha_i}{\sum_{k=1}^{N} \cos^2 \alpha_k}$$

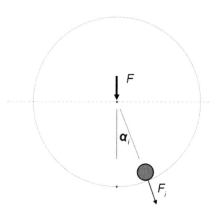

图23-6 滚子的接触力确定

23.3.2 Hertz接触理论

Hertz 理论是接触力学的基础,对圆柱滚子轴承,我们可以近似采用两圆柱接触模型计算接触压力分布[①]。

如图 23-7 所示,圆柱 1 直径为 d_1,材料弹性模量为 E_1,泊松比为 v_1;圆柱 2 直径为 d_2,材料弹性模量为 E_2,泊松比为 v_2。当受力 F 相互接触时,Hertz 理论假设接触面上接触压力呈椭圆分布,接触长度为 $2b$,最大接触压力为 P_m。

$$b = \sqrt{\frac{2}{\pi l} \frac{(1-v_1^2)/E_1 + (1-v_2^2)/E_2}{(1/d_1)+(1/d_2)}} \cdot \sqrt{F}$$

$$P_m = \frac{2F}{\pi b l}$$

在接触区之外接触压力为 0,而在接触长度上距中心 x 处接触压力为,

$$P = P_m \sqrt{1 - \frac{x^2}{b^2}}$$

---

① 不考虑滚子修形的影响

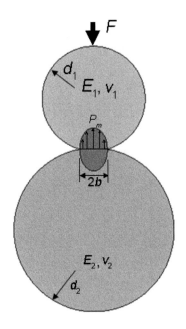

图23-7 两圆柱体之间的Hertz接触

23.3.3 Dload子程序模板

下面是一个用于加载近似滚子接触压力的 Dload 子程序。在每一个迭代步中加载区域上的每一个积分点处都会调用该子程序，计算当前位置的载荷值。

```
1       SUBROUTINE DLOAD(F,KSTEP,KINC,TIME,NOEL,NPT,LAYER,
2      1 COORDS,JLTYP,SNAME)
3  C
4       INCLUDE 'ABA_PARAM.INC'
5  C
6       DIMENSION TIME(2),COORDS (3)
7       CHARACTER*80 SNAME
8       integer i,j,k,m,n
9       real rad1,Dia0,alpha,omega,Tforce,temp1,temp2,temp3,temp4,temp5
10      real pi, num, CLen, E1,E2,v1,v2,Kb,cPo,Wb,pmax
11      parameter (pi = 3.1415926, num = 8)
12      real beta(num),theta(num),the2(num),force(num)
13 C
14      Tforce=100000.0
15      rad1=80.0
16      Dia0=20.0
17      omega=2.0*pi
18      t=TIME(1)
19      temp1=0.0
20      CLen=1.0
21      E1=210000.0
22      E2=210000.0
23      v1=0.3
24      v2=0.3
```

以上部分是子程序参数的初始化，其中，

第 4 行，作用是将 ABA_PARAM.INC 文件内容引入当前程序，其中包含了 Abaqus 的安装与执行信息；

第 11 行，定义了程序中用到的常数；

第 12 行，定义记录不同滚子对应信息的数组；

第 14 ~ 17 行中，Tforce 为轴承所受径向力大小，而 omega 为力方向变化角速度；

第 18 行中，TIME(1) 表示当前载荷步的时间信息。

```
25      alpha=omega*t
26      do i=1,num
27          beta(i)=alpha*(rad1-Dia0)/rad1+(i-1.0)*2.0*pi/num
28          beta(i)=MOD(beta(i),2.0*pi)
29          theta(i)=beta(i)-alpha
30          if (cos(theta(i)).GT.0.0) then
31              the2(i) = (cos(theta(i)))**2
32              temp1 = temp1+the2(i)
33          else
34              the2(i) = 0.0
35          end if
36      end do
37      do j=1,num
38          if (the2(j).NE.0.0) then
39              force(j)=cos(theta(j))*Tforce/temp1
40          else
41              force(j)=0.0
42          end if
43      end do
```

第 25 ~ 43 行，通过计算 t 时刻轴承所受径向力的方向，以及各个滚子的排布角度来确定各滚子的受力。

```
44      WRITE(7,*) 'force=', Tforce
45      WRITE(7,*) 'Roller Diameter=', Dia0, 'mm'
```

第 44 ~ 45 行，将载荷信息写入 msg 文件中。

```
46      temp2=2.0*((1.0-v1**2)/E1+(1.0-v2**2)/E2)
47      temp3=pi*CLen*(1.0/Dia0-0.5/rad1)
48      Kb=(temp2/temp3)**0.5
```

第 46 ~ 48 行，计算 Hertz 接触中的接触区长度常数。

```
49      if ((COORDS(2).EQ.0.0) .and. (COORDS(1).GT.0.0)) then
50          cPo=0.0
51      else if ((COORDS(2).EQ.0.0) .and. (COORDS(1).LT.0.0)) then
52          cPo=pi
53      else if ((COORDS(1).EQ.0.0) .and. (COORDS(2).GT.0.0)) then
54          cPo=0.5*pi
55      else if ((COORDS(1).EQ.0.0) .and. (COORDS(2).LT.0.0)) then
56          cPo=1.5*pi
57      else if (COORDS(1).GT.0.0) then
58          cPo=atan(COORDS(2)/COORDS(1))+2.0*pi
59      else if (COORDS(1).LT.0.0) then
60          cPo=atan(COORDS(2)/COORDS(1))+pi
61      end if
62      cPo=MOD(cPo, 2.0*pi)
```

```
63          temp4 = 10000.0
64          do m=1,num
65            if (temp4>abs(cPo-beta(m))) then
66              n=m
67              temp4=abs(cPo-beta(m))
68            end if
69          end do
```

第 49 ~ 69 行，获得离当前积分点最近的滚子序号 n。

```
70          if (force(n).GT.0.0) then
71            Wb=Kb*sqrt(force(n))
72            pmax=2.0*force(n)/pi/CLen/Wb
73            temp4=abs(cPo-beta(n))
74            temp5=Wb/rad1
75            if (temp4.GT.temp5) then
76              F=0.0
77            else
78              F=pmax*sqrt(1.0-(temp4/temp5)**2)
79            end if
80          else
81            F=0.0
82          end if
```

第 70 ~ 82 行，根据当前积分点是否在该滚子接触区域内计算该点应加载荷。

```
83          RETURN
84          END
```

23.3.4 Python建模程序

分析目的是轴承外圈的应力分布情况。为了更形象地呈现结果，建模中引入内圈和滚子（不参与计算）。通过简单的 CAE 操作和改写，我们得到如下程序：

case_23_1.py

```
1   # -*- coding: mbcs -*-
……
8   Mdb()
9   Tforce=120000.0# 总轴承力，其大小不变，方向以角速度 omega 转动
……
19  num=12# 滚子数目为 12
20  # 建立内圈外圈以及滚珠的模型部件 pIn, pOut 和 pRoller
……
66  rpRollers=[]
67  for i in range(num):
68      name='Roller'+str(i+1)
69      iRoller=root.Instance(name=name, part=pRoller, dependent=ON)
70      posi = float(i)/num*2.0*math.pi
71      RAD = rad1-rad0
72      vector = (RAD*math.cos(posi), RAD*math.sin(posi), 0.0)
73      iRoller.translate(vector=vector)
74      rpRoller = root.ReferencePoint(point=vector)
```

```
75          rfPoint = root.referencePoints[rpRoller.id]
76          rpRollers.append(rfPoint)
77          rpSet = root.Set(referencePoints=(rfPoint,), name='rpRoller'+str(i+1))
78          faces = iRoller.faces
79          iRollerSet=root.Set(faces=faces, name='iRollerSet'+str(i+1))
80          imodel.Coupling(name='roller'+str(i+1), controlPoint=rpSet,
81              surface=iRollerSet, influenceRadius=WHOLE_SURFACE,
82              couplingType=KINEMATIC, u1=ON, u2=ON, ur3=OFF)
#66 ~ 82行实现部件pRoller的组装移动以及耦合约束的定义
……
132 DloadName = 'Bearing.for'
133 cwd = os.getcwd()
134 DloadTemplateName = 'DloadBearing.for'# 子程序模板
135 DloadTemplate = os.path.join(cwd, DloadTemplateName)
136 DloadFile = os.path.join(cwd, DloadName)
137 f1=open(DloadTemplate,'r')
138 f2=open(DloadFile,'w')
139 for line in f1.readlines():
140     ss=line.strip()
141     ss0=re.split('=',ss)
142     ss1=re.split('=',line)
143     if len(ss0)==3:
144         sstemp=ss1[0]+'='+ss1[1]+'='+str(num)+')\n'
145         f2.writelines(sstemp)
146     elif ss0[0]=='Tforce':
147         sstemp=ss1[0]+'='+str(Tforce)+'\n'
148         f2.writelines(sstemp)
……
# 形成当前分析所需的子程序Bearing.for
```

图 23-8 所示的是由上面脚本计算得到的轴承外圈应力变化情况：有时 6 个接触点，而有时仅仅只有 5 个接触点。

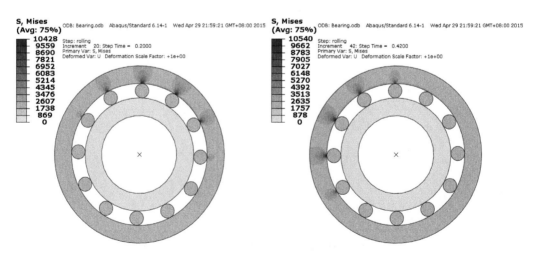

图23-8　不同时刻（t=0.2和t=0.42）轴承外圈应力分布

作为验证，将外圈固定点处的反力数值作图如图 23-9 所示。总力数值在 120000N（=TForce）而力分量呈正弦分布，角速度为 2π [rad/s]，与我们的输入一致。

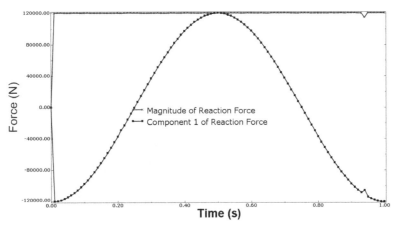

图23-9 轴承外圈反力变化图

23.4 实例：基于Dflux的焊接热分析

由于焊接过程的升温-冷却的热循环，在焊缝附近的母材会发生明显的组织和性能的变化，该区域称为热影响区（Heat Affect Zone）。如图 23-10 所示，热影响区的不同位置会有不同的微观组织结构，而决定其组织形貌的主要因素就是焊接过程该位置的温度循环。

为了得到焊接过程中母材不同位置的温度循环历程，我们需要模拟热源沿着焊缝移动时整个母材的温度变化。Abaqus 传热分析提供了功能类似于 Dload 的子程序接口 Dflux，借助其我们可以实现移动热源载荷。此外焊接过程焊条逐步填充的现象可以利用 Abaqus 中的生死单元来实现。

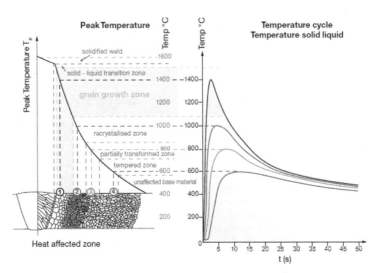

图23-10 焊接时热影响区中材料的热循环[1]

这一小节中，我们应用 Dflux 开发一个简单的平板焊接自动分析程序。具体的分析模型如图 23-11 所示。

板材厚度 b=8mm；

初始缝隙 a=2mm；

坡口角度 θ=75°；

---

[1] 图片来源 http://www.lgtechniek.be/Subcattegorie.aspx?subID=23。

焊接速度 $v=1.5$mm/s；

电弧电压 25V，电流 100A，热效率为 0.8。

我们需要获得焊接过程中距焊缝一定距离处材料的温度变化曲线，进一步通过温度历程曲线结合铁碳相图就可以推断热影响区材料的组织结构和机械性能。

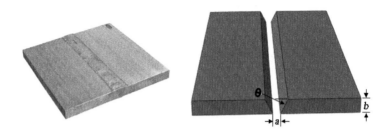

图23-11 平板焊接模型

23.4.1 焊接分析热源类型

有限元方法模拟焊接过程时，需要使用分布热源来描述焊接过程的输入热源。目前比较常用的有两种热源模型：Gauss 模型和 Goldak 模型。

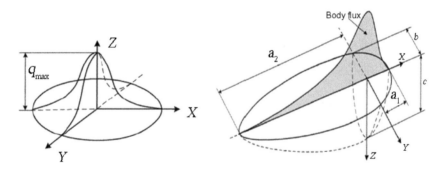

图23-12 Gauss热源分布（左）与Goldak热源分布（右）

当焊接过程中熔池深度较小时，可以近似认为热量是从表面直接传入的，我们可以选择面热源：Gauss 模型。如图 23-12 左所示，Gauss 热源假定面上的热流密度符合 Gauss 分布，其一般形式为，

$$q(r) = q_{max} e^{-Kr^2}$$

考虑到热源有效功率为 Q，则有，

$$\int_0^\infty q(r) \cdot (2\pi r) \cdot dr = Q \rightarrow q_{max} = \frac{KQ}{\pi}$$

如果熔池深度比较大，需要考虑焊接热源在深度方向的变化，此时通常使用 Goldak 模型。Goldak 模型为双椭球模型，假定体上的热流密度分布符合双椭球分布，如图 23-12 右图所示，具体可以用下面的公式来表示，

$$q_1(x, y, z) = \frac{6\sqrt{3}(f_1 Q)}{a_1 bc\pi\sqrt{\pi}} e^{-\frac{3x^2}{a_1^2} - \frac{3y^2}{b^2} - \frac{3z^2}{c^2}}, \quad x \geqslant 0$$

$$q_2(x,y,z) = \frac{6\sqrt{3}(f_2 Q)}{a_2 bc\pi\sqrt{\pi}} e^{-\frac{3x^2}{a_2^2}-\frac{3y^2}{b^2}-\frac{3z^2}{c^2}}, \quad x<0$$

$$f_1 + f_2 = 2.0$$

式中，Q 为热源的有效功率；f_1 和 f_2 表示热量在前后两部分之间的分配比例。

在上面两个热源表达式的基础上，考虑到热源沿着 x 方向以速度 v 移动，那么，Gauss 热源可以用如下的公式来表述，

$$q(r,t) = \frac{KQ}{\pi} e^{-K\left[(x-v\cdot t)^2 + y^2\right]}$$

而 Goldak 热源可以表示为，

$$q_1(x,y,z,t) = \frac{6\sqrt{3}(f_1 Q)}{a_1 bc\pi\sqrt{\pi}} e^{-\frac{3(x-v\cdot t)^2}{a_1^2}-\frac{3y^2}{b^2}-\frac{3z^2}{c^2}}, \quad x \geqslant 0$$

$$q_2(x,y,z,t) = \frac{6\sqrt{3}(f_2 Q)}{a_2 bc\pi\sqrt{\pi}} e^{-\frac{3(x-v\cdot t)^2}{a_2^2}-\frac{3y^2}{b^2}-\frac{3z^2}{c^2}}, \quad x<0$$

下面的分析过程以 Goldak 双椭球热源为例来说明移动热源在 Abaqus 中的实现过程。

23.4.2 Dflux子程序模板

Abaqus 提供的 Dflux 子程序接口与 Dload 类似，其将积分点信息（坐标）和迭代步时间信息传入程序，用户需要按照自己的需求定义随时间或者位置变化的热流载荷。

下面我们给出一个双椭球热源模板：

```
1        SUBROUTINE DFLUX(FLUX,SOL,JSTEP,JINC,TIME,NOEL,NPT,COORDS,
2       1              JLTYP,TEMP,PRESS,SNAME)
3     C
4        INCLUDE 'ABA_PARAM.INC'
5
6
7        DIMENSION COORDS(3),FLUX(2),TIME(2)
8        CHARACTER*80 SNAME
9
10       v=4.0
11       q=3000.0
12       d=v*TIME(2)
13
14       x=COORDS(1)
15       y=COORDS(2)
16       z=COORDS(3)
17
18       x0=0
19       y0=0
20       z0=60.0
21
```

```
22      a=2.8
23      b=3.2
24      c=1.9
25      aa=5.6
26      f1=1.0
27      PI=3.1415926
```

以上模板中的数据，初始化了热源的参数：

($x0$, $y0$, $z0$) 为初始热源中心；

(a, b, c, aa, $f1$) 定义了双椭球热源的形状参数；

(q, v) 定义热源有效功率和移动速度，其中功率单位为 mW；

(x, y, z) 为当前积分点坐标，TIME（2）为分析步总时间。

```
29      heat1=6.0*sqrt(3.0)*q/(a*b*c*PI*sqrt(PI))*f1
30      heat2=6.0*sqrt(3.0)*q/(aa*b*c*PI*sqrt(PI))*(2.0-f1)
31
32      shape1=exp(-3.0*(z-z0-d)**2/a**2-3.0*(y-y0)**2/b**2
33     $  -3.0*(x-x0)**2/c**2)
34      shape2=exp(-3.0*(z-z0-d)**2/aa**2-3.0*(y-y0)**2/b**2
35     $  -3.0*(x-x0)**2/c**2)
36
37  C   JLTYP=1，表示为体热源
38      JLTYP=1
39      IF(z .GE.(z0+d)) THEN
40      FLUX(1)=heat1*shape1
41      ELSE
42      FLUX(1)=heat2*shape2
43      ENDIF
44      RETURN
45      END
```

上面 29～45 行定义了热源的具体表达公式，其中 JLTYP 用来指示当前热源加载类型（面热源或者体热源）。

通过使用上一节讲述的方法，我们可以编写一个 Python 函数（buildfor）针对特定输入修改模板中的内容来生成合适当前模型的子程序文件。

图23-13　CAE中的生死单元设定

23.4.3 焊接自动化分析脚本

上一节中生成的 Dflux 子程序可以帮助我们完成热源移动的功能；而使用下面介绍的生死单元技术我们可以模拟实际的焊接填料过程。

在 Abaqus/CAE 的 Interaction 模块中，我们可以使用 Model change 来完成单元生死的设定，如图 23-13 所示。我们可以在特定的载荷步中"杀死"某个几何块，该区域的单元在该载荷步中将不起作用，直到我们在后续某个载荷步中重新"激活"该区域的单元为止。

图 23-13 为了模拟焊接过程，在 Python 脚本中我们需要完成如下的工作：

（1）建模，切分几何（如图 23-14 所示），为实现逐步激活单元做准备；
（2）根据不同的部件，赋予对应的材料属性；
（3）建立初始载荷步中，"杀死"整个焊条区域，并为整个区域设置热边界；
（4）根据时间点在特定载荷步激活对应几何块，并设定热边界条件（对流、辐射）；
（5）控制网格生成过程；
（6）生成对应 Dflux 子程序。

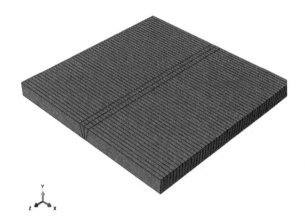

图23-14 平板对接焊模型的切分

case_23_2_welding.py

```
1     # -*- coding: mbcs -*-
......
9     def buildFor(Q=3000.0,factor1=1.0,source_a1=1.9,source_b1=3.2,
10            source_c1=2.8,source_a2=1.9, weldingV=4.0,
11            source_x0=0.0,source_y0=4.0,source_z0=0.0):
......
58    ##============================================================
59    Temp0 = [0.0, 200.0, 400.0, 600.0, 800.0, 1000.0, 1200.0, 1400.0]#[oC]
60    fa = lambda T: 450+0.28*T-2.91e-4*T**2+1.34e-7*T**3#[J/kg/K]
61    Cp = [fa(item)*1.0e6 for item in Temp0]#[mJ/ton/K]
62    lma = lambda T:14.6+1.27e-2*T#[W/m/K]
63    Cd = [lma(item) for item in Temp0]#[mW/mm/K]
64    dens=((7.86e-9, ), )
65    specificheat=(zip(Cp, Temp0))
66    conductivity=(zip(Cd, Temp0))
```

第 59 ~ 66 行，定义了材料的传热特性，考虑了温度对比热以及导热系数的影响。不锈钢的比热 c 和

导热系数 λ 满足如下关系[1]，

$$c = 450 + 0.28T - 2.91 \times 10^{-4} T^2 + 1.34 \times 10^{-7} T^3$$

$$\lambda = 14.6 + 1.27 \times 10^{-2} T$$

```
68  L_p=100.0#mm
69  d_p=8.0#mm
70  w_p=50.0#mm
71  a_f=2.0#mm
72  theta=75.0
73  R_f=d_p*4.0#mm
74  partNum=50
75  timeoutputRelease=60.0
76  numoutputRelease=10
77  absZero=-273.15
78  boltZmann=5.67E-09#mW/mm2/K4
79  globalSize=8
80  upNum=4
81  dnNum=4
82  tkNum=8
83  myfilmCoeff=0.5#mW/mm2/oC
84  mysinkTemperature=20.0
85  myambientTemperature=20.0
86  myemissivity=0.4
87  initialTemp=20.0
```

以上定义了几何模型参数以及网格参数，其中 partNum=50 表示在分析中模型将被切分为 50 份，因此该问题将会有 52 个载荷步（1 个初始步 +50 个焊条逐步激活载荷步 +1 个冷却载荷步）。

```
89  weldingV=1.5#mm/s
90  s_Q=2000000.0#mW
91  s_a1=7.0#mm
92  s_b1=8.0#mm
93  s_c1=4.0#mm
94  s_a2=12.0#mm
95  s_x0=0.0#mm
96  s_y0=d_p/2.0#mm
97  s_z0=-4.0#mm
```

第 89 ~ 97 行，定义了移动热源参数以及热源的起始点。

```
99  moveTime=L_p/partNum/weldingV
100 b_f=a_f+2.0*d_p/tan(theta/180.0*pi)
101 fc_y=d_p/2.0-sqrt(R_f**2-(b_f/2.0)**2)
102
103 weldModel = Mdb().models['Model-1']
104 #*******************Part definition*****************************
105 sLef = weldModel.ConstrainedSketch(name='leftPlate', sheetSize=200.0)
106 sLef.Line(point1=(-w_p, d_p/2.0), point2=(-b_f/2.0, d_p/2.0))
107 sLef.Line(point1=(-b_f/2.0, d_p/2.0), point2=(-a_f/2.0, -d_p/2.0))
108 sLef.Line(point1=(-a_f/2.0, -d_p/2.0), point2=(-w_p, -d_p/2.0))
109 sLef.Line(point1=(-w_p, -d_p/2.0), point2=(-w_p, d_p/2.0))
110 pLef = weldModel.Part(name='PartLeft', dimensionality=THREE_D,
```

---

[1] http://www.mace.manchester.ac.uk/project/research/structures/strucfire/materialInFire/Steel/StainlessSteel/thermalProperties.htm

```
111        type=DEFORMABLE_BODY)
112 pLef.BaseSolidExtrude(sketch=sLef, depth=L_p)
……
```

Part 定义部分生成两块母材以及焊料的几何模型 pLef、pRig 和 pFil。

```
134 #************************materials definition************************
135 weldMat = weldModel.Material(name='mat')
136 weldMat.Density(table=dens)
137 weldMat.SpecificHeat(temperatureDependency=ON, table=specificheat)
138 weldMat.Conductivity(temperatureDependency=ON, table=conductivity)
139 weldModel.HomogeneousSolidSection(name='weld', material='mat')
140
141 set = pLef.Set(name = 'Lef', cells=pLef.cells)
142 pLef.SectionAssignment(region=set, sectionName='weld')
……
```

定义材料热属性并赋给对应的几何体。为简单起见本例中母材和填料使用相同的材料属性。

```
148 #************************Assembly ************************
149 root = weldModel.rootAssembly
150 inst1 = root.Instance(name='PartFiller', part=pLef, dependent=ON)
151 inst2 = root.Instance(name='PartLeft', part=pRig, dependent=ON)
152 inst3 = root.Instance(name='PartRight', part=pFil, dependent=ON)
153 root.InstanceFromBooleanMerge(name='WeldingPart', instances=((inst1,
154     inst2, inst3)), keepIntersections=ON, originalInstances=SUPPRESS,
155     domain=GEOMETRY)
……
```

第 148 ~ 182 行，脚本完成装配几何体的任务。通过几何布尔运算生成我们的分析几何，然后对焊接对象进行切分，为后续设置做准备。

在分析过程中，焊料填入前后模型的表面有变化：填料前露在外面的部分面不存在了，同时又有新的表面产生。如图 23-15 所示，填料前原来结构与空气接触的外表面（左图所示）在填料后将变为结构内部，热传导方式也从结构-空气间的对流换热变为结构内部的导热；而填料后的结构也将产生如 23-15 右图所示的新的对流换热边界。为了在不同的载荷步中准确定义热边界，我们先将这些可能需要定义热边界的面存入预先设定的序列中，后续可以根据每个载荷步的实际情况加载热边界条件。下面的脚本第 183 ~ 263 行就完成了这样的工作。

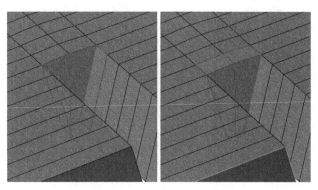

图23-15 填料前后外表面的变化

```
#++++++++++++++++++++++++++++++++++++++++++++++++++++++++++++++++++++
183 face_p1_Yup=[]#存放左侧母材上表面（Y+ 向）
184 face_p1_Ydn=[]#存放左侧母材下表面（Y- 向）
```

```
185 face_p2_Yup=[]#存放左半侧焊料上表面（Y+向）
186 face_p2_Ydn=[]#存放左半侧焊料下表面（Y-向）
187 face_p3_Yup=[]#存放右半侧焊料上表面（Y+向）
188 face_p3_Ydn=[]#存放右半侧焊料下表面（Y-向）
189 face_p4_Yup=[]#存放右侧母材上表面（Y+向）
190 face_p4_Ydn=[]#存放右侧母材下表面（Y-向）
191 face_p1_XY=[]#存放左侧母材左侧面
192 face_p2_XY=[]#存放左侧母材与焊料交界面
193 face_p3_XY=[]#存放右侧母材与焊料交界面
194 face_p4_XY=[]#存放右侧母材右侧面
195 face_bead_front_p2=[]#存放左半侧焊料后端面（Z+向）
196 face_bead_front_p3=[]#存放右半侧焊料后端面（Z+向）
197 face_bead_begin=[]#存放焊料前端面（Z-向）
198 cell_p2=[]
199 cell_p3=[]
200 cell_bead=[]#存放焊料几何块
201 faceZ=[]
202 edgeZ=[]#存储模型中所有Z向的几何边的序列
203 R_semi_filler=fc_y+R_f*cos(asin(b_f/2.0/R_f)/2.0)
204 xface_out_filler2=-R_f*sin(asin(b_f/2.0/R_f)/2.0)
205 xface_out_filler3=R_f*sin(asin(b_f/2.0/R_f)/2.0)
206
207 xcell_c1=(-w_p-b_f/2.0)/2.0
208 xcell_c2=-a_f/4.0
209 xcell_c3=a_f/4.0
210 xcell_c4=(w_p+b_f/2.0)/2.0
211 xface_c1=-w_p
212 xface_c2=-1.0*(a_f+b_f)/4.0
213 xface_c4=w_p
214 xface_c3=(a_f+b_f)/4.0
215 yface_up=d_p/2.0
216 yface_dn=-d_p/2.0
217 yface_fillerup=R_semi_filler
218 ycell=0.0
219 root = weldModel.rootAssembly
220 iWeld = root.instances['WeldingPart-1']
221 selectC=iWeld.cells
222 selectF=iWeld.faces
223
224 for jj in range(partNum):
225     zCell=L_p/partNum*(jj+0.5)
226     zFace=L_p/partNum*(jj+1.0)
227     #Determine coord for selecting corresponding entities.
228     face_p1_Yup.append(selectF.findAt(((xcell_c1,yface_up,zCell),)))
229     face_p1_Ydn.append(selectF.findAt(((xcell_c1,yface_dn,zCell),)))
230     face_p2_Yup.append(selectF.findAt(((xface_out_filler2,
231         yface_fillerup,zCell),)))
……
263 faceZ.append(selectF.findAt(((xcell_c4,ycell,L_p),)))
264 #***************************STEP Settings************************
……
```

```python
276 weldModel.HeatTransferStep(name='Step-t0', previous='Initial',
277     timePeriod=1e-08, maxNumInc=10000, initialInc=1e-08, minInc=1e-13,
278     maxInc=1e-8, deltmx=200.0)
279 fOR = weldModel.fieldOutputRequests['F-Output-1']
280 fOR.setValues(frequency=LAST_INCREMENT, variables=('HFL', 'NT'))
281 #***********Boundary condition for the initial step-t0*********************
282 weldModel.FilmCondition(name='film', createStepName='Step-t0',
283     surface=restsurface, definition=EMBEDDED_COEFF, filmCoeff=myfilmCoeff,
284     sinkTemperature=mysinkTemperature)
285 weldModel.RadiationToAmbient(name='radiation', createStepName='Step-t0',
286     surface=restsurface, radiationType=AMBIENT, distributionType=UNIFORM,
287     emissivity=myemissivity, ambientTemperature=myambientTemperature)
288 weldModel.BodyHeatFlux(name='bodyFlux', createStepName='Step-t0',
289     region=allset, magnitude=1.0, distributionType=USER_DEFINED)
290 weldModel.ModelChange(name='deactivate_all', createStepName='Step-t0',
291     region=beadset, activeInStep=False, includeStrain=False)
292 weldModel.Temperature(name='Predefined', createStepName='Initial',
293     region=allset, magnitudes=(initialTemp,))
294 weldModel.FilmCondition(name='film_surface_all_t0',
295     createStepName='Step-t0', surface=sidesurface,
296     definition=EMBEDDED_COEFF, filmCoeff=myfilmCoeff,
297     sinkTemperature=mysinkTemperature)
298 weldModel.RadiationToAmbient(name='radiation_surface_all_t0',
299     createStepName='Step-t0',surface=sidesurface, radiationType=AMBIENT,
300     distributionType=UNIFORM, emissivity=myemissivity,
301     ambientTemperature=myambientTemperature)
```

第 264 ~ 301 行，定义初始载荷步以及其对应的热边界条件。为了方便后续载荷步中边界的定义，这里将热边界分为两部分：随分析步变化的热边界（定义在 sidesurface 上）和分析中不变的热边界（定义在 restsurface 上）。后续载荷步中我们仅仅需要更新定义在 sidesurface 上的热边界即可。

```python
302 #***********Boundary condition for the following steps********************
303 stepNum=partNum
304 preStep='Step-t0'
305 preRadiationBC='radiation_surface_all_t0'
306 preFilmBC='film_surface_all_t0'
307 preFoutput='F-Output-1'
308 for i in range(stepNum):
309     stepNamechange='step-t'+str(i+1)
310     stepNameheat  ='step-'+str(i+1)
311     sidesurface   ='surfaceside_t'+str(i+1)
312     setActivate   ='setActivate_t'+str(i+1)
313     film_surface_all='film_surface_all_t'+str(i+1)
314     radiation_surface_all='radiation_surface_all_t'+str(i+1)
315     FoutputName ='F-Output-step'+str(i+1)
316     ###############setting for step_t
317     weldModel.HeatTransferStep(name=stepNameheat, previous=preStep,
318         timePeriod=moveTime, maxNumInc=10000, initialInc=moveTime*0.005,
319         minInc=moveTime*1e-8, maxInc=moveTime*0.03, deltmx=200.0)
320     weldModel.FieldOutputRequest(name=FoutputName,numIntervals=1,
321         createStepName=stepNameheat, variables=('HFL', 'NT'))
322     ###############set and surface for step_t
```

```
323        eleSet=cell_p2[i:i+1]+cell_p3[i:i+1]
324        activeSet=root.Set(cells=eleSet, name=setActivate)
325        sur_side1=[]
326        sur_side2=[]
327        if i!=(stepNum-1):
328            sur_side1=face_p3_Ydn[0:i+1]+face_p3_Yup[0:i+1]+\
329                face_p2_Ydn[0:i+1]+face_p2_Yup[0:i+1]
330            sur_side2=face_p2_XY[i+1:]+face_bead_front_p2[i:i+1]+\
331                face_bead_front_p3[i:i+1]+face_p3_XY[i+1:]
332        else:
333            sur_side1=face_p3_Ydn[0:i+1]+face_p3_Yup[0:i+1]+\
334                face_p2_Ydn[0:i+1]+face_p2_Yup[0:i+1]+\
335                face_bead_front_p3[i:i+1]+face_bead_front_p2[i:i+1]
336            sur_side2=face_p2_XY[i+1:]+face_p3_XY[i+1:]
337        sur_all=root.Surface(side1Faces=sur_side1,side2Faces=sur_side2,
338            name=sidesurface)
339        ############## BC for step_t
340        weldModel.ModelChange(name=setActivate,
341            createStepName=stepNameheat, region=activeSet,
342            activeInStep=True, includeStrain=False)
343        weldModel.FilmCondition(name=film_surface_all,
344            createStepName=stepNameheat, surface=sur_all,
345            definition=EMBEDDED_COEFF, filmCoeff=myfilmCoeff,
346            sinkTemperature=mysinkTemperature)
347        weldModel.RadiationToAmbient(name=radiation_surface_all,
348            createStepName=stepNameheat, surface=sur_all,
349            radiationType=AMBIENT, distributionType=UNIFORM,
350            emissivity=myemissivity, ambientTemperature=myambientTemperature)
351        ############## deativate BC for step_t
352        weldModel.interactions[preRadiationBC].deactivate(stepNameheat)
353        weldModel.interactions[preFilmBC].deactivate(stepNameheat)
354        ############## update the temp variables for step_t
355        preStep=stepNameheat
356        preRadiationBC=film_surface_all
357        preFilmBC=radiation_surface_all
358        preFoutput=FoutputName
……
```

第 302～371 行，脚本通过循环定义每一步填料载荷步，同时更新热边界条件。

```
372  # 定义模型冷却载荷步
373  releaseName='stepRelease'
374  weldModel.HeatTransferStep(name=releaseName, previous=preStep,
375      timePeriod=timeoutputRelease, maxNumInc=10000,
376      initialInc=moveTime*0.005, minInc=1e-8*timeoutputRelease,
377      maxInc=moveTime*0.2, deltmx=200.0)
378  weldModel.FieldOutputRequest(name='release_output',createStepName=\
379      releaseName, numIntervals=numoutputRelease)
380  weldModel.loads['bodyFlux'].deactivate('stepRelease') # 冷却时候不需要加热源
381  weldModel.setValues(absoluteZero=absZero, stefanBoltzmann=boltZmann)
383  # 模型划分网格
384  pWeld.setMeshControls(regions=pWeld.cells, technique=STRUCTURED)
……
```

```
433 root.regenerate()
434 #定义分析任务
435 #************Create the inp file and submit the job********************
436 jobName='Welding_plate'
437 dfluxName=buildFor(Q=s_Q,factor1=1.0,source_a1=s_a1,source_b1=s_b1,
438      source_c1=s_c1,source_a2=s_a2, weldingV=weldingV,
439      source_x0=s_x0,source_y0=s_y0,source_z0=s_z0)#生成Dflux子程序文件
440 mdb.Job(name=jobName, model='Model-1', userSubroutine=dfluxName,
441      multiprocessingMode=DEFAULT, numCpus=8, numDomains=8)
```

上述脚本建模后提交计算即可得到如图23-16所示的瞬时温度分布图,可以看出双椭球热源的移动效果。

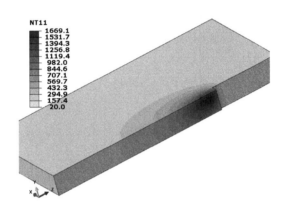

图23-16　焊接过程中结构瞬时温度分布

我们提取垂直于焊缝方向上母材特定位置的温度历程曲线,结果如图23-17所示。距离焊缝3.1mm位置处的母材在焊接过程需要经历一次[①]20～900～20℃的温度循环,该数据可以为推断该位置经过焊接后组织转变情况提供必要的信息。

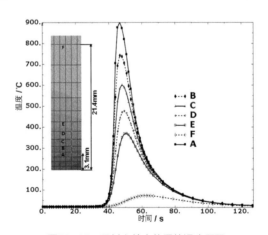

图23-17　母材上给定位置的温度历程

在工程实践中,初步计算的结果常常需要和实验结果进行对比,通过修正模型参数来获得更好的预测结果。利用上面的脚本,我们只需要修改程序初始的模型参数即可快速完成一次模型参数的试算过程,进而得到更合适的计算参数。

---

① 本例为单道次焊接过程。

参考文献

[1] Abaqus Scripting User's Guide, DS SimuliaAbaqus 6.14
[2] Abaqus Scripting Reference Guide, DS SimuliaAbaqus 6.14
[3] Abaqus GUI Tolkit User's Guide, DS SimuliaAbaqus 6.14
[4] Abaqus Analysis User's Guide, DS SimuliaAbaqus 6.14
[5] Abaqus Example Problems Guide, DS SimuliaAbaqus 6.14
[6] Abaqus User Subroutines Reference Guide, DS SimuliaAbaqus 6.14
[7] ABAQUS 有限元分析常见问题解答，曹金凤石亦平，2008
[8] ABAQUS 有限元分析实例详解，石亦平周玉蓉，2006
[9] Python 科学计算，张若愚，2011
[10] ABAQUS 工程实例详解，江丙云孔祥宏罗元元，2014